:10 :10 :10 :10

W0248364

10^{-1} Zehntel (d, Dezi)
10^{-2} Hundertstel (c, Zenti)
10^{-3} Tausendstel (m, Milli)
10^{-6} Millionstel (μ, Mikro)
10^{-9} Milliardstel (n, Nano)
10^{-12} Billionstel (p, Pico)
10^{-15} Billiardstel (f, Femto)
10^{-18} Trillionstel (a, Atto)

n
Gehirn
r Nerven-
0 000 km

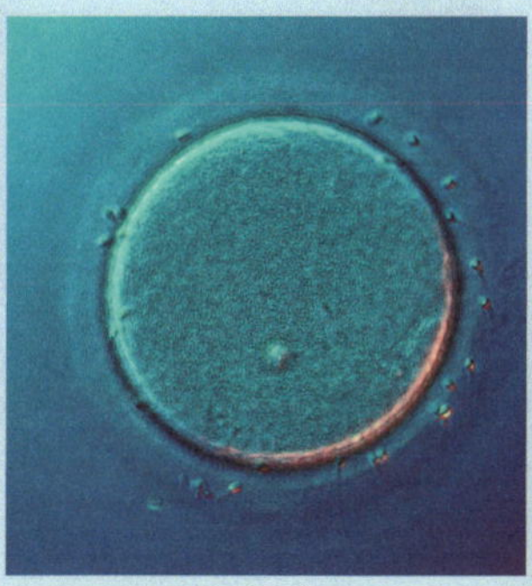

Menschliche Eizelle
Durchmesser:
250 μm = 0,25 mm = $250 \cdot 10^{-6}$ m

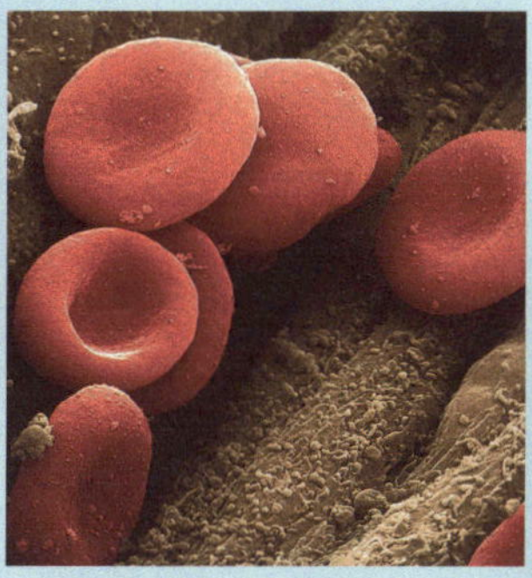

Rote Blutkörperchen
Durchmesser:
8 μm = $8 \cdot 10^{-6}$ m

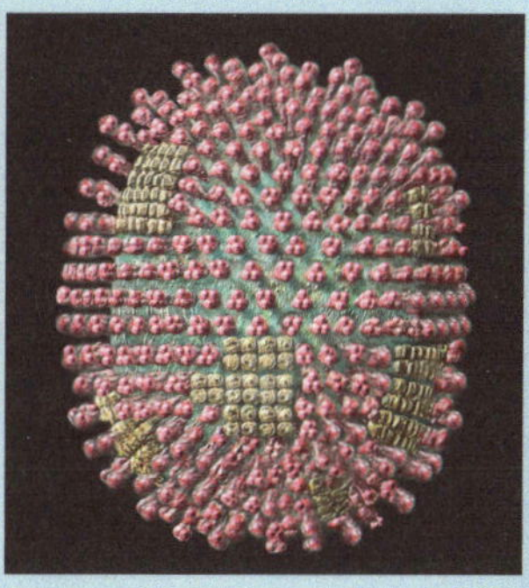

Grippevirus
Durchmesser:
100 nm = 0,1 μm = $100 \cdot 10^{-9}$ m

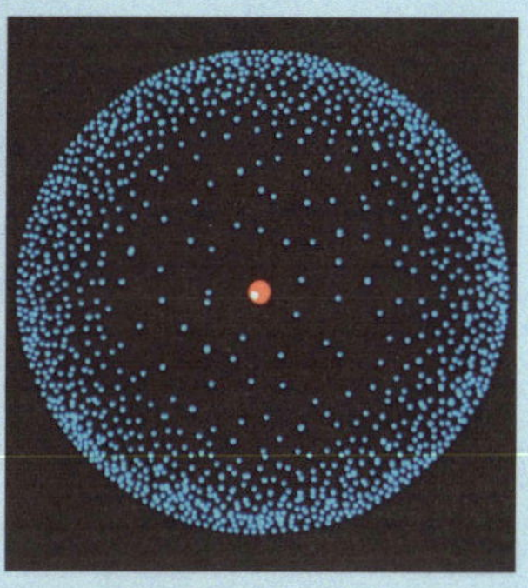

Wasserstoffatom
Durchmesser:
0,1 nm = $0{,}1 \cdot 10^{-9}$ m

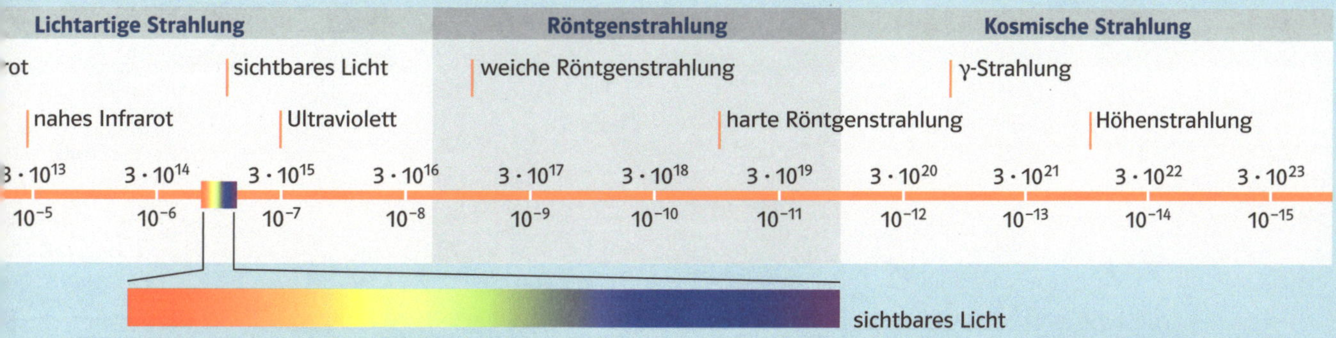

Arbeiten mit der Formelsammlung Mathematik

Die Formelsammlung bietet zwei schnelle Möglichkeiten auf benötigtes Wissen zuzugreifen:

- über die **Leitseiten**, die jedem Kapitel vorangehen (grafische Orientierung),
- über die **Stichworte im Register** oder das Inhaltsverzeichnis.

Beispiel: Suche nach „**Zylinder**“

1. Möglichkeit: **Leitseite** Körper berechnen und darstellen
2. Möglichkeit: **Register**

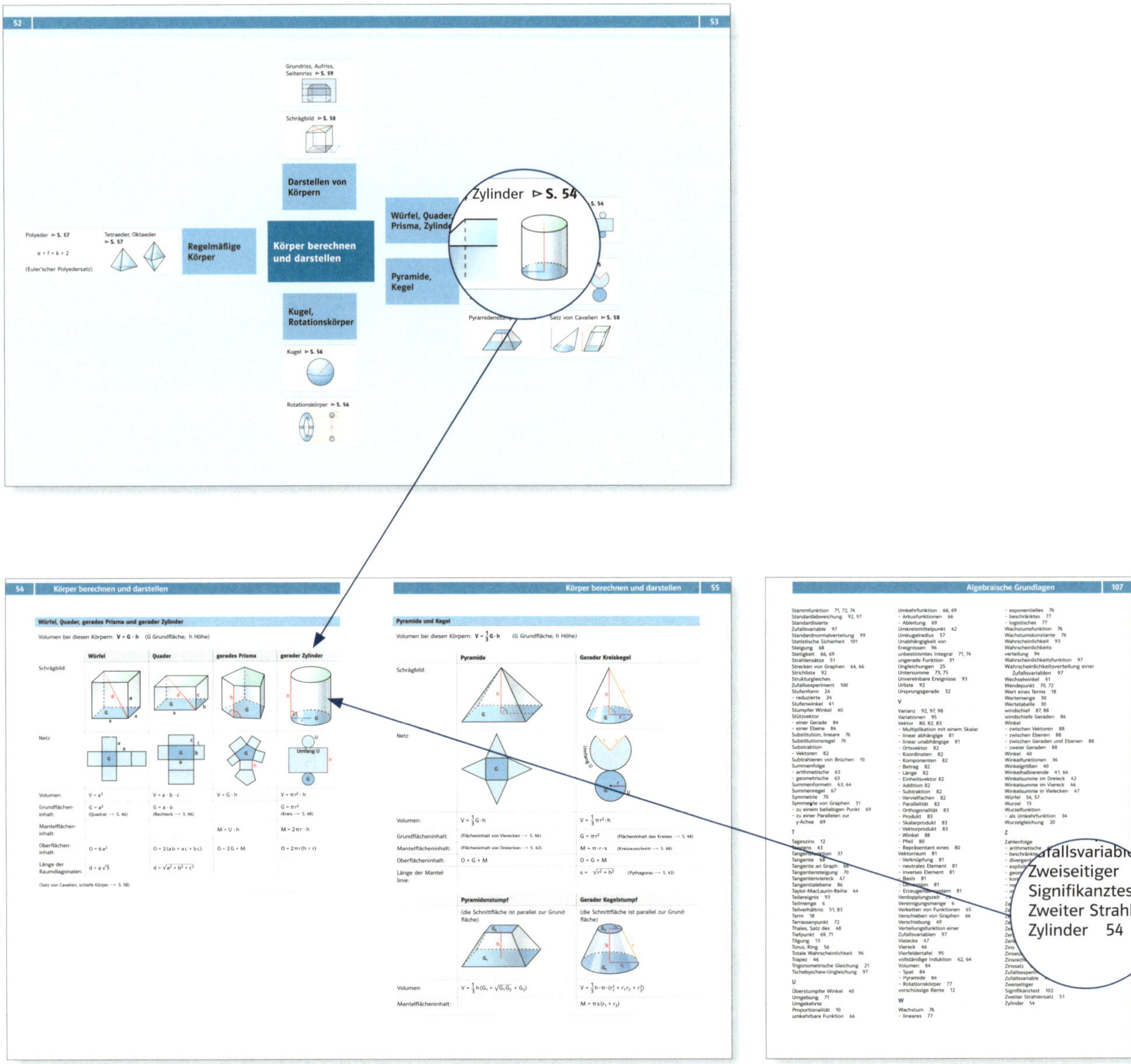

Gymnasium

Formelsammlung Mathematik

Bayern

erarbeitet von
Hans Freudigmann
Manfred Herbst
Günther Reinelt
Manfred Schwier
Sven Stötzer

überarbeitet für Bayern von
Manfred Herbst

Ernst Klett Verlag
Stuttgart · Leipzig

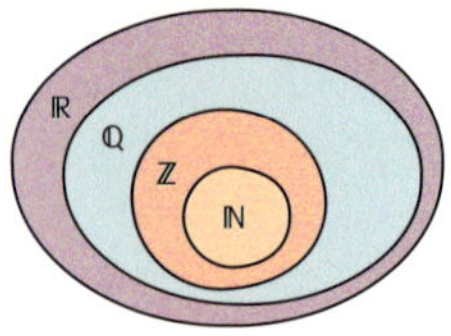

$$\text{(I)}\quad a_1x + b_1y = c_1$$
$$\text{(II)}\quad a_2x + b_2y = c_2$$

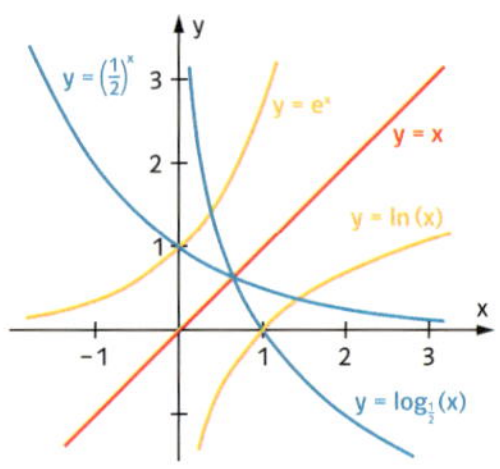

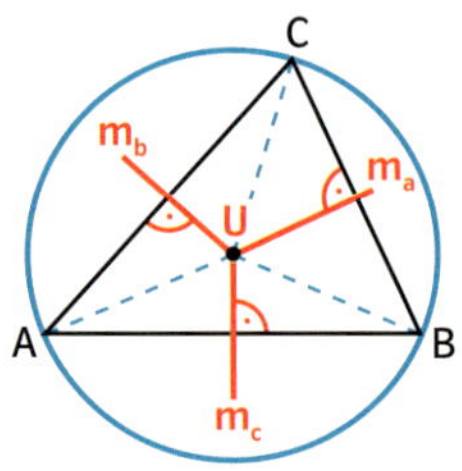

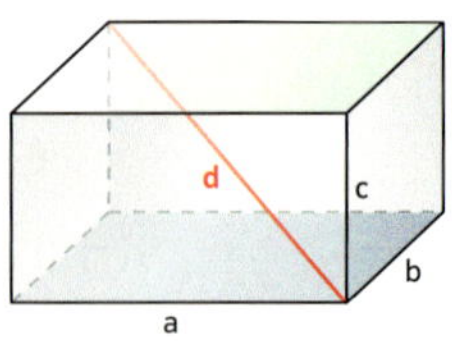

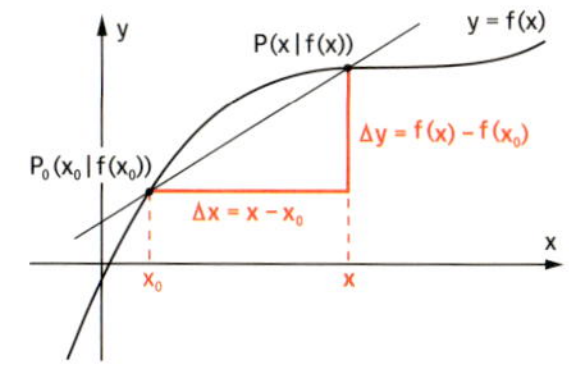
y
P(x | f(x))
y = f(x)
P₀(x₀ | f(x₀))
Δy = f(x) − f(x₀)
Δx = x − x₀
x
x₀
x

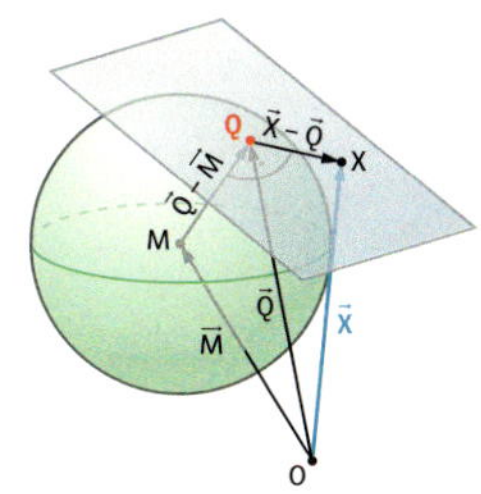
Q
X
M
O

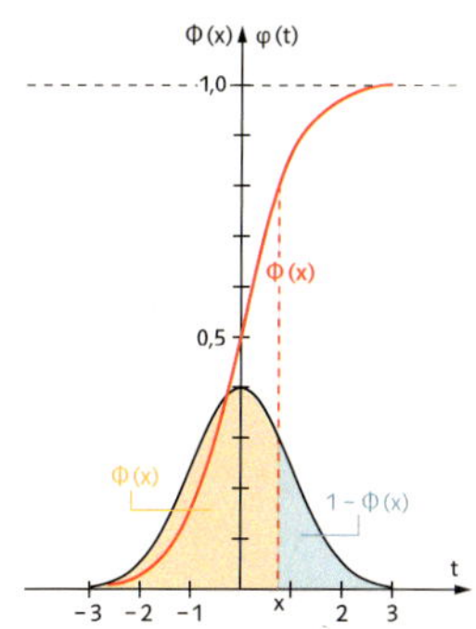
Φ(x)
φ(t)
1,0
0,5
Φ(x)
Φ(x)
1 − Φ(x)
t
−3
−2
−1
x
2
3

Mit Zahlen und Termen rechnen

Mengen

Gesetze der Mengenalgebra ▻ S. 7

de Morgan: $\overline{A \cap B} = \overline{A} \cup \overline{B}$

$\overline{A \cup B} = \overline{A} \cap \overline{B}$

Vereinigungsmenge, Schnittmenge ▻ S. 6

$A \cup B$; $A \cap B$; $A \setminus B$; $\overline{A}$

Elemente, Teilmenge ▻ S. 6

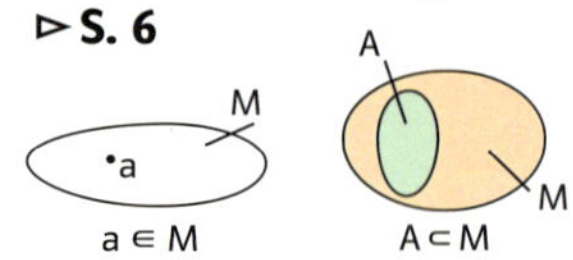

Potenzen, Wurzeln und Logarithmen

spezielle Logarithmen ▻ S. 14

$\ln x = \log_e x$

$\lg x = \log_{10} x$

Rechnen mit Logarithmen ▻ S. 14

$\log_a\left(\frac{u}{v}\right) = \log_a(u) - \log_a(v)$

$a^{\log_a(u)} = u$

Potenzen und Logarithmen ▻ S. 14

$a^x = b$ und $x = \log_a(b)$

Rechnen mit Potenzen und Wurzeln ▻ S. 13/14

$a^p \cdot a^q = a^{p+q}$

$\sqrt[n]{a} \cdot \sqrt[n]{b} = \sqrt[n]{a \cdot b}$

Potenzen und Wurzeln ▻ S. 13/14

$\sqrt[n]{a} = a^{\frac{1}{n}}$

$a^p \cdot a^q = a^{p+q}$

Bruchrechnen

Erweitern und Kürzen ▻ S. 10

$\frac{4}{8} = \frac{2}{4} = \frac{6}{12}$

Rechnen mit Brüchen ▻ S. 10

$\frac{3}{4} + \frac{1}{5} = \dots$

$\frac{3}{4} \cdot \frac{1}{5} = \dots$

Prozentrechnen

Prozent %, Promille ‰ ▻ S. 11

Prozentsatz p %
Prozentwert W
Grundwert G

Berechnungen mit Prozenten ▻ S. 11

$\frac{W}{G} = \frac{p}{100}$

Zins, Renten und Tilgung

Zins, Tageszins, Zinseszins ▻ S. 12

$K_n = K_0 \cdot \left(1 + \frac{p}{100}\right)^n$

Rentenrechnung ▻ S. 12

$K_n = R \cdot \frac{\left(1 + \frac{p}{100}\right)^n - 1}{\frac{p}{100}}$

Tilgung ▻ S. 13

Annuität

Zahlengerade ⊳ **S. 7**

Zahlenmengen ⊳ **S. 7**

$\mathbb{N}$; $\mathbb{Z}$; $\mathbb{Q}$; $\mathbb{R}$

Zahlenmengen

Komplexe Zahlen

Darstellung ⊳ **S. 15**

$z = a + b \cdot i$
$z = r \cdot (\cos\alpha + \sin\alpha \cdot i)$
$z = r \cdot e^{i\varphi}$

Rechnen ⊳ **S. 15**

$z_1 \pm z_2$
$z_1 \cdot z_2$
$z_1 : z_2$

Rechnen

Rechenarten ⊳ **S. 8**

$a + b$; $a - b$;
$a \cdot b$; $a : b$

Gegenzahl, Betrag; Kehrzahl ⊳ **S. 8**

$-a$ $|a|$

$\frac{1}{a}$

Gesetze ⊳ **S. 8**

$a + b = b + a$

Binomische Formeln ⊳ **S. 9**

$(a + b)^2 = \dots$

Mengen

Element

Schreibweise	Sprechweise
a ∈ M	a ist ein Element der Menge M.
b ∉ M	b ist kein Element der Menge M.

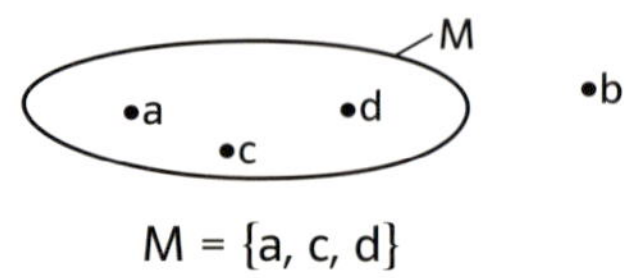

Teilmenge

Schreibweise	Sprechweise	Bedeutung
A = M	A und M sind gleich.	A und M haben dieselben Elemente.
A ⊂ M	A ist Teilmenge von M.	Jedes Element von A ist auch Element von M.
A ⊊ M	A ist echte Teilmenge von M.	A ist Teilmenge von M und es gibt mindestens ein Element von M, das nicht Element von A ist.

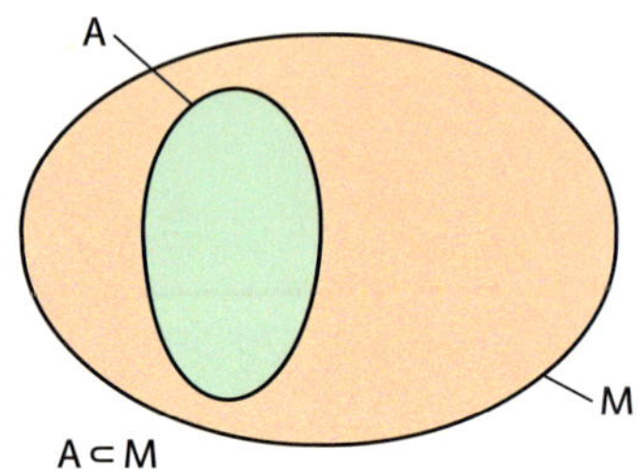

Leere Menge

Die leere Menge enthält kein Element. Schreibweise: { } oder ∅

Die leere Menge ist Teilmenge einer jeden Menge.

Vereinigungsmenge

Die Vereinigungsmenge A ∪ B (sprich: A vereinigt B) zweier Mengen A und B enthält alle Elemente, die Element von A oder Element von B sind:

$A \cup B = \{x \mid x \in A \text{ oder } x \in B\}$

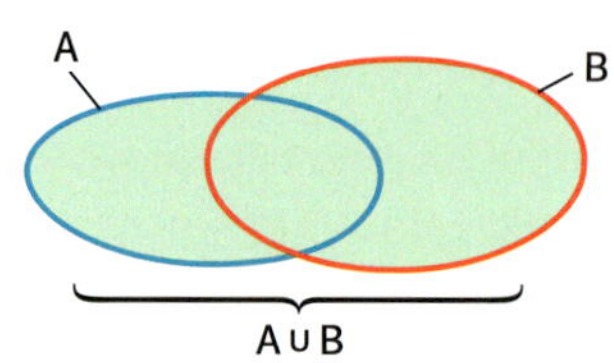

Schnittmenge

Die Schnittmenge A ∩ B (sprich: A geschnitten B) zweier Mengen A und B enthält alle Elemente, die Element von A und zugleich Element von B sind:

$A \cap B = \{x \mid x \in A \text{ und } x \in B\}$

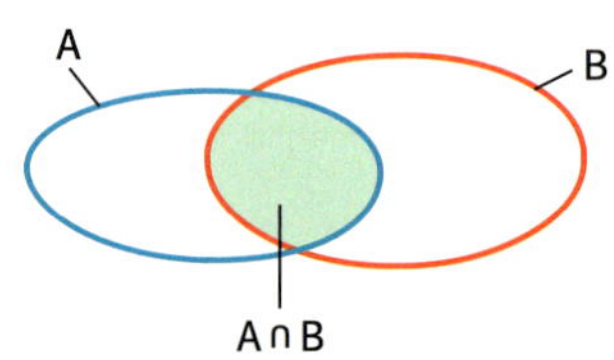

Differenzmenge

Die Differenzmenge A \ B (sprich: A ohne B) zweier Mengen A und B enthält alle Elemente, die Element von A aber nicht Element von B sind:

$A \setminus B = \{x \mid x \in A \text{ und } x \notin B\}$

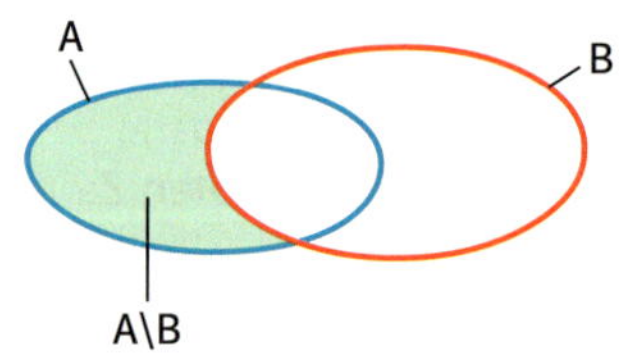

Komplementmenge (Komplementärmenge)

Ist A Teilmenge einer Menge M, dann enthält die Komplementmenge $\overline{A}$ (sprich: Komplement von A bezüglich M) alle Elemente von M, die nicht Element von A sind:

$\overline{A} = \{x \mid x \in M \text{ und } x \notin A\}$

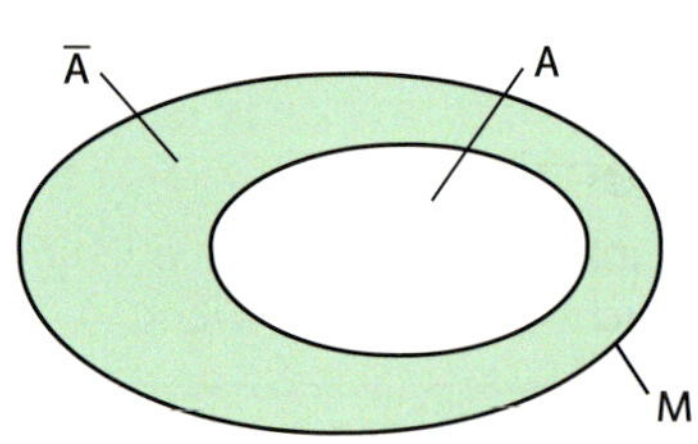

Mengen

Produktmenge (Kartesisches Produkt)

Die Produktmenge $A \times B$ (sprich: A kreuz B) zweier Mengen A und B enthält als Elemente alle Paare (a; b) mit $a \in A$ und $b \in B$: $A \times B = \{(a;\, b) \mid a \in A \text{ und } b \in B\}$

Die Menge $A^n = \{(a_1;\, a_2;\, \ldots;\, a_n) \mid a_1, a_2, \ldots, a_n \in A\}$ heißt Menge der n-Tupel mit Elementen aus A.

Gesetze der Mengenalgebra

Distributivgesetze: $A \cap (B \cup C) = (A \cap B) \cup (A \cap C)$

$A \cup (B \cap C) = (A \cup B) \cap (A \cup C)$

Gesetze von de Morgan: $\overline{A \cap B} = \overline{A} \cup \overline{B}$

$\overline{A \cup B} = \overline{A} \cap \overline{B}$

Zahlenmengen

Natürliche Zahlen $\mathbb{N}$

$\mathbb{N} = \{1, 2, 3, 4, \ldots\}$ bezeichnet die Menge der natürlichen Zahlen. $\mathbb{N}_0 = \{0, 1, 2, 3, 4, \ldots\}$

Primzahlen

Eine natürliche Zahl größer als 1, die nur durch sich selbst und durch 1 teilbar ist, heißt Primzahl.
Jede natürliche Zahl größer als 1 kann man (abgesehen von der Reihenfolge der Faktoren) eindeutig als Produkt von Primzahlen darstellen (**Primfaktorzerlegung**).

Primzahlen: 2, 3, 5, 7, 11, 13, 17...

Primfaktorzerlegung: $60 = 2 \cdot 2 \cdot 3 \cdot 5$

Ganze Zahlen $\mathbb{Z}$

$\mathbb{Z} = \{\ldots, -4, -3, -2, -1, 0, 1, 2, 3, 4, \ldots\}$ bezeichnet die Menge der ganzen Zahlen.
Die Menge der natürlichen Zahlen ist eine echte Teilmenge der Menge der ganzen Zahlen: $\mathbb{N} \subsetneqq \mathbb{Z}$

Rationale Zahlen $\mathbb{Q}$ (Bruchzahlen)

$\mathbb{Q} = \left\{\frac{a}{b} \,\middle|\, a \in \mathbb{Z} \text{ und } b \in \mathbb{Z} \setminus \{0\}\right\}$ bezeichnet die Menge der rationalen Zahlen.

Die rationalen Zahlen lassen sich als abbrechende oder als periodische **Dezimalbrüche** schreiben.
Die Menge der ganzen Zahlen ist eine echte Teilmenge der Menge der rationalen Zahlen: $\mathbb{N} \subsetneqq \mathbb{Z} \subsetneqq \mathbb{Q}$

$\mathbb{Q}^+ = \{q \in \mathbb{Q} \mid q > 0\}$ bezeichnet die Menge der positiven rationalen Zahlen. $\mathbb{Q}_0^+ = \{q \in \mathbb{Q} \mid q \geqq 0\}$

Reelle Zahlen $\mathbb{R}$

Die Menge der reellen Zahlen enthält die rationalen Zahlen und die irrationalen Zahlen, wie z. B. $\sqrt{2}$, e, π.
Die irrationalen Zahlen lassen sich nicht als abbrechende oder periodische Dezimalbrüche schreiben.
Die Menge der rationalen Zahlen ist eine echte Teilmenge der Menge der reellen Zahlen: $\mathbb{N} \subsetneqq \mathbb{Z} \subsetneqq \mathbb{Q} \subsetneqq \mathbb{R}$.

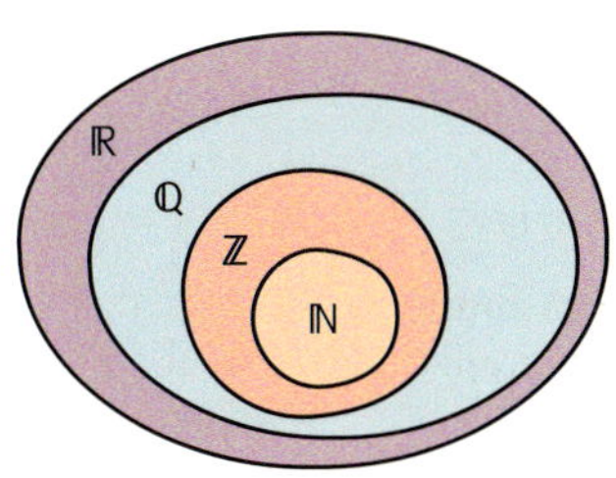

$\mathbb{R}^+ = \{r \in \mathbb{R} \mid r > 0\}$; $\mathbb{R}_0^+ = \{r \in \mathbb{R} \mid r \geqq 0\}$
$\mathbb{R}^- = \{r \in \mathbb{R} \mid r < 0\}$; $\mathbb{R}_0^- = \{r \in \mathbb{R} \mid r \leqq 0\}$

(Komplexe Zahlen ℂ ⟶ S. 15)

Zahlengerade

Der Punkt, der einer Zahl a entspricht, liegt auf der Zahlengeraden links von dem Punkt, der einer Zahl b entspricht, genau dann, wenn $a < b$ gilt.

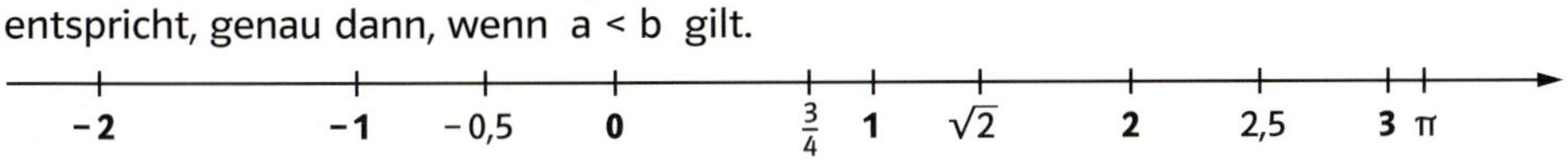

Zahlenmengen

Intervalle

Abgeschlossenes Intervall: $[a; b] = \{x \in \mathbb{R} | a \leqq x \leqq b\}$
Offenes Intervall: $]a; b[= \{x \in \mathbb{R} | a < x < b\}$
Linksseitig halboffenes Intervall: $]a; b] = \{x \in \mathbb{R} | a < x \leqq b\}$
Rechtsseitig halboffenes Intervall: $[a; b[= \{x \in \mathbb{R} | a \leqq x < b\}$

Unbeschränkte Intervalle: $[a; +\infty[= \{x \in \mathbb{R} | x \geqq a\}$
$]a; +\infty[= \{x \in \mathbb{R} | x > a\}$
$]-\infty; a] = \{x \in \mathbb{R} | x \leqq a\}$
$]-\infty; a[= \{x \in \mathbb{R} | x < a\}$

Rechnen

Rechenarten (Bezeichnungen und Sprechweisen)

Rechenart		Der Term heißt	a heißt	b heißt	definiert für a, b ∈ ℝ und
Addition	$a + b$	Summe	Summand	Summand	
Subtraktion	$a - b$	Differenz	Minuend	Subtrahend	
Multiplikation	$a \cdot b$	Produkt	Faktor	Faktor	
Division	$a : b$ (oder $\frac{a}{b}$)	Quotient	Dividend	Divisor	$b \neq 0$
Potenzieren (⟶ S. 13)	a^b	Potenz	Basis	Exponent	$a > 0$ oder $a \geqq 0$ und $b > 0$
Radizieren (⟶ S. 13)	$\sqrt[b]{a}$	b-te Wurzel	Radikand	Wurzelexponent	$a \geqq 0$ und $b \in \mathbb{N} \setminus \{1\}$

Gegenzahl

Zu einer Zahl a heißt die Zahl −a Gegenzahl von a.
Die Punkte, die der Zahl und Gegenzahl entsprechen, haben auf der Zahlengeraden denselben Abstand von der Null.
Die Summe von Zahl und Gegenzahl ist 0, d.h.: $a + (-a) = 0$.

Betrag einer Zahl

Für den Betrag $|a|$ einer reellen Zahl a gilt:

$$|a| = \begin{cases} a, & \text{falls } a > 0 \\ 0, & \text{falls } a = 0 \\ -a, & \text{falls } a < 0 \end{cases}$$

(Betragsfunktion ⟶ S. 37)

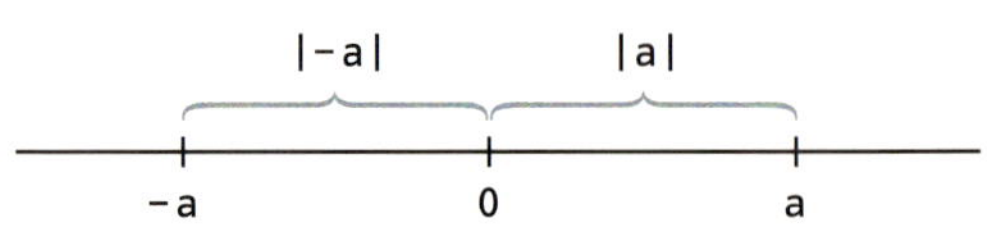

Die Punkte, die Zahlen mit demselben Betrag entsprechen, sind auf der Zahlengeraden gleich weit von der Null entfernt.

Rechnen mit Beträgen

$|a \cdot b| = |a| \cdot |b|$

$|a + b| \leqq |a| + |b|$

Kehrzahl

Zu einer Zahl $a \in \mathbb{R}$ mit $a \neq 0$ heißt $\frac{1}{a}$ die Kehrzahl. Das Produkt von Zahl und Kehrzahl ist 1.

Kommutativgesetz

$a + b = b + a$ (der Addition)

$a \cdot b = b \cdot a$ (der Multiplikation)

Assoziativgesetz

$a + (b + c) = (a + b) + c$ (der Addition)

$a \cdot (b \cdot c) = (a \cdot b) \cdot c$ (der Multiplikation)

Rechnen

Distributivgesetz

$a \cdot (b + c) = a \cdot b + a \cdot c$

$a \cdot (b - c) = a \cdot b - a \cdot c$

$(a + b) : c = a : c + b : c$

$(a - b) : c = a : c - b : c$

Ausklammern

$ab + ac - ad = a(b + c - d)$

$-b + c - d = -(b - c + d)$

Ausmultiplizieren

$a(-u + v - w) = -au + av - aw$

$-(-u + v - w) = u - v + w$

Multiplizieren von Summen

$(a + b) \cdot (c + d) = ac + ad + bc + bd$

Binomische Formeln

$(a + b)^2 = a^2 + 2ab + b^2$ $\quad$ $(a - b)^2 = a^2 - 2ab + b^2$ $\quad$ $(a - b)(a + b) = a^2 - b^2$

Binomischer Lehrsatz

$(a + b)^n$ kann man für $n \geqq 1$ mithilfe des Pascal'schen Dreiecks als Summe schreiben:

Pascal'sches Dreieck

	1
n = 1	1 1
n = 2	1 2 1
n = 3	1 3 3 1
n = 4	1 4 6 4 1
.	1 1
.	. . . .

Jede Zahl der jeweils nächsten Zeile erhält man als Summe der beiden darüber stehenden Zahlen.

$(a + b)^1 = a + b$

$(a + b)^2 = a^2 + 2ab + b^2$

$(a + b)^3 = a^3 + 3a^2b + 3ab^2 + b^3$

$(a + b)^4 = a^4 + 4a^3b + 6a^2b^2 + 4ab^3 + b^4$

$\vdots$

$$(a + b)^n = \sum_{i=0}^{n} \binom{n}{i} a^{n-i} b^i$$

(Binomialkoeffizient ⟶ S. 95)

Die Koeffizienten sind die Zahlen in der entsprechenden Zeile des Pascal'schen Dreiecks; dabei ist die Summe nach abnehmenden Potenzen von a geordnet.

Weitere binomische Formeln

$(a - b)^3 = a^3 - 3a^2b + 3ab^2 - b^3$

$a^3 + b^3 = (a + b)(a^2 - ab + b^2)$

$a^3 - b^3 = (a - b)(a^2 + ab + b^2)$

$(a - b)^4 = a^4 - 4a^3b + 6a^2b^2 - 4ab^3 + b^4$

$a^4 - b^4 = (a^2 - b^2)(a^2 + b^2)$

Mehrgliedrige Ausdrücke

$(a + b + c)^2 = a^2 + b^2 + c^2 + 2ab + 2ac + 2bc$

$(a + b + c)^3 = a^3 + b^3 + c^3 + 3(a^2b + a^2c + b^2a + b^2c + c^2a + c^2b) + 6abc$

Fakultät

$n! = 1 \cdot 2 \cdot 3 \cdot \ldots \cdot n$ heißt n-Fakultät.

Es ist festgelegt: $0! = 1$

Rechnen

Proportionalität

Die Zuordnung zwischen zwei Größen x und y nennt man Proportionalität, wenn dem 2-, 3-, …, k-fachen der einen Größe das 2-, 3-, …, k-fache der anderen Größe entspricht.

Für proportionale Größen x und y gilt:

$y = k \cdot x$ bzw. $\frac{y}{x} = k$ mit einer konstanten Zahl k, dem **Proportionalitätsfaktor**.

Umgekehrte (indirekte) Proportionalität

Die Zuordnung zwischen zwei Größen x und y nennt man eine umgekehrte (oder indirekte) Proportionalität, wenn dem 2-, 3-, …, k-fachen der einen Größe das $\frac{1}{2}$-, $\frac{1}{3}$-, …, $\frac{1}{k}$-fache der anderen Größe entspricht.

Für umgekehrt proportionale Größen x und y gilt: $y = k \cdot \frac{1}{x}$ bzw. $x \cdot y = k$ mit einer konstanten Zahl k.

Bruchrechnen

Gleichheit

Zwei Brüche $\frac{a}{b}$ und $\frac{c}{d}$ stellen genau dann dieselbe Zahl dar, wenn $a \cdot d = b \cdot c$ gilt.

Kehrbruch

Zu einem Bruch $\frac{a}{b}$ mit $a, b \neq 0$ heißt die Zahl $\frac{b}{a}$ Kehrbruch.

Das Produkt von Bruch und Kehrbruch ist 1: $\frac{a}{b} \cdot \frac{b}{a} = 1$

Gemischte Schreibweise

Eine Zahldarstellung wie $3\frac{1}{2}$ heißt gemischte Schreibweise. Bedeutung: $3\frac{1}{2} = 3 + \frac{1}{2} = \frac{7}{2}$.

Erweitern

Erweitern eines Bruches $\frac{a}{b}$ heißt: Der Zähler a und der Nenner b werden mit derselben Zahl $z \neq 0$ multipliziert.

Es gilt: $\frac{a}{b} = \frac{a \cdot z}{b \cdot z}$

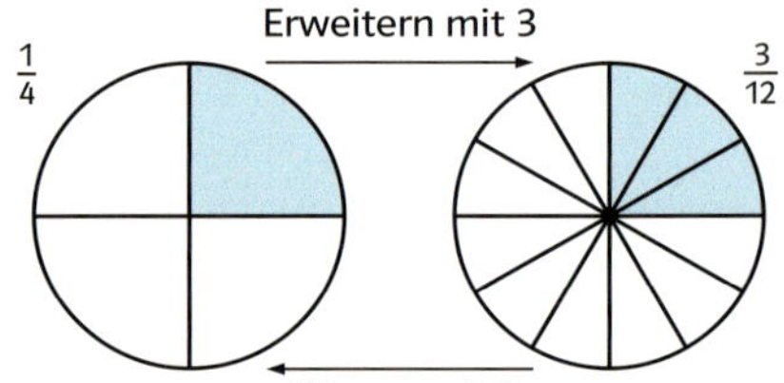

Kürzen

Kürzen eines Bruches $\frac{a}{b}$ heißt: Der Zähler a und der Nenner b werden durch dieselbe Zahl $z \neq 0$ dividiert.

Es gilt: $\frac{a}{b} = \frac{a : z}{b : z}$

Addieren, Subtrahieren, Multiplizieren, Dividieren

	Bei gleichen Nennern	Bei verschiedenen Nennern	Sonderfall
Addieren	$\frac{a}{b} + \frac{c}{b} = \frac{a+c}{b}$	$\frac{a}{b} + \frac{c}{d} = \frac{a \cdot d + b \cdot c}{b \cdot d}$	$a + \frac{b}{c} = \frac{a}{1} + \frac{b}{c} = \frac{ac + b}{c}$
Subtrahieren	$\frac{a}{b} - \frac{c}{b} = \frac{a-c}{b}$	$\frac{a}{b} - \frac{c}{d} = \frac{a \cdot d - b \cdot c}{b \cdot d}$	$a - \frac{b}{c} = \frac{a}{1} - \frac{b}{c} = \frac{ac - b}{c}$
Multiplizieren	$\frac{a}{b} \cdot \frac{c}{d} = \frac{a \cdot c}{b \cdot d}$		$\frac{1}{a} \cdot b = \frac{b}{a}$; $a \cdot \frac{b}{c} = \frac{ab}{c}$
Dividieren	$\frac{a}{b} : \frac{c}{d} = \frac{a}{b} \cdot \frac{d}{c} = \frac{a \cdot d}{b \cdot c}$		$a : b = \frac{a}{b}$

Prozentrechnen

Prozent

$1\,\% = \frac{1}{100}$ $\qquad p\,\% = \frac{p}{100}$

Promille

$1\,‰ = \frac{1}{1000}$; $\quad p\,‰ = \frac{p}{1000}$

Zahl	$\frac{1}{100}$	$\frac{1}{50}$	$\frac{1}{25}$	$\frac{1}{20}$	$\frac{1}{10}$	$\frac{1}{8}$	$\frac{1}{5}$	$\frac{1}{4}$	$\frac{1}{3}$	$\frac{2}{3}$	$\frac{3}{4}$	1	$1\frac{1}{4}$	1,5
Prozent	1 %	2 %	4 %	5 %	10 %	12,5 %	20 %	25 %	$33\frac{1}{3}\,\%$	$66\frac{2}{3}\,\%$	75 %	100 %	125 %	150 %

Begriffe

12 %	von	300 km	sind	36 km
Prozentsatz		**Grundwert**		**Prozentwert**
p %	von	G	sind	W

Der Grundwert entspricht stets 100 %.

Grundgleichung der Prozentrechnung

Prozentsatz	·	Grundwert	=	Prozentwert
p %	·	G	=	W

Prozentwert berechnen

Gegeben sind der Grundwert G und der Prozentsatz p %; gesucht ist der Prozentwert W.

mit Grundgleichung: $W = p\,\% \cdot G$

oder

$W = \frac{p}{100} \cdot G$

mit Dreisatz:

	100 %	entspricht	G	
: 100	1 %	entspricht	$\frac{G}{100}$	: 100
· p	p %	entspricht	$W = \frac{G}{100} \cdot p$	· p

Prozentsatz berechnen

Gegeben sind der Grundwert G und der Prozentwert W; gesucht ist der Prozentsatz p %.

mit Grundgleichung: $p\,\% \cdot G = W$

$\Rightarrow \; p\,\% = \frac{W}{G}$

mit Dreisatz:

	G	entspricht	100 %	
: G	1	entspricht	$\frac{100}{G}\,\%$	: G
· W	W	entspricht	$p\,\% = \frac{100}{G} \cdot W\,\%$	· W

Grundwert berechnen

Gegeben sind der Prozentwert W und der zugehörige Prozentsatz p %; gesucht ist der Grundwert G.

mit Grundgleichung: $p\,\% \cdot G = W$

$\Rightarrow \; G = \frac{W}{p\,\%}$

oder $G = \frac{W}{p} \cdot 100$

mit Dreisatz:

	p %	entspricht	W	
: p	1 %	entspricht	$\frac{W}{p}$	: p
· 100	100 %	entspricht	$G = \frac{W}{p} \cdot 100$	· 100

Zins, Renten und Tilgung

Zinsrechnung

4 %	von	300 €	sind	12 €	Es entspricht		
Zinssatz p %		**Kapital** K		**Zins** Z	der **Zinssatz p %** dem **Prozentsatz,**	das **Kapital K** dem **Grundwert,** (d. h. 100 %)	der **Zins Z** dem **Prozentwert.**

Der Zinssatz bezieht sich, wenn nichts anderes angegeben wird, auf 1 Jahr.

Tageszins

Zins Z für ein Kapital K mit einem Zinssatz von p % (pro Jahr) nach i Tagen mit $i \leqq 360$: $Z = K \cdot \frac{p}{100} \cdot \frac{i}{360}$

Zinseszins

Wird ein Kapital K_0 mit einem gleich bleibenden Zinssatz von p % über n Jahre verzinst, so beträgt das Kapital K_n nach n Jahren:

n	1	2	3	…	n
K_n	$K_0 \cdot \left(1 + \frac{p}{100}\right)$	$K_0 \cdot \left(1 + \frac{p}{100}\right)^2$	$K_0 \cdot \left(1 + \frac{p}{100}\right)^3$	…	$K_0 \cdot \left(1 + \frac{p}{100}\right)^n$

Rentenrechnung

Zu Beginn eines Jahres wird jeweils eine Rate R eingezahlt und am Jahresende wird das Gesamtkapital mit p % verzinst **(vorschüssige Rente)**:

Kapital K_n nach n Jahren ohne Anfangskapital:	Kapital K_n nach n Jahren mit Anfangskapital K_0:
$K_n = R \cdot \left(1 + \frac{p}{100}\right) \cdot \frac{\left(1 + \frac{p}{100}\right)^n - 1}{\frac{p}{100}}$	$K_n = K_0 \cdot \left(1 + \frac{p}{100}\right)^n + R \cdot \left(1 + \frac{p}{100}\right) \cdot \frac{\left(1 + \frac{p}{100}\right)^n - 1}{\frac{p}{100}}$

Zum Ende eines Jahres wird jeweils eine Rate R eingezahlt und am Jahresende wird das Gesamtkapital mit p % verzinst **(nachschüssige Rente)**:

Kapital K_n nach n Jahren ohne Anfangskapital:	Kapital K_n nach n Jahren mit Anfangskapital K_0:
$K_n = R \cdot \frac{\left(1 + \frac{p}{100}\right)^n - 1}{\frac{p}{100}}$	$K_n = K_0 \cdot \left(1 + \frac{p}{100}\right)^n + R \cdot \frac{\left(1 + \frac{p}{100}\right)^n - 1}{\frac{p}{100}}$

Tilgungsrechnung

Ein Kredit K_0 werde zu Beginn des Jahres 1 zu einem Zinssatz von p% aufgenommen. K_0 soll in einem Zeitraum von n Jahren getilgt werden.

- Der Kredit K_0 wird einmalig am Ende der Laufzeit nach n Jahren zusammen mit den angefallenen Zinsen getilgt:

  $$R = K_0 \cdot \left(1 + \frac{p}{100}\right)^n$$

- Der Kredit K_0 wird am Ende der Laufzeit (nach n Jahren) zusammen mit der letzten jährlichen Zinszahlung zurückgezahlt. Die am Ende eines Jahres anfallenden Zinsen werden sofort beglichen:

  Zinszahlung je Jahr: $R_i = Z_i = K_0 \cdot \frac{p}{100}$ für $i = 1, 2, \ldots, n-1$

  Schlusstilgung: $R = K_0 \cdot \left(1 + \frac{p}{100}\right)$

- Ein aufgenommener Kredit K_0 soll in n Jahren durch regelmäßige gleich bleibende jährliche Zahlungen R, auch **Annuität** genannt, getilgt sein. Die Annuität besteht aus dem fälligen Zinsteil und dem Tilgungsanteil. Dann beträgt die Höhe der Annuität:

  $$R = K_0 \cdot \left(1 + \frac{p}{100}\right)^n \cdot \frac{\frac{p}{100}}{\left(1 + \frac{p}{100}\right)^n - 1}$$

Potenzen, Wurzeln und Logarithmen

Potenzen

$a^n = \underbrace{a \cdot a \cdot a \cdot \ldots \cdot a}_{n \text{ Faktoren}}$; $a \in \mathbb{R}$ heißt **Basis** oder **Grundzahl**, $n \in \mathbb{N}$ **Exponent** oder **Hochzahl**.

Für $a \neq 0$ ist: $a^0 = 1$; $a^{-n} = \frac{1}{a^n}$; 0^0 kann nicht definiert werden.

Wurzeln

$\sqrt{a}$ ist diejenige nicht negative Zahl b, für die gilt: $b^2 = a$. Dabei ist $a \geqq 0$.
$\sqrt[n]{a}$ ist diejenige nicht negative Zahl b, für die gilt: $b^n = a$. Dabei ist $n \geqq 2$ und $a \geqq 0$.
Für $n = 2$ schreibt man statt $\sqrt[2]{a}$ auch $\sqrt{a}$.

Zusammenhang zwischen Wurzeln und Potenzen

Im Folgenden wird vorausgesetzt, dass alle Potenzen und Wurzeln existieren:
$\sqrt[n]{a} = a^{\frac{1}{n}}$; $\sqrt[n]{a^m} = a^{\frac{m}{n}}$; $\left(\sqrt[n]{a}\right)^m = a^{\frac{m}{n}}$

Rechengesetze für Potenzen

bei gleicher Basis:	bei gleichem Exponenten:
$a^p \cdot a^q = a^{p+q}$	$a^p \cdot b^p = (a \cdot b)^p$
$\frac{a^p}{a^q} = a^{p-q}$	$\frac{a^p}{b^p} = \left(\frac{a}{b}\right)^p$
$(a^m)^n = a^{m \cdot n}$	

Rechnen mit Wurzeln

Multiplikationsregel: $\sqrt[n]{a} \cdot \sqrt[n]{b} = \sqrt[n]{a \cdot b}$

Divisionsregel: $\frac{\sqrt[n]{a}}{\sqrt[n]{b}} = \sqrt[n]{\frac{a}{b}}$

Potenz: $(\sqrt[n]{a})^m = \sqrt[n]{a^m}$

Wurzel: $\sqrt[m]{\sqrt[n]{a}} = \sqrt[n]{\sqrt[m]{a}} = \sqrt[n \cdot m]{a}$

Potenzen und Logarithmen

Die Hochzahl x in der Gleichung $a^x = b$ heißt **Logarithmus von b zur Basis a**. Dabei ist $a > 0, a \neq 1$.
Schreibweise: $x = \log_a(b)$ mit $a > 0, a \neq 1$ und $b > 0$

Damit sind die Gleichungen $a^x = b$ und $x = \log_a(b)$ äquivalent.
Es gilt: $\log_a(1) = 0,\quad \log_a(a) = 1$

Spezielle Logarithmen

Zehnerlogarithmus

Der Logarithmus zur Basis a = 10 heißt Zehnerlogarithmus:

$\lg(b) = \log_{10}(b)$

$\lg(1000) = 3$, da $10^3 = 1000$

natürlicher Logarithmus

Die Zahl e mit $e = \lim\limits_{n \to +\infty} \left(1 + \frac{1}{n}\right)^n = 2{,}718\,28\ldots$ heißt **Eulersche Zahl**.
Der Logarithmus zur Basis a = e heißt natürlicher Logarithmus:

$\ln(b) = \log_e(b)$

$\ln\left(\frac{1}{e}\right) = -1$, da $e^{-1} = \frac{1}{e}$

Rechnen mit Logarithmen

Für das Rechnen mit Logarithmen gilt:

$(u > 0, v > 0, a > 0, a \neq 1, p \in \mathbb{R})$

$\log_a(u \cdot v) = \log_a(u) + \log_a(v)$

$\log_a(u : v) = \log_a(u) - \log_a(v)$

$\log_a(u^p) = p \cdot \log_a(u)$

$\log_a(u) = \frac{\log_c(u)}{\log_c(a)}$ mit $c > 0,\ c \neq 1$

Der Logarithmus von Zahlen zu jeder beliebigen Basis kann daher aus dem Zehnerlogarithmus oder aus dem natürlichen Logarithmus berechnet werden:

$\log_a u = \frac{\lg u}{\lg a} = \frac{\ln u}{\ln a}$

Weitere Beziehungen:

$\log_a(\sqrt[n]{u}) = \frac{1}{n}\log_a(u)$

$a^{\log_a(u)} = u$

$e^{\ln u} = u$

$\log_a(a^u) = u$

$\ln(e^u) = u$

Komplexe Zahlen

Definition der komplexen Zahlen

Ein Ausdruck der Form $\mathbf{z = a + b \cdot i}$ mit $a, b \in \mathbb{R}$ und $i^2 = -1$ heißt **komplexe Zahl**.

a heißt **Realteil** von z (Re z), b **Imaginärteil** von z (Im z), i heißt **imaginäre Einheit**. Wegen $i^2 = -1$ gilt: $i^3 = -i$, $i^4 = 1$ usw.

Die Menge $\mathbb{C}$ aller komplexen Zahlen enthält die Menge $\mathbb{R}$ der reellen Zahlen (b = 0).
Alle komplexen Zahlen mit a = 0 heißen **imaginäre Zahlen**.

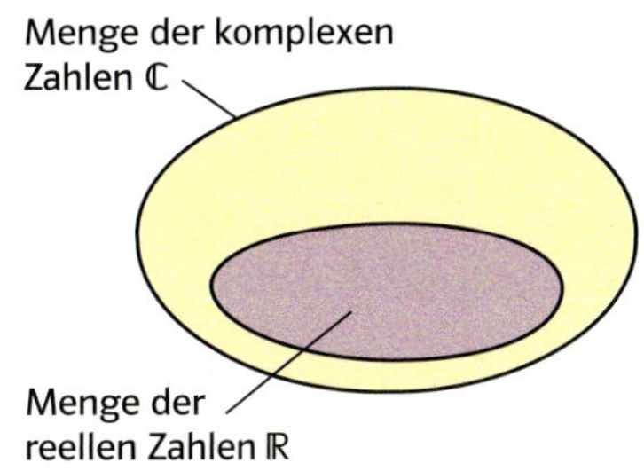

Darstellung und Veranschaulichung komplexer Zahlen

Eine komplexe Zahl $z = a + b \cdot i$ kann in der Ebene als Punkt veranschaulicht werden.

Eine komplexe Zahl kann in **Polarform** dargestellt werden:
$z = r \cdot (\cos\alpha + i \cdot \sin\alpha)$ mit $r \geqq 0$ und $0 \leqq \alpha < 360°$. Dabei ist
$r = \sqrt{a^2 + b^2}$ und $\tan\alpha = \frac{b}{a}$, wobei α die Bedingungen erfüllen muss:
$\cos\alpha = \frac{a}{r}$ und $\sin\alpha = \frac{b}{r}$
r und α heißen Polarkoordinaten von z

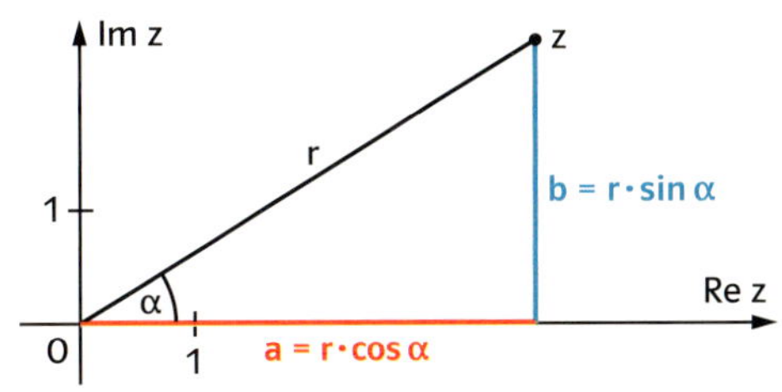

Rechnen mit komplexen Zahlen

Gegeben: $z_1 = a_1 + b_1 \cdot i$ und $z_2 = a_2 + b_2 \cdot i$

Addition: $z_1 + z_2 = (a_1 + a_2) + (b_1 + b_2) \cdot i$

Subtraktion: $z_1 - z_2 = (a_1 - a_2) + (b_1 - b_2) \cdot i$

Multiplikation: $z_1 \cdot z_2 = (a_1 a_2 - b_1 b_2) + (a_1 b_2 + a_2 b_1) \cdot i$

Division: $z_1 : z_2 = \frac{a_1 a_2 + b_1 b_2}{a_2^2 + b_2^2} + \frac{b_1 a_2 - a_1 b_2}{a_2^2 + b_2^2} \cdot i$ für $z_2 \neq 0 + 0i$

Betrag: $|z_1| = \sqrt{a_1^2 + b_1^2}$

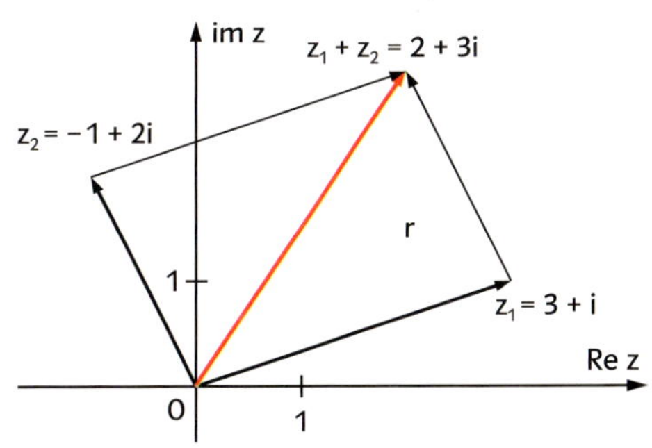

Rechnen mit komplexen Zahlen in Polarform

Gegeben: $z_1 = r_1 \cdot (\cos\alpha_1 + \sin\alpha_1 \cdot i)$ und $z_2 = r_2 \cdot (\cos\alpha_2 + \sin\alpha_2 \cdot i)$

Addition: $z_1 + z_2 = (r_1 \cos\alpha_1 + r_2 \cos\alpha_2) + (r_1 \sin\alpha_1 + r_2 \sin\alpha_2) \cdot i$

Subtraktion: $z_1 - z_2 = (r_1 \cos\alpha_1 - r_2 \cos\alpha_2) + (r_1 \sin\alpha_1 - r_2 \sin\alpha_2) \cdot i$

Multiplikation: $z_1 \cdot z_2 = r_1 r_2 \cdot [\cos(\alpha_1 + \alpha_2) + \sin(\alpha_1 + \alpha_2) \cdot i]$

Division: $z_1 : z_2 = \frac{r_1}{r_2} \cdot [\cos(\alpha_1 - \alpha_2) + \sin(\alpha_1 - \alpha_2) \cdot i]$ für $z_2 \neq 0 + 0i$

Betrag: $|z_1| = r_1$

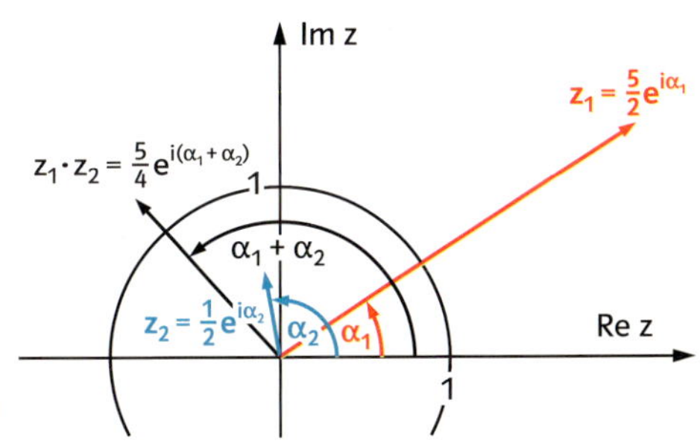

Exponentialform

$z = r \cdot e^{i\varphi}$ mit $e^{i\varphi} = \cos\varphi + i \sin\varphi$

Dann gilt für $z_1 = r_1 \cdot e^{i\varphi_1}$ und $z_2 = r_2 \cdot e^{i\varphi_2}$:

Multiplikation: $z_1 \cdot z_2 = r_1 \cdot r_2 \cdot e^{i(\varphi_1 + \varphi_2)}$

Division: $\frac{z_1}{z_2} = \frac{r_1}{r_2} \cdot e^{i(\varphi_1 - \varphi_2)}$ für $z_2 \neq 0 + 0_i$

Potenzieren: $z^n = r^n \cdot e^{i \cdot n\varphi} = r^n \cdot (\cos(n\varphi) + i \sin(n\varphi))$
(Moivre'sche Formel).

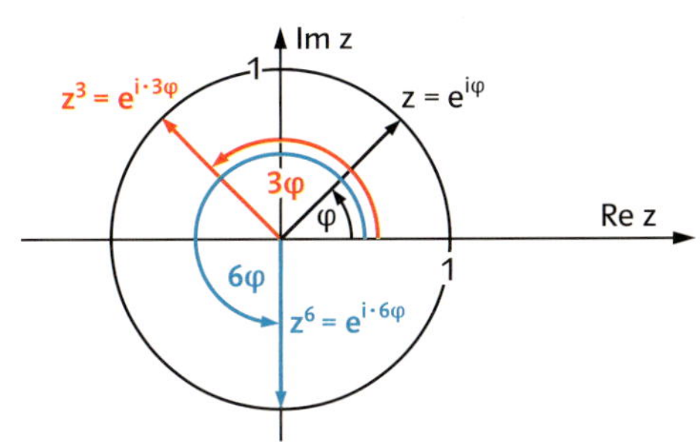

Gleichungen und Ungleichungen lösen

Gleichungen

Lösung, Lösungsmenge
⊳ S. 18

$2x + 5 = 9$
$\mathbb{L} = \{2\}$

Term, Wert des Terms
⊳ S. 18

$2x + 5$
$|z| + 32$

Ungleichungen

Äquivalenzumformungen bei Ungleichungen ⊳ S. 25

$T_1(x) < T_2(x)$
$T_1(x) + c < T_2(x) + c$

System von Ungleichungen ⊳ S. 25

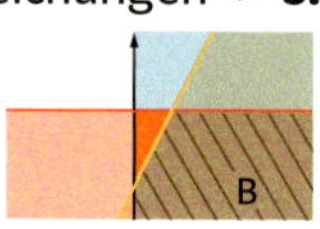

Lineare Gleichungssysteme

Lineares Gleichungssystem
- mit 2 Variablen ⊳ S. 21
- mit 3 Variablen ⊳ S. 22

Determinanten
⊳ S. 23

$$D = \begin{vmatrix} a_1 & b_1 \\ a_2 & b_2 \end{vmatrix}$$

Gauß'sches Lösungsverfahren ⊳ S. 24

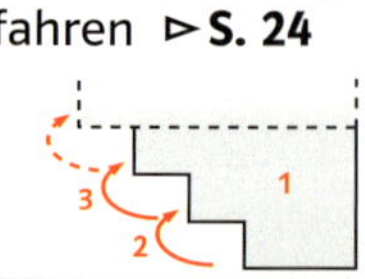

Matrizen

Addieren und multiplizieren von Matrizen ⊳ S. 26

$$\begin{pmatrix} c_{11} & c_{12} & \cdots & c_{1k} & \cdots & c_{1p} \\ c_{21} & c_{22} & \cdots & c_{2k} & \cdots & c_{2p} \\ \cdots & \cdots & \cdots & \cdots & \cdots & \cdots \\ c_{i1} & c_{i2} & \cdots & c_{ik} & \cdots & c_{ip} \\ \cdots & \cdots & \cdots & \cdots & \cdots & \cdots \\ c_{m1} & c_{m2} & \cdots & c_{mk} & \cdots & c_{mp} \end{pmatrix}$$

Gleichungssysteme und Matrizen ⊳ S. 27

$$\begin{pmatrix} a_{11} & a_{12} & \cdots & a_{1n} \\ a_{21} & a_{22} & \cdots & a_{2n} \\ \vdots & \vdots & \ddots & \vdots \\ a_{m1} & a_{m2} & \cdots & a_{mn} \end{pmatrix} \cdot \begin{pmatrix} x_1 \\ x_2 \\ \vdots \\ x_n \end{pmatrix} = \begin{pmatrix} b_1 \\ b_2 \\ \vdots \\ b_m \end{pmatrix}$$

Äquivalenzumformungen ▻ S. 18

$$T_1(x) = T_2(x) \quad | + T(x)$$
$$T_1(x) + T(x) = T_2(x) + T(x)$$

Äquivalenz von Gleichungen ▻ S. 18

Gleichheit der Lösungsmenge

Gleichungsarten

Lineare Gleichungen ▻ S. 19

$$ax + b = 0$$

Quadratische Gleichungen ▻ S. 19

$$ax^2 + bx + c = 0$$

Gleichungen höheren Grades ▻ S. 20

$$a_n x^n + \ldots + a_1 x^1 + a_0 = 0$$

Bruch-, Wurzelgleichungen ▻ S. 20

$$\frac{2}{3} + \frac{5}{x} = \frac{16}{x}$$
$$2 + \sqrt{x + 3} = x$$

Exponential-, Logarithmusgleichungen ▻ S. 21

$$9^x = 243$$
$$\lg(x + 1) = 3$$

Trigonometrische Gleichungen ▻ S. 21

$$3\tan(x) = \cos(2x)$$

Graphische Lösung ▻ S. 22

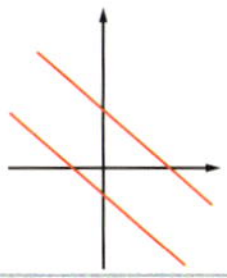

Cramer'sche Regel ▻ S. 23

$$x_i = \frac{D_i}{D}$$

Gleichungen

Term

Terme sind mathematisch sinnvolle Ausdrücke, die aus Zahlen, Zeichen und Variablen bestehen.

$2x + 5$; $(b - 156)^2$; $|z| + 32$

Werden für die Variable Zahlen eingesetzt, dann kann jeweils der **Wert des Terms** berechnet werden.
Die Menge aller Zahlen, für die es einen Wert des Terms gibt, ist die maximale **Definitionsmenge** des Terms.

Wert von $2x + 5$ für $x = 2$:
$2 \cdot 2 + 5$, also 9

Definitionsmenge für $\sqrt{x-2}$: $D = [2\,;+\infty[$

Gleichung

Werden zwei Terme durch ein Gleichheitszeichen verbunden, so entsteht eine Gleichung.

$T_1(x) = 3x + 5$
$T_2(x) = 7 - 2x$
$3x + 5 = 7 - 2x$

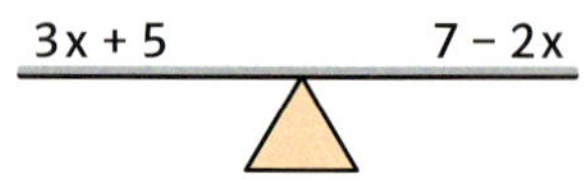

Lösung, Lösungsmenge

Zahlen, die beim Einsetzen die Gleichung erfüllen (beim Einsetzen in die Gleichung zu einer wahren Aussage führen), heißen Lösungen der Gleichung.

Die Menge aller Lösungen einer Gleichung ist deren Lösungsmenge $\mathbb{L}$.

$2x + 5 = 9$;
2 erfüllt die Gleichung
(d.h. $2 \cdot 2 + 5 = 9$ ist wahr),
also ist 2 Lösung der Gleichung: $\mathbb{L} = \{2\}$

Lösbarkeit einer Gleichung

Der Zahlenbereich, in dem die Lösungen für die Gleichung gesucht werden, heißt Grundmenge G.
Eine Gleichung heißt (bezüglich einer Grundmenge G)
- unlösbar, wenn $\mathbb{L} = \{\,\}$,
- lösbar, wenn $\mathbb{L} \neq \{\,\}$,
- allgemein gültig, wenn $\mathbb{L} = G$.

$x + \frac{1}{2} = 2$ ist unlösbar bei $G = \mathbb{N}$.

$x + \frac{1}{2} = 2$ ist lösbar bei $G = \mathbb{Q}$.

$\frac{x+1}{2x+2} = \frac{1}{2}$ ist allgemein gültig bei $G = \mathbb{N}$.

Äquivalenz von Gleichungen

Zwei Gleichungen heißen (bezüglich einer Grundmenge) äquivalent, wenn sie die gleiche Lösungsmenge besitzen.

$3x + 5 = 14$ und $12 - x = 3 + 2x$ sind äquivalent, da beide die Lösungsmenge $\mathbb{L} = \{3\}$ besitzen, bezüglich $G = \mathbb{N}$.

Äquivalenzumformungen

Addition oder Subtraktion gleicher Terme auf beiden Seiten der Gleichung:

$$T_1(x) = T_2(x) \quad | + T(x)$$
$$T_1(x) + T(x) = T_2(x) + T(x)$$

$$T_1(x) = T_2(x) \quad | - T(x)$$
$$T_1(x) - T(x) = T_2(x) - T(x)$$

Multiplikation oder Division beider Seiten der Gleichung mit einem Term $T(x) \neq 0$:

$$T_1(x) = T_2(x) \quad | \cdot T(x)$$
$$T_1(x) \cdot T(x) = T_2(x) \cdot T(x)$$

$$T_1(x) = T_2(x) \quad | : T(x)$$
$$T_1(x) : T(x) = T_2(x) : T(x)$$

Gleichungsarten

Lineare Gleichungen

Allgemeine Form: $a \cdot x + b = 0$ (a, b konst.; $a \neq 0$)

Lösung: $x = -\frac{b}{a}$

Quadratische Gleichungen

Allgemeine Form	Normalform
Jede quadratische Gleichung kann stets in folgender Form dargestellt werden:	Dividiert man die allgemeine Form einer quadratischen Gleichung durch a, dann erhält man:
$ax^2 + bx + c = 0$ (a, b, c konst.; $a \neq 0$). Man nennt diese Form **allgemeine Form** einer quadratischen Gleichung.	$x^2 + px + q = 0$ (p, q konst.). Man nennt diese Form **Normalform** der quadratischen Gleichung.
Die Anzahl der Lösungen hängt ab von der **Diskriminante** D mit	Die **Diskriminante** D der Normalform ist
$D = b^2 - 4ac$.	$D = p^2 - 4q$.
Die Gleichung hat für $D = 0$ genau eine Lösung $x_1 = x_2 = -\frac{b}{2a}$; (Doppellösung) $D > 0$ zwei Lösungen $x_1 = \frac{-b + \sqrt{b^2 - 4ac}}{2a}$ und $x_2 = \frac{-b - \sqrt{b^2 - 4ac}}{2a}$ $D < 0$ keine Lösung im Bereich der reellen Zahlen.	Die Gleichung hat für $D = 0$ die Doppellösung $x_1 = x_2 = -\frac{p}{2}$; $D > 0$ zwei Lösungen $x_1 = \frac{-p + \sqrt{p^2 - 4q}}{2}$ und $x_2 = \frac{-p - \sqrt{p^2 - 4q}}{2}$ $D < 0$ keine Lösung im Bereich der reellen Zahlen.

Satz von Vieta:
Für die Lösungen einer quadratischen Gleichung gilt:

$x_1 + x_2 = -\frac{b}{a}$ und $x_1 \cdot x_2 = \frac{c}{a}$	$x_1 + x_2 = -p$ und $x_1 \cdot x_2 = q$

Zerlegung in Linearfaktoren:
Mit den Lösungen x_1, x_2 ist eine Zerlegung in Linearfaktoren möglich:

$ax^2 + bx + c = 0 \Leftrightarrow a(x - x_1)(x - x_2) = 0$	$x^2 + px + q = 0 \Leftrightarrow (x - x_1)(x - x_2) = 0$

Gleichungen vierten Grades der Form $ax^4 + bx^2 + c = 0$ bzw. $x^4 + px^2 + q = 0$ heißen **biquadratische Gleichungen** und können durch die Substitution $x^2 = z$ auf eine quadratische Gleichung zurückgeführt werden.

Hat diese Gleichung die nichtnegativen Lösungen z_1 und z_2, so sind
$x_{1,2} = \pm\sqrt{z_1}$ und $x_{3,4} = \pm\sqrt{z_2}$
die Lösungen der zugehörigen biquadratischen Gleichung.

Gleichungsarten

Gleichungen höheren Grades

Eine Gleichung, die durch äquivalente Umformungen auf die Form
$a_n x^n + a_{n-1} x^{n-1} + \ldots + a_2 x^2 + a_1 x + a_0 = 0$
mit $a_{n-1}; \ldots; a_2; a_1; a_0 \in \mathbb{R}$ und $a_n \in \mathbb{R} \setminus \{0\}$
gebracht werden kann, heißt Gleichung n-ten Grades.

Der linke Term der Gleichung heißt (reelles) **Polynom** n-ten Grades $P_n(x)$. Die Lösungen der Gleichung heißen auch **Nullstellen des Polynoms**.

Eine Gleichung n-ten Grades hat in der Menge der reellen Zahlen höchstens n Lösungen.
Ist n ungerade, dann existiert wenigstens eine Lösung, bei geradem n kann die Lösungsmenge auch leer sein.

Kennt man eine Nullstelle x_1 von $P_n(x)$, so kann durch **Polynomdivision** der Grad des Polynoms um 1 „reduziert" werden:

$$\frac{P_n(x)}{(x - x_1)} = P_{n-1}(x), \text{ also } P_n(x) = (x - x_1) \cdot P_{n-1}(x)$$

$(x - x_1)$ heißt **Linearfaktor** von $P_n(x)$.
Tritt ein Linearfaktor mehrfach auf, so heißt die zugehörige Nullstelle eine **mehrfache Nullstelle**.

Besitzt $P_n(x)$ n Nullstellen, wobei mehrfache Nullstellen mehrfach gezählt werden, so kann $P_n(x)$ in Linearfaktoren zerlegt werden.

Polynomdivision:

$3x^3 + 9x^2 - 12 = 0$; $x_1 = 1$ sei bekannt

$$(3x^3 + 9x^2 + 0x - 12) : (x - 1) = 3x^2 + 12x + 12$$
$$\underline{-(3x^3 - 3x^2)}$$
$$12x^2 + 0x$$
$$\underline{-(12x^2 - 12x)}$$
$$12x - 12$$
$$\underline{-(12x - 12)}$$
$$0$$

$$3x^3 + 9x^2 - 12 = (x - 1) \cdot (3x^2 + 12x + 12) = 3(x - 1)(x + 2)^2$$

$x_1 = 1$ einfache Nullstelle
$x_2 = -2$ doppelte Nullstelle

Bruchgleichungen

Gleichungen, bei denen Brüche vorkommen und dabei die Variable im Nenner auftritt, werden Bruchgleichungen genannt.
Durch Multiplikation mit dem Hauptnenner werden sie auf lineare Gleichungen oder auf Gleichungen höheren Grades zurückgeführt.

$$\frac{2}{3} + \frac{5}{x} = \frac{16}{x} \quad | \cdot 3x$$
$$2x + 15 = 48 \quad | -15$$
$$2x = 33 \quad | :2$$
$$x = 16{,}5$$

Nach erfolgter Lösung dieser Gleichung ist zu prüfen, ob die Lösungen auch die Bruchgleichung erfüllen.

Die Ausgangsgleichung ist für $x = 16{,}5$ definiert, da kein Nenner null wird.

Wurzelgleichungen

Gleichungen, bei denen Variable im Radikanden von Wurzeln auftreten, heißen Wurzelgleichungen.
In einfachen Fällen kann die Wurzel durch Quadrieren beseitigt und die danach entstehende Gleichung gelöst werden.
Achtung: Quadrieren ist keine äquivalente Umformung, die Probe ist deshalb unbedingt erforderlich.

$$-1 + \sqrt{x + 7} = x$$
$$\sqrt{x + 7} = x + 1$$
$$x + 7 = (x + 1)^2$$
$$\ldots$$

$x_1 = 2$ [$x_2 = -3$ ist keine Lösung]

Gleichungsarten

Exponentialgleichungen

Gleichungen, bei denen die Variable im Exponenten einer Potenz auftritt, heißen Exponentialgleichungen.

Methode zum Lösen von Exponentialgleichungen:
- Logarithmieren der Gleichung
- Isolieren der Variablen

(Rechnen mit Logarithmen ⟶ S. 14)

$$9^x = 2^{-x} \cdot 3$$
$$\lg(9^x) = \lg(2^{-x} \cdot 3)$$
$$x \cdot \lg(9) = -x\lg(2) + \lg(3)$$
$$x[\lg(9) + \lg(2)] = \lg(3)$$
$$x = \frac{\lg(3)}{\lg(9) + \lg(2)} = \frac{\lg(3)}{\lg(18)} \approx 0{,}38$$

Logarithmusgleichungen

Gleichungen, bei denen die Variable im Argument eines Logarithmus auftritt, heißen Logarithmusgleichungen.

Eine Methode zum Lösen von Logarithmusgleichungen ist das Anwenden der Beziehung $a^{\log_a(x)} = x, \quad x > 0$.

$$\log_5(x + 1) = 3$$
$$5^{\log_5(x+1)} = 5^3$$
$$x + 1 = 125 \quad | -1$$
$$x = 124$$

Trigonometrische Gleichungen

Gleichungen, bei denen die Variable im Argument von Winkelfunktionen auftritt, heißen trigonometrische Gleichungen.

Trigonometrische Gleichungen können meist nur näherungsweise gelöst werden. Dabei kann ein Funktionsplotter oder ein Computer-Algebra-System hilfreich sein.
Zu beachten ist außerdem, dass wegen der Periodizität trigonometrischer Funktionen unendlich viele Lösungen auftreten können.

(Winkelfunktionen ⟶ S. 36)

$2 \cdot \sin^2 x = 1 + \cos x$

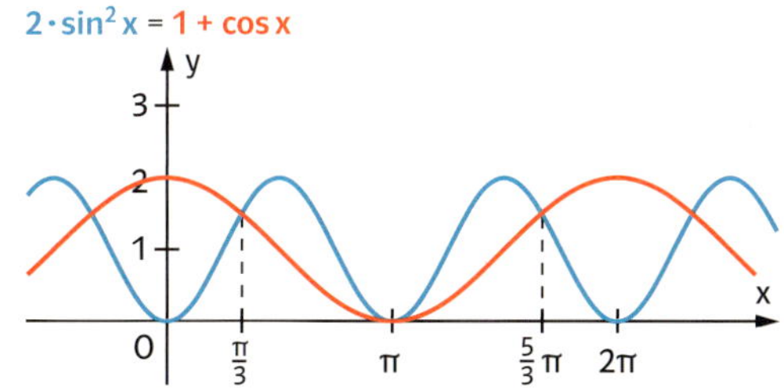

$$x = \frac{\pi}{3} + k \cdot 2\pi \text{ oder } x = \pi + k \cdot 2\pi$$
$$\text{oder } x = \frac{5}{3}\pi + k \cdot 2\pi, k \in \mathbb{Z}$$

Lineare Gleichungssysteme

Lineare Gleichung mit zwei Variablen

$a \cdot x + b \cdot y = c \qquad$ (a, b, c konstant; $a, b \neq 0$)

$$\mathbb{L} = \left\{(x|y) \,\middle|\, x \in \mathbb{R} \text{ und } y = -\frac{a}{b}x + \frac{c}{b}\right\}$$

Die graphische Darstellung der Lösungsmenge ist eine Gerade.

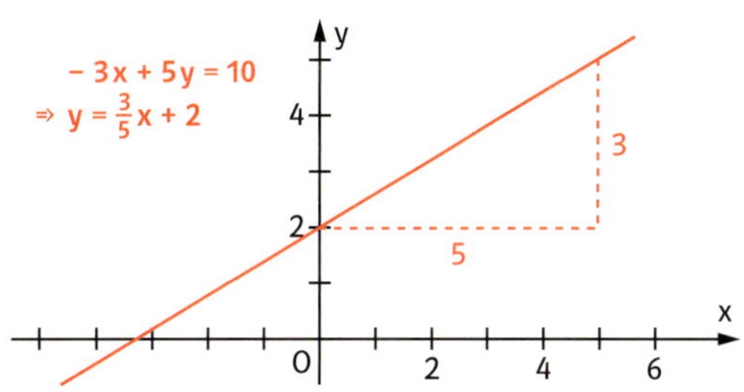

Lineare Gleichungssysteme aus zwei Gleichungen mit zwei Variablen

Ein lineares Gleichungssystem der Form

(I) $a_1x + b_1y = c_1$
(II) $a_2x + b_2y = c_2$

kann mit dem **Einsetzungsverfahren** oder dem **Additionsverfahren** gelöst werden. Beide haben zum Ziel, das Gleichungssystem auf eine Gleichung mit einer Variablen zurückzuführen.

Wenn $a_1b_2 - a_2b_1 \neq 0$, so hat das Gleichungssystem folgende Lösungen:

$$x = \frac{c_1b_2 - c_2b_1}{a_1b_2 - a_2b_1} \text{ und } y = \frac{a_1c_2 - a_2c_1}{a_1b_2 - a_2b_1}$$

(I) $3x + y = 5$
(II) $-2x + y = 0{,}5$

Einsetzungsverfahren:
Aus (II) $\quad y = 2x + 0{,}5$
in (I) $\quad 3x + (2x + 0{,}5) = 5$
$x = 0{,}9 \quad$ in (I): $y = 2{,}3$

Additionsverfahren:
(I) − (II): $5x = 4{,}5$
$x = 0{,}9 \quad$ in (I): $y = 2{,}3$

Lineare Gleichungssysteme

Graphische Lösung eines linearen Gleichungssystems aus zwei Gleichungen mit zwei Variablen: Dazu wird jede Gleichung als Geradengleichung aufgefasst und die Geraden werden in ein Koordinatensystem gezeichnet. Für die Lösungen können folgende Fälle auftreten:

Die Geraden schneiden sich in S.	Die Geraden sind zueinander parallel.	Die Geraden sind identisch.
genau eine Lösung	keine Lösung	unendlich viele Lösungen
$\mathbb{L} = \{(x_s \mid y_s)\}$	$\mathbb{L} = \{\ \}$	$\mathbb{L} = \left\{(x \mid y) \,\middle|\, y = -\frac{a_1}{b_1}x + \frac{c_1}{b_1},\ x \in \mathbb{R}\right\}$
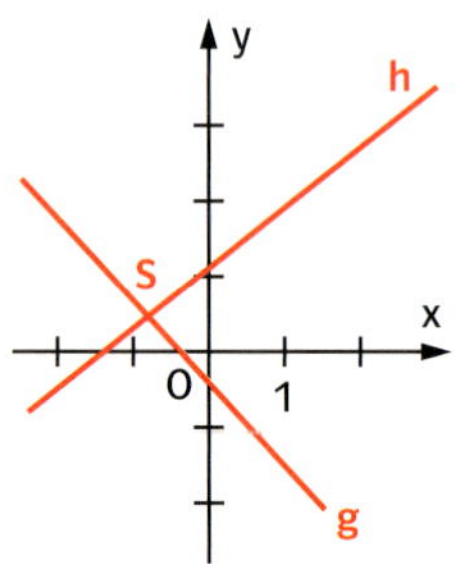	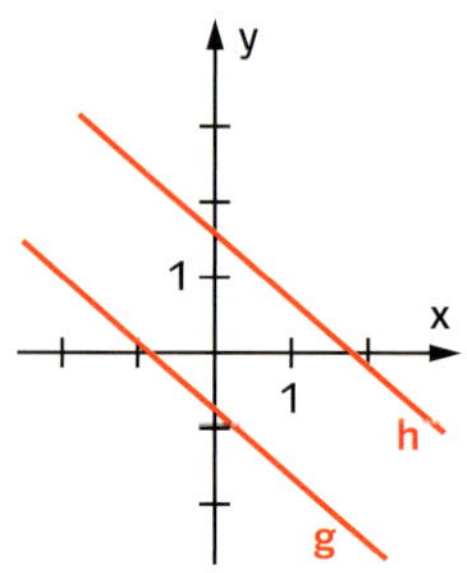	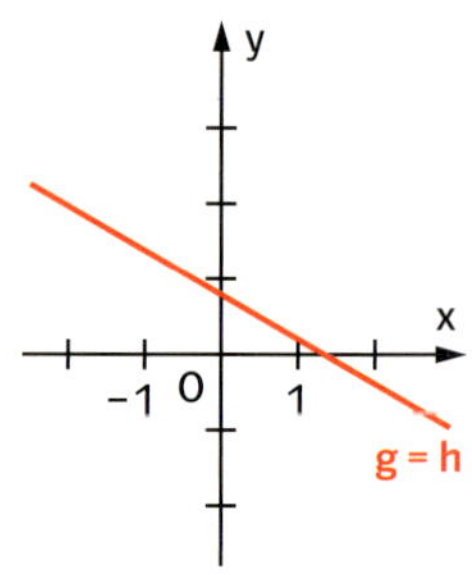

Lineare Gleichungssysteme aus drei Gleichungen mit drei Variablen

Ein lineares Gleichungssystem der Form

(I) $a_1x + b_1y + c_1z = d_1$
(II) $a_2x + b_2y + c_2z = d_2$
(III) $a_3x + b_3y + c_3z = d_3$

kann man lösen, indem man es auf ein System mit zwei Gleichungen mit zwei Variablen zurückführt.

(I) $16x - 4y + z = 2$
(II) $9x - 3y + z = 3{,}5$
(III) $x + y + z = -0{,}5$
$\Rightarrow z = -0{,}5 - x - y$

in (I): $16x - 4y + (-0{,}5 - x - y) = 2$
in (II): $9x - 3y + (-0{,}5 - x - y) = 3{,}5$
(I a): $15x - 5y = 2{,}5$
(II a): $8x - 4y = 4$

$\Rightarrow x = -0{,}5;\ y = -2;$ in (III): $z = 2$

Für die Lösungen eines Gleichungssystems aus drei Gleichungen mit drei Variablen können folgende typische Fälle auftreten:

genau eine Lösung	keine Lösung	unendlich viele Lösungen
$\mathbb{L} = \{(1 \mid 2 \mid 3)\}$	$\mathbb{L} = \{\ \}$	$\mathbb{L} = \{(5t + 7 \mid 3t - 5 \mid t) \mid t \in \mathbb{R}\}$
$x_1 - 2x_2 + 5x_3 = 12$ $x_2 - 2x_3 = -4$ $x_3 = 3$	$x_1 + 3x_2 = 2$ $-7x_2 = -4$ $0x_3 = -1$	$x_1 - 5x_3 = 7$ $x_2 - 3x_3 = -5$ $2x_2 - 6x_3 = -10$
	Bei der Umformung entsteht eine Gleichung, die nicht lösbar ist.	Beim Umformen entstehen zwei äquivalente Gleichungen. Ersetzt man eine Variable durch einen Parameter (z. B. $x_3 = t$), erhält man die Lösungen für die anderen Variablen in Abhängigkeit von diesem Parameter.

Lineare Gleichungssysteme

Lineare Gleichungssysteme und Determinanten

Zweireihige Determinanten

$$D = \begin{vmatrix} a_1 & b_1 \\ a_2 & b_2 \end{vmatrix} = a_1 b_2 - a_2 b_1$$

$$D = \begin{vmatrix} 1 & -4 \\ 2 & 3 \end{vmatrix} = 1 \cdot 3 - 2 \cdot (-4) = 11$$

Dreireihige Determinanten

$$D = \begin{vmatrix} a_1 & b_1 & c_1 \\ a_2 & b_2 & c_2 \\ a_3 & b_3 & c_3 \end{vmatrix} = a_1 \begin{vmatrix} b_2 & c_2 \\ b_3 & c_3 \end{vmatrix} - b_1 \begin{vmatrix} a_2 & c_2 \\ a_3 & c_3 \end{vmatrix} + c_1 \begin{vmatrix} a_2 & b_2 \\ a_3 & b_3 \end{vmatrix}$$

$$D = \begin{vmatrix} 1 & 2 & 3 \\ 2 & 0 & -1 \\ -3 & 1 & 5 \end{vmatrix} = 1 \begin{vmatrix} 0 & -1 \\ 1 & 5 \end{vmatrix} - 2 \begin{vmatrix} 2 & -1 \\ -3 & 5 \end{vmatrix} + 3 \begin{vmatrix} 2 & 0 \\ -3 & 1 \end{vmatrix}$$

$$= 1 \cdot 1 - 2 \cdot 7 + 3 \cdot 2 = -7$$

Regel von Sarrus zur Berechnung von 3-reihigen Determinanten

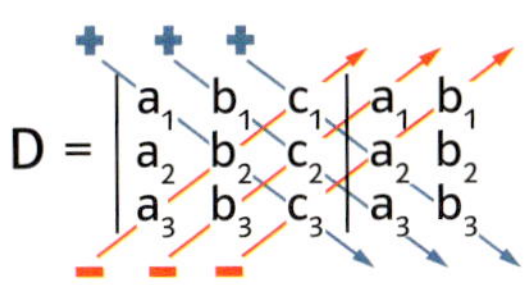

$$= a_1 b_2 c_3 + b_1 c_2 a_3 + c_1 a_2 b_3$$
$$- a_3 b_2 c_1 - b_3 c_2 a_1 - c_3 a_2 b_1$$

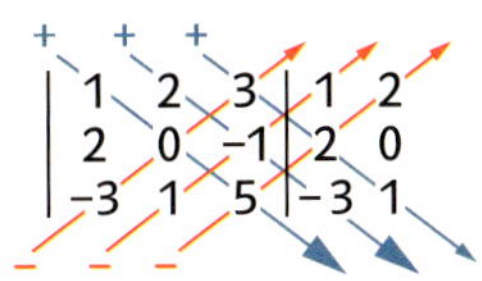

$$= 1 \cdot 0 \cdot 5 + 2 \cdot (-1) \cdot (-3) + 3 \cdot 2 \cdot 1$$
$$- (-3) \cdot 0 \cdot 3 - 1 \cdot (-1) \cdot 1 - 5 \cdot 2 \cdot 2$$
$$= -7$$

Lösungsverfahren mithilfe der Cramer'schen Regel

Das Gleichungssystem

(I) $a_1 x + b_1 y = c_1$
(II) $a_2 x + b_2 y = c_2$

hat genau eine Lösung, wenn $D = \begin{vmatrix} a_1 & b_1 \\ a_2 & b_2 \end{vmatrix} \neq 0$,

wobei $x = \dfrac{\begin{vmatrix} c_1 & b_1 \\ c_2 & b_2 \end{vmatrix}}{D}$ und $y = \dfrac{\begin{vmatrix} a_1 & c_1 \\ a_2 & c_2 \end{vmatrix}}{D}$

(I) $3x + y = 5$
(II) $-2x + y = 0{,}5$

$$D = \begin{vmatrix} 3 & 1 \\ -2 & 1 \end{vmatrix} = 5$$

$$x = \frac{\begin{vmatrix} 5 & 1 \\ 0{,}5 & 1 \end{vmatrix}}{5} = \frac{4{,}5}{5} = \frac{9}{10}; \quad y = \frac{\begin{vmatrix} 3 & 5 \\ -2 & 0{,}5 \end{vmatrix}}{5} = \frac{11{,}5}{5} = \frac{23}{10}$$

Das Gleichungssystem

(I) $a_1 x + b_1 y + c_1 z = d_1$
(II) $a_2 x + b_2 y + c_2 z = d_2$
(III) $a_3 x + b_3 y + c_3 z = d_3$

hat genau eine Lösung, wenn $D = \begin{vmatrix} a_1 & b_1 & c_1 \\ a_2 & b_2 & c_2 \\ a_3 & b_3 & c_3 \end{vmatrix} \neq 0$,

wobei $x = \dfrac{\begin{vmatrix} d_1 & b_1 & c_1 \\ d_2 & b_2 & c_2 \\ d_3 & b_3 & c_3 \end{vmatrix}}{D}; \; y = \dfrac{\begin{vmatrix} a_1 & d_1 & c_1 \\ a_2 & d_2 & c_2 \\ a_3 & d_3 & c_3 \end{vmatrix}}{D}; \; z = \dfrac{\begin{vmatrix} a_1 & b_1 & d_1 \\ a_2 & b_2 & d_2 \\ a_3 & b_3 & d_3 \end{vmatrix}}{D}$

(I) $16x - 4y + z = 2$
(II) $9x - 3y + z = 3{,}5$
(III) $x + y + z = -0{,}5$

$$D = \begin{vmatrix} 16 & -4 & 1 \\ 9 & -3 & 1 \\ 1 & 1 & 1 \end{vmatrix} = -20$$

$$x = \frac{\begin{vmatrix} 2 & -4 & 1 \\ 3{,}5 & -3 & 1 \\ -0{,}5 & 1 & 1 \end{vmatrix}}{-20}; \; y = \frac{\begin{vmatrix} 16 & 2 & 1 \\ 9 & 3{,}5 & 1 \\ 1 & -0{,}5 & 1 \end{vmatrix}}{-20}; \; z = \frac{\begin{vmatrix} 16 & 4 & 2 \\ 9 & -3 & 3{,}5 \\ 1 & 1 & -0{,}5 \end{vmatrix}}{-20}$$

$$x = \frac{10}{-20} = -\frac{1}{2} \qquad y = \frac{40}{-20} = -2 \qquad z = \frac{-40}{-20} = 2$$

Wenn $D = 0$, so hat das zugehörige Gleichungssystem keine oder unendlich viele Lösungen.

··· Lineare Gleichungssysteme

Lineares Gleichungssystem aus m Gleichungen mit n Variablen

Durch Äquivalenzumformungen kann ein lineares Gleichungssystem aus m Gleichungen mit n Variablen $x_1, \ldots, x_n$ immer so umgeformt werden, dass es die Gestalt

$$\begin{array}{l} a_{11}x_1 + a_{12}x_2 + \ldots + a_{1n}x_n = b_1 \\ a_{21}x_1 + a_{22}x_2 + \ldots + a_{2n}x_n = b_2 \\ \quad \vdots \qquad\quad \vdots \qquad\ \vdots \qquad\quad \vdots \\ a_{m1}x_1 + a_{m2}x_2 + \ldots + a_{mn}x_n = b_m \end{array}$$

hat.

a_{ik} sind die Koeffizienten des Gleichungssystems.

Äquivalenzumformungen für lineare Gleichungssysteme

Folgende Umformungen verändern die Lösungsmenge eines linearen Gleichungssystems nicht:
1) Vertauschen von Gleichungen,
2) Multiplizieren einer Gleichung mit einer Zahl $c \neq 0$,
3) Addition einer Gleichung (oder seiner Vielfachen) zu einer anderen Gleichung (oder seiner Vielfachen).

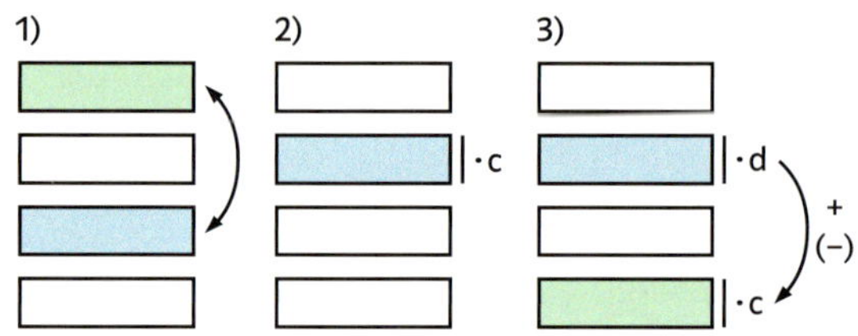

Lösen eines linearen Gleichungssystems mit genau einer Lösung

Ein n-Tupel $(c_1, c_2, \ldots, c_n)$ heißt Lösung des linearen Gleichungssystems aus m Gleichungen mit n Variablen, wenn $c_1, \ldots, c_n$ alle m Gleichungen erfüllen.

Jedes lineare Gleichungssystem hat entweder keine, genau eine oder unendlich viele Lösungen.

Jedes lineare Gleichungssystem kann durch äquivalente Umformung auf

Stufenform

$$\begin{array}{rcr} x_1 - x_2 - 2x_3 - 5x_4 &=& -1 \\ x_2 + 2x_3 + 3x_4 &=& 4 \\ x_3 + x_4 &=& 3 \\ x_4 &=& 1 \end{array} \qquad \left(\begin{array}{cccc|c} 1 & -1 & -2 & -5 & -1 \\ 0 & 1 & 2 & 3 & 4 \\ 0 & 0 & 1 & 1 & 3 \\ 0 & 0 & 0 & 1 & 1 \end{array}\right)$$

bzw.

reduzierte Stufenform

gebracht werden.

$$\begin{array}{rcr} x_1 &=& 5 \\ x_2 &=& -3 \\ x_3 &=& 2 \\ x_4 &=& 1 \end{array} \qquad \left(\begin{array}{cccc|c} 1 & 0 & 0 & 0 & 5 \\ 0 & 1 & 0 & 0 & -3 \\ 0 & 0 & 1 & 0 & 2 \\ 0 & 0 & 0 & 1 & 1 \end{array}\right)$$

Nach dem **Gauß'schen Lösungsverfahren** wird das lineare Gleichungssystem

zuerst	durch äquivalente Umformung auf Stufenform gebracht,
dann	wird die letzte Gleichung gelöst.
Nun	werden durch Einsetzen in die vorherigen Gleichungen schrittweise die anderen Variablen bestimmt.

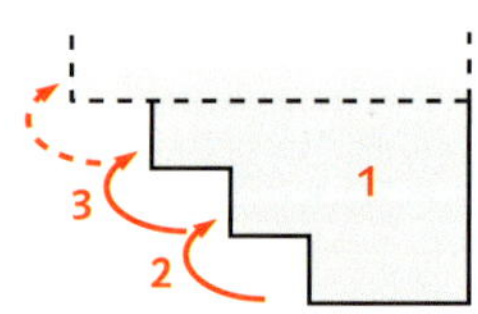

Ungleichungen

Äquivalenzumformungen

Die Lösungsmenge einer Ungleichung $T_1(x) < T_2(x)$ ändert sich nicht, wenn auf beiden Seiten
- dieselbe Zahl d addiert oder subtrahiert wird,
- mit derselben positiven Zahl c multipliziert
- oder durch dieselbe positive Zahl c dividiert wird.

$T_1(x) < T_2(x)$

$T_1(x) \pm d < T_2(x) \pm d$

$0 < c \quad T_1(x) \cdot c < T_2(x) \cdot c$

$0 < c \quad T_1(x) : c < T_2(x) : c$

Werden beide Seiten mit einer negativen Zahl c multipliziert oder durch dieselbe negative Zahl c dividiert, bleibt die Lösungsmenge nur erhalten, wenn die Richtung des Ungleichheitszeichens umgekehrt wird.

$c < 0 \quad T_1(x) \cdot c > T_2(x) \cdot c$

$c < 0 \quad T_1(x) : c > T_2(x) : c$

Lineare Ungleichungen mit zwei Variablen

Eine Ungleichung der Form $ax + by \leqq c$ $(a, b \neq 0)$ hat als Lösungsmenge alle geordneten Paare $(x|y)$, die die Ungleichung erfüllen.

Die Lösungsmenge kann als Menge aller Punkte gedeutet werden, die in der entsprechenden Halbebene liegen, die durch die Gerade $y = -\frac{a}{b}x + \frac{c}{b}$ begrenzt wird.

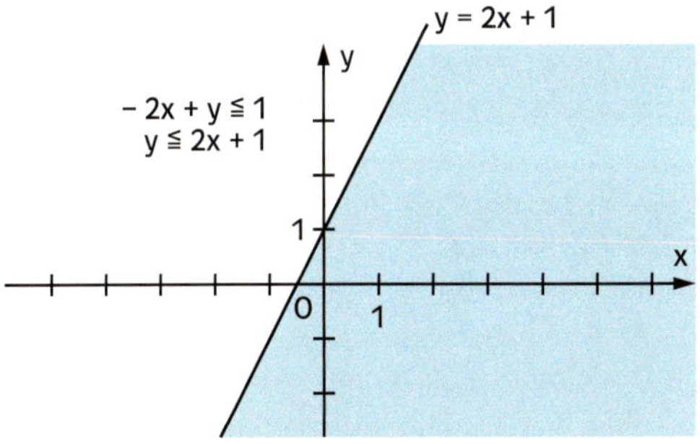

Systeme von Ungleichungen in zwei Variablen

Grafisch löst man ein System von Ungleichungen in zwei Variablen, indem man für jede Ungleichung die entsprechende Halbebene kennzeichnet. Der Bereich B, der allen gemeinsam ist, bestimmt die Lösungsmenge des Systems der Ungleichungen.
(Schnittmenge ⟶ S. 6)

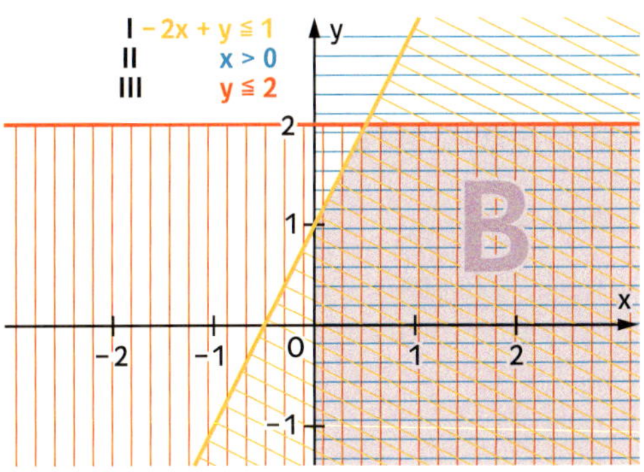

Matrizen

Matrix, Zeilenvektor, Spaltenvektor

Ein rechteckiges System von $m \cdot n$ Zahlen, die in m Zeilen und n Spalten angeordnet sind, heißt $(m \times n)$-Matrix:

$$\begin{pmatrix} a_{11} & a_{12} & \dots & a_{1n} \\ a_{21} & a_{22} & \dots & a_{2n} \\ \vdots & \vdots & \ddots & \vdots \\ a_{m1} & a_{m2} & \dots & a_{mn} \end{pmatrix}$$

Zwei Matrizen sind genau dann gleich, wenn sie gleiche Zeilen- und Spaltenzahl haben und wenn alle einander entsprechenden Elemente gleich sind.
Die Elemente einer Zeile, etwa der 2. Zeile, bilden den sogenannten 2. Zeilenvektor $(a_{21} \; a_{22} \; \dots \; a_{2n})$. Ein Zeilenvektor ist also eine $(1 \times n)$-Matrix.

Die Elemente einer Spalte, etwa der 3. Spalte, bilden einen Spaltenvektor: $\begin{pmatrix} a_{13} \\ a_{23} \\ \vdots \\ a_{m3} \end{pmatrix}$
Ein Spaltenvektor ist also eine $(m \times 1)$-Matrix.

Rang einer Matrix

Eine $(m \times n)$-Matrix hat den Rang r, wenn die Anzahl der linear unabhängigen Zeilenvektoren r ist.
Hat eine Matrix den Rang r, so ist auch die Anzahl der linear unabhängigen Spaltenvektoren r.
(Linear unabhängige Vektoren ⟶ S. 81)

Transponierte und quadratische Matrix, Diagonalmatrix, Einheitsmatrix

Vertauscht man in einer $(m \times n)$-Matrix die Zeilen mit den entsprechenden Spalten, so entsteht eine $(n \times m)$-Matrix A^T. Sie heißt transponierte Matrix.
Stimmen in einer Matrix Zeilenzahl m und Spaltenzahl n überein, so heißt die Matrix quadratisch.

Diagonalmatrix:

$$\begin{pmatrix} d_{11} & 0 & \dots & 0 \\ 0 & d_{22} & \dots & 0 \\ \vdots & \vdots & \ddots & \vdots \\ 0 & 0 & \dots & d_{nn} \end{pmatrix}$$

Einheitsmatrix:

$$\begin{pmatrix} 1 & 0 & \dots & 0 \\ 0 & 1 & \dots & 0 \\ \vdots & \vdots & \ddots & \vdots \\ 0 & 0 & \dots & 1 \end{pmatrix}$$

Addieren von Matrizen

Man kann Matrizen A und B nur dann addieren bzw. subtrahieren, wenn sie in ihrer Zeilen- und ihrer Spaltenanzahl übereinstimmen.
Beim Addieren bzw. Subtrahieren werden die an der jeweils entsprechenden Stelle stehenden Elemente addiert bzw. subtrahiert:

$$\begin{pmatrix} a_{11} & a_{12} & \dots & a_{1n} \\ a_{21} & a_{22} & \dots & a_{2n} \\ \vdots & \vdots & \ddots & \vdots \\ a_{m1} & a_{m2} & \dots & a_{mn} \end{pmatrix} \pm \begin{pmatrix} b_{11} & b_{12} & \dots & b_{1n} \\ b_{21} & b_{22} & \dots & b_{2n} \\ \vdots & \vdots & \ddots & \vdots \\ b_{m1} & b_{m2} & \dots & b_{mn} \end{pmatrix} = \begin{pmatrix} a_{11} \pm b_{11} & a_{12} \pm b_{12} & \dots & a_{1n} \pm b_{1n} \\ a_{21} \pm b_{21} & a_{22} \pm b_{22} & \dots & a_{2n} \pm b_{2n} \\ \vdots & \vdots & \ddots & \vdots \\ a_{m1} \pm b_{m1} & a_{m2} \pm b_{m2} & \dots & a_{mn} \pm b_{mn} \end{pmatrix}$$

Matrizen

Multiplikation einer Matrix mit einer reellen Zahl

Bei der Multiplikation einer Matrix mit einer reellen Zahl r werden alle Elemente mit r multipliziert:

$$r \cdot \begin{pmatrix} a_{11} & a_{12} & \cdots & a_{1n} \\ a_{21} & a_{22} & \cdots & a_{2n} \\ \vdots & \vdots & \ddots & \vdots \\ a_{m1} & a_{m2} & \cdots & a_{mn} \end{pmatrix} = \begin{pmatrix} r \cdot a_{11} & r \cdot a_{12} & \cdots & r \cdot a_{1n} \\ r \cdot a_{21} & r \cdot a_{22} & \cdots & r \cdot a_{2n} \\ \vdots & \vdots & \ddots & \vdots \\ r \cdot a_{m1} & r \cdot a_{m2} & \cdots & r \cdot a_{mn} \end{pmatrix}$$

Multiplizieren von Matrizen

Zwei Matrizen können nur dann miteinander multipliziert werden, wenn die Spaltenzahl von A mit der Zeilenzahl von B übereinstimmt.
Multiplikation einer $(1 \times n)$-Matrix (Zeilenvektor) mit einer $(n \times 1)$-Matrix (Spaltenvektor):

$$(a_{11} \; a_{12} \; \ldots \; a_{1n}) \cdot \begin{pmatrix} b_{11} \\ a_{21} \\ \vdots \\ b_{n1} \end{pmatrix} = a_{11} \cdot b_{11} + a_{12} \cdot b_{21} + \ldots + a_{1n} \cdot b_{n1}$$

Multiplikation einer $(m \times n)$-Matrix mit einer $(n \times p)$-Matrix:

$$\begin{pmatrix} a_{11} & a_{12} & \cdots & a_{1k} & \cdots & a_{1n} \\ a_{21} & a_{22} & \cdots & a_{2k} & \cdots & a_{2n} \\ \vdots & \vdots & \ddots & \vdots & & \vdots \\ a_{i1} & a_{i2} & \cdots & a_{ik} & \cdots & a_{in} \\ \vdots & \vdots & & \vdots & \ddots & \vdots \\ a_{m1} & a_{m2} & \cdots & a_{mk} & \cdots & a_{mn} \end{pmatrix} \cdot \begin{pmatrix} b_{11} & b_{12} & \cdots & b_{1k} & \cdots & b_{1p} \\ b_{21} & b_{22} & \cdots & b_{2k} & \cdots & b_{2p} \\ \vdots & \vdots & \ddots & \vdots & & \vdots \\ b_{i1} & b_{i2} & \cdots & b_{ik} & \cdots & b_{ip} \\ \vdots & \vdots & & \vdots & \ddots & \vdots \\ b_{n1} & b_{n2} & \cdots & b_{nk} & \cdots & b_{np} \end{pmatrix} = \begin{pmatrix} c_{11} & c_{12} & \cdots & c_{1k} & \cdots & c_{1p} \\ c_{21} & c_{22} & \cdots & c_{2k} & \cdots & c_{2p} \\ \vdots & \vdots & \ddots & \vdots & & \vdots \\ c_{i1} & c_{i2} & \cdots & c_{ik} & \cdots & c_{ip} \\ \vdots & \vdots & & \vdots & \ddots & \vdots \\ c_{m1} & c_{m2} & \cdots & c_{mk} & \cdots & c_{mp} \end{pmatrix}$$

Dabei berechnet man das Element in der i-ten Zeile und der k-ten Spalte folgendermaßen:
$c_{ik} = a_{i1} \cdot b_{1k} + a_{i2} \cdot b_{2k} + \ldots + a_{in} \cdot b_{nk}$ $(i = 1, 2, \ldots m;\; k = 1, 2, \ldots, p)$.

Unter der n-ten **Potenz A^n** $(n \in \mathbb{N})$ einer quadratischen Matrix A versteht man das n-fache Produkt von A mit sich selbst: $A^n = A \cdot A \cdot \ldots \cdot A$

Gleichungssysteme und Matrizen

Ein Gleichungssystem von m Gleichungen mit n Variablen kann in Matrixschreibweise dargestellt werden:

$$\begin{aligned} a_{11}x_1 + a_{12}x_2 + \ldots + a_{1n}x_n &= b_1 \\ a_{21}x_1 + a_{22}x_2 + \ldots + a_{2n}x_n &= b_2 \\ &\vdots \\ a_{m1}x_1 + a_{m2}x_2 + \ldots + a_{mn}x_n &= b_m \end{aligned} \qquad \begin{pmatrix} a_{11} & a_{12} & \cdots & a_{1n} \\ a_{21} & a_{22} & \cdots & a_{2n} \\ \vdots & \vdots & \ddots & \vdots \\ a_{m1} & a_{m2} & \cdots & a_{mn} \end{pmatrix} \cdot \begin{pmatrix} x_1 \\ x_2 \\ \vdots \\ x_n \end{pmatrix} = \begin{pmatrix} b_1 \\ b_2 \\ \vdots \\ b_m \end{pmatrix}$$

Koeffizientenmatrix:

$$\begin{pmatrix} a_{11} & a_{12} & \cdots & a_{1n} \\ a_{21} & a_{22} & \cdots & a_{2n} \\ \vdots & \vdots & \ddots & \vdots \\ a_{m1} & a_{m2} & \cdots & a_{mn} \end{pmatrix}$$

Erweiterte Matrix:

$$\left(\begin{array}{cccc|c} a_{11} & a_{12} & \cdots & a_{1n} & b_1 \\ a_{21} & a_{22} & \cdots & a_{2n} & b_2 \\ \vdots & \vdots & \ddots & \vdots & \vdots \\ a_{m1} & a_{m2} & \cdots & a_{mn} & b_m \end{array}\right)$$

Funktionen und ihre Graphen

Grundbegriffe

Funktionsgraph ▻ **S. 30**

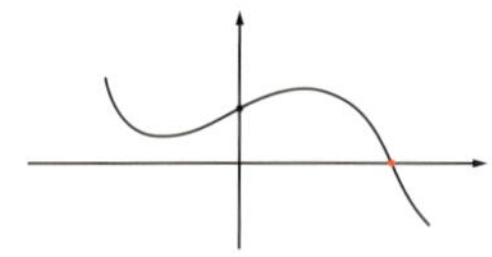

Funktionsbegriff ▻ **S. 30**

f: x ↦ f(x), x ∈ D

Potenzfunktionen

Parabeln n-ten Grades ▻ **S. 34**

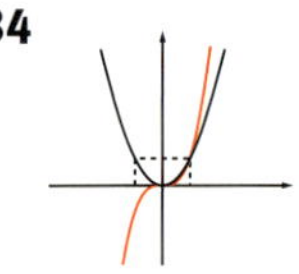

Hyperbeln ▻ **S. 34**

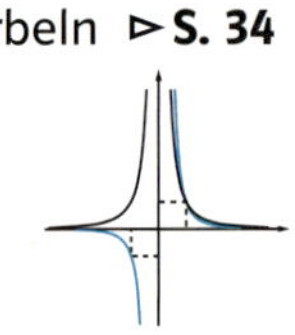

Wurzelfunktionen ▻ **S. 34**

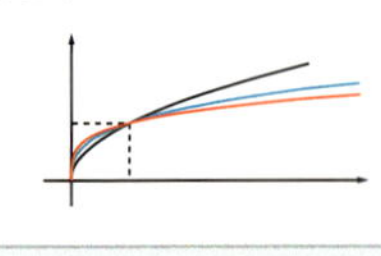

Winkelfunktionen

Sinus, Kosinus, Tangens, Kotangens ▻ **S. 44**

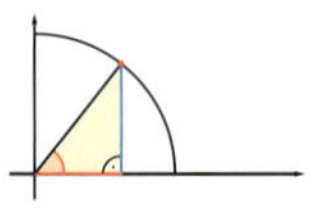

Periodizität ▻ **S. 37**

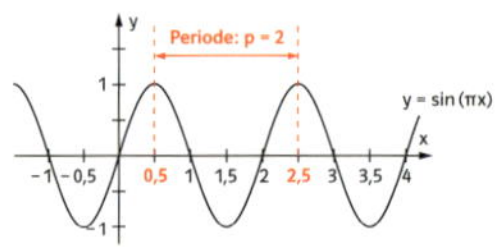

tan x, cot x, ▻ **S. 37**

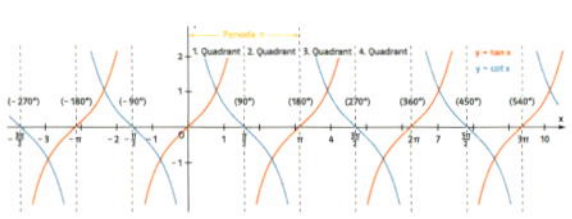

sin α, cos α, ▻ **S. 36**

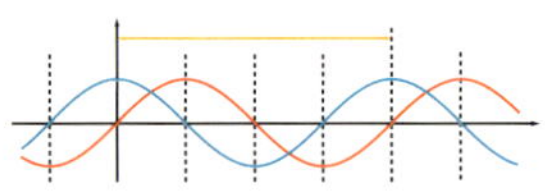

Exponential-, Logarithmusfunktionen

Logarithmusfunktion ▻ **S. 35**

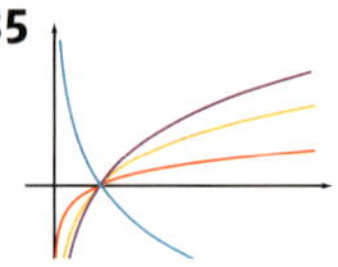

Exponentialfunktion ▻ **S. 35**

Funktionenschar ▻ **S. 31**

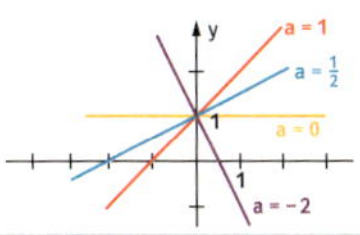

Lineare Funktionen, Geraden

Lineare Funktionen
▻ **S. 31**

$$\mathbf{y = mx + t}$$

Geradengleichung bestimmen ▻ **S. 31**

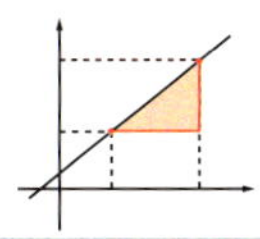

Sonderfälle ▻ **S. 32**

Ursprungsgerade
Parallelen zu den Achsen

Quadratische Funktionen, Parabeln

Quadratische Funktionen
▻ **S. 33**

$$\mathbf{y = ax^2 + bx + c}$$

allgemeine Parabeln
▻ **S. 33**

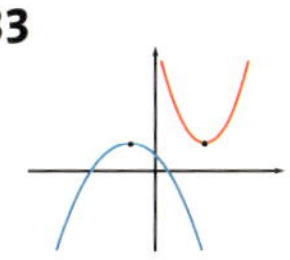

Sonderfälle, Normalparabel ▻ **S. 33**

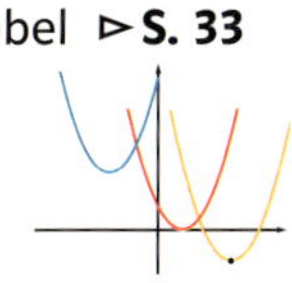

Grundbegriffe

Funktion f

Eine Funktion f ordnet jedem Element x (Argument) aus einer Menge D_f **(Definitionsmenge von f)** eindeutig ein Element y (Funktionswert) zu.

Funktion: $f\colon \underbrace{x \mapsto f(x)}$, $x \in D_f$, — Beispiel: $x \mapsto -0{,}5x^2 + x + 1,\ x \in \mathbb{R}$

Funktionsvorschrift

oder $f\colon \overbrace{x \mapsto y \text{ mit } y = f(x)}$, $x \in D_f$,

oder $f\colon x \mapsto y = f(x),\ x \in D_f$

Funktionsterm: $f(x)$ — Beispiel: $-0{,}5x^2 + x + 1$

Funktionsgleichung: $y = f(x)$ — Beispiel: $y = -0{,}5x^2 + x + 1$

Wertetabelle

In der Wertetabelle werden x-Werte (Argumente) und zugehörige Funktionswerte dargestellt.

$f(x) = -0{,}5x^2 + x + 1$

x	−2	0	1	…
f(x)	−3	1	1,5	…

Graph von f

Jedem Paar $(x; y)$ mit $y = f(x)$ kann ein Punkt $P(x \mid y)$ in einem kartesischen Koordinatensystem zugeordnet werden.
Die Menge aller Punkte $P(x \mid y)$ mit $x \in D_f$ heißt Graph G_f von f.

Die x-Koordinate eines Punktes heißt **Abszisse**, die y-Koordinate **Ordinate**.

Das kartesische Koordinatensystem zerlegt die Ebene in vier **Quadranten**.

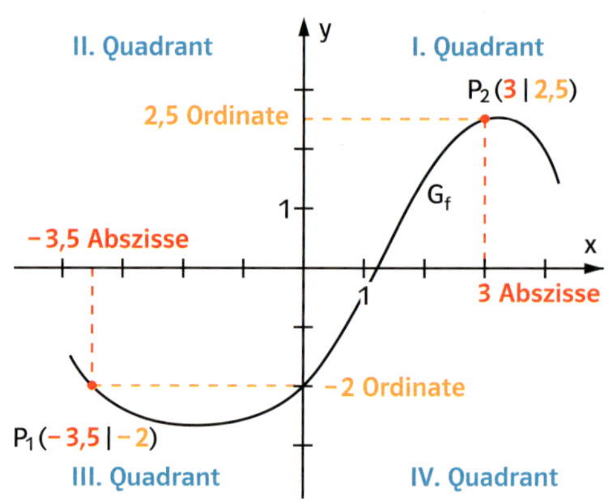

Wertemenge

Die Wertemenge W_f besteht aus allen Funktionswerten einer Funktion:
$W_f = \{y \mid y = f(x) \text{ mit } x \in D_f\}$

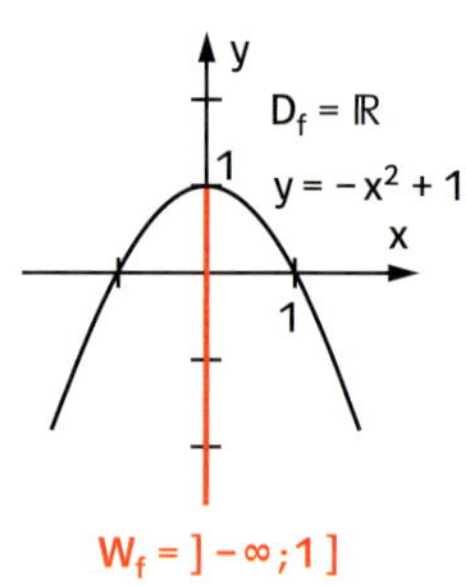

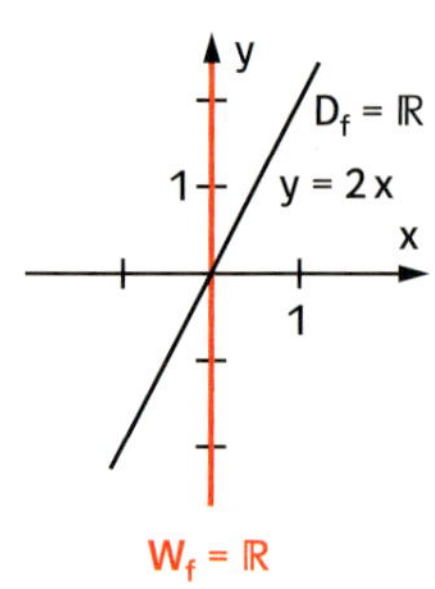

Schnitt- und Berührungspunkte mit den Koordinatenachsen

(Kurvenuntersuchung ⟶ S. 70)

Gilt $f(x_0) = 0$, dann heißt x_0 **Nullstelle** von f.
Der Graph von f schneidet oder berührt die x-Achse im Punkt $N(x_0 \mid 0)$;
Schnittpunkt S mit der y-Achse: $S(0 \mid f(0))$

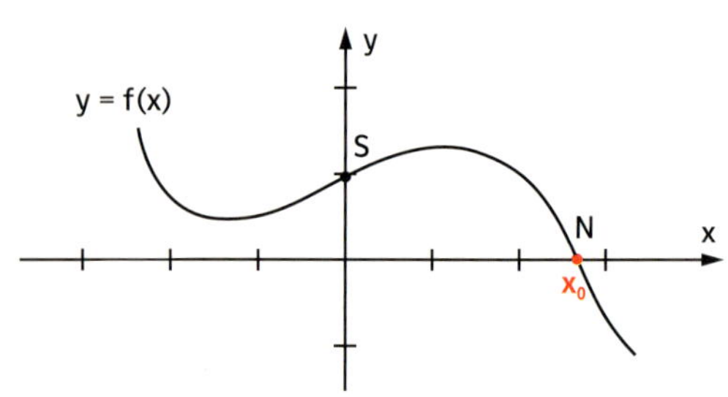

Grundbegriffe

Symmetrie von Graphen
(Kurvenuntersuchung ⟶ S. 70)

Symmetrie zur y-Achse:
Der Graph der Funktion f ist genau dann symmetrisch zur y-Achse, wenn gilt:
$f(-x) = f(x)$ für alle $x \in D_f$,
f heißt **gerade Funktion**.

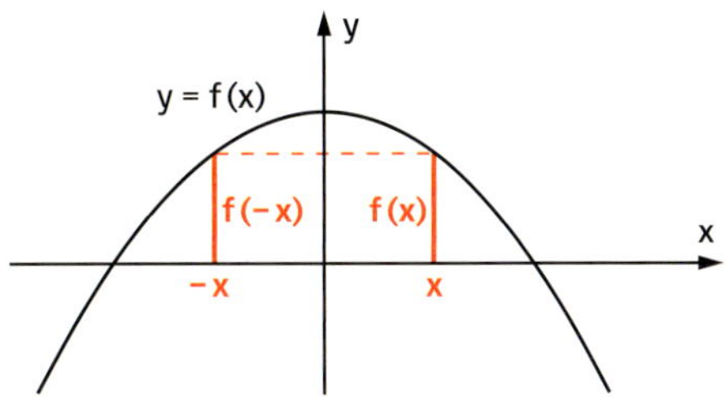

Symmetrie zum Koordinatenursprung:
Der Graph der Funktion f ist genau dann punktsymmetrisch zum Koordinatenursprung, wenn gilt:
$f(-x) = -f(x)$ für alle $x \in D_f$,
f heißt **ungerade Funktion**.

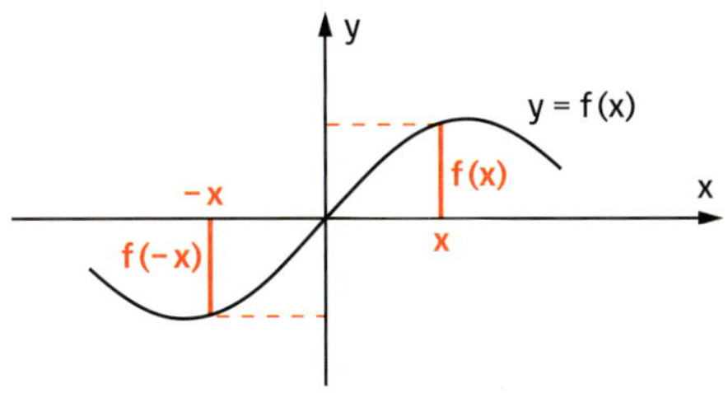

Funktionenschar

Menge von Funktionen, die sich mithilfe der Funktionsgleichung $y = f_a(x)$ beschreiben lässt, die neben den Variablen x und y noch einen **Scharparameter** a enthält.

Für jeden Wert des Scharparameters a beschreibt $f_a\colon x \mapsto f_a(x),\ x \in D_{f_a}$ eine Funktion.

$f_a(x) = ax + 1,\ a \in \mathbb{R},\ x \in \mathbb{R}$

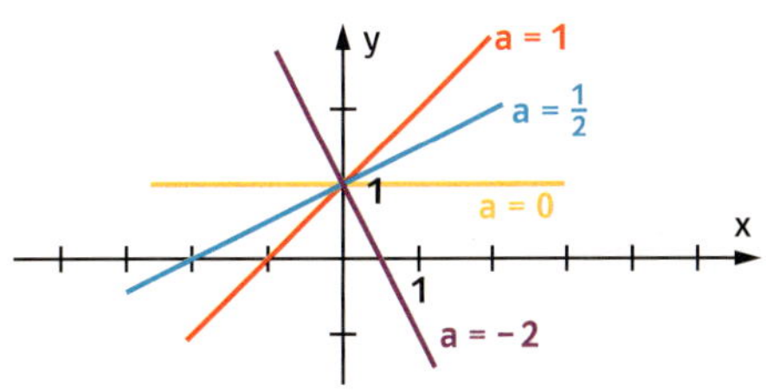

Lineare Funktionen, Geraden

Lineare Funktion

Funktionsgleichung: $\mathbf{y = mx + t}$
Definitionsmenge: $\mathbb{R}$
Graph: **Gerade**
y-Achsenabschnitt: t
Steigung des Graphen: m } Es gilt: $\tan\alpha = m$
Steigungswinkel: α }
Nullstelle: $x_0 = -\frac{t}{m}$, wenn $m \neq 0$

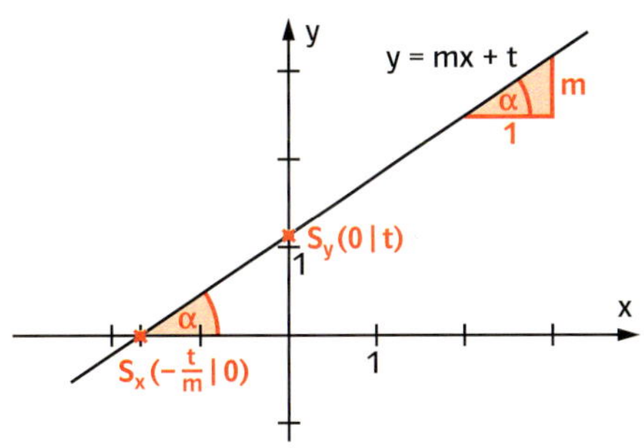

Bestimmen von Geradengleichungen

Steigung m der Geraden g durch gegebene Punkte $P_1(x_1 \mid y_1)$ und $P_2(x_2 \mid y_2)$ (wobei $x_1 \neq x_2$):

$$\mathbf{m = \frac{y_2 - y_1}{x_2 - x_1}}$$

y-Achsenabschnitt t der Geraden g mit bekannter Steigung m durch gegebenen Punkt $P_1(x_1 \mid y_1)$:
$\mathbf{t = -mx_1 + y_1}$

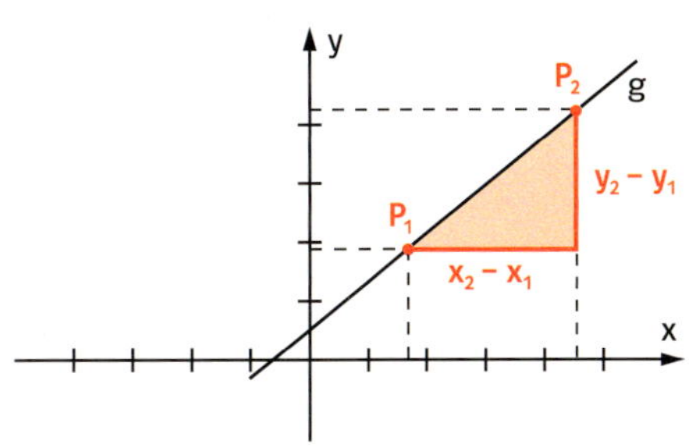

Sonderfall: Ursprungsgerade

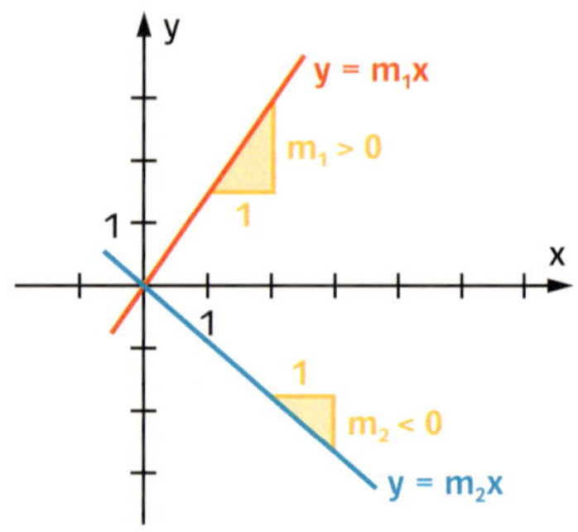

Geradengleichung: $\mathbf{y = mx}$, d.h. $t = 0$.

spezielle Fälle:

$m = 0$:	$\mathbf{y = 0}$;	Gleichung der x-Achse
$m = 1$:	$\mathbf{y = x}$;	Gleichung der Winkelhalbierenden des I. und III. Quadranten
$m = -1$:	$\mathbf{y = -x}$;	Gleichung der Winkelhalbierenden des II. und IV. Quadranten

Sonderfall: Parallele zur x-Achse

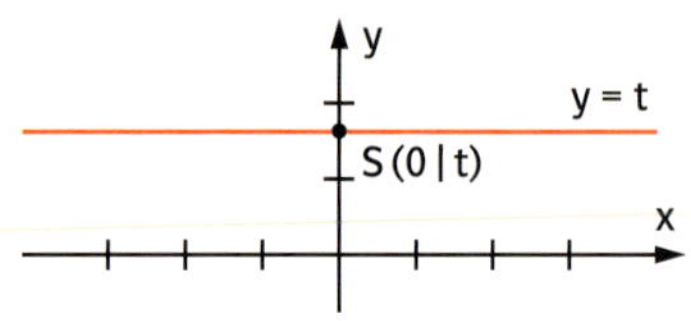

Geradengleichung: $\mathbf{y = t}$, d.h. $m = 0$.

speziell:

$t = 0$: $\mathbf{y = 0}$; Gleichung der x-Achse

Sonderfall: Parallele zur y-Achse

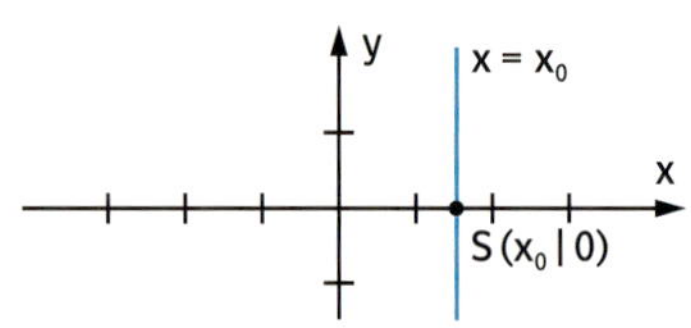

Eine Parallele zur y-Achse ist kein Funktionsgraph und kann daher nicht in der Form $y = mx + t$ dargestellt werden.
Gleichung der Parallele zur y-Achse durch den Punkt $S(x_0|0)$:

$$\mathbf{x = x_0}$$

speziell:

$x_0 = 0$: $\mathbf{x = 0}$; Gleichung der y-Achse

Allgemeine Form der Geradengleichung

$ax + by + c = 0$, wobei a und b nicht gleichzeitig null sind.

Jede Gerade kann in dieser Form dargestellt werden.

Sofern $b \neq 0$, lässt sich die allgemeine Form der Geradengleichung durch Äquivalenzumformung auf die Form $y = mx + t$ bringen:
$m = -\frac{a}{b}$; $t = -\frac{c}{b}$

Orthogonale Geraden

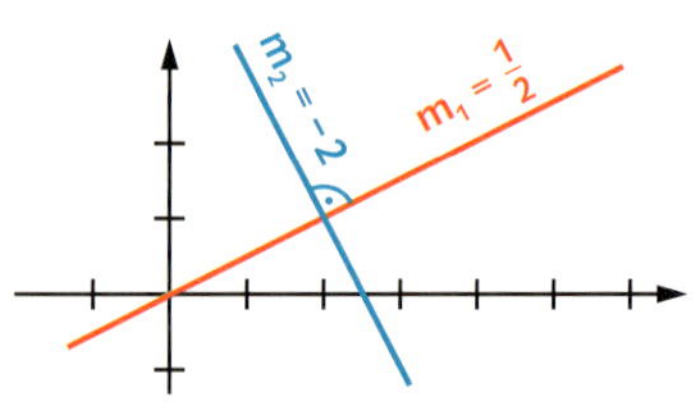

Zwei Geraden $y = m_1x + t_1$ und $y = m_2x + t_2$ sind genau dann zueinander orthogonal, wenn gilt:

$m_1 \cdot m_2 = -1$

Quadratische Funktionen, Parabeln

Quadratische Funktion (allgemeine Form)

Funktionsgleichung: $\mathbf{y = a x^2 + b x + c}$
Definitionsmenge: $\mathbb{R}$
Graph: **Parabel**
Diskriminante: $D = b^2 - 4ac$

Scheitelpunkt: $S\left(-\frac{b}{2a} \,\middle|\, -\frac{D}{4a}\right)$

Scheitelpunktform: $y = a\left(x + \frac{b}{2a}\right)^2 - \frac{D}{4a}$

Nullstellen: $x_{1/2} = \frac{-b \pm \sqrt{D}}{2a}$, wenn $D \geq 0$

Wertemenge: $\left[-\frac{D}{4a}; +\infty\right[$, wenn $a > 0$

$\left]-\infty; -\frac{D}{4a}\right]$, wenn $a < 0$

(Zur Bedeutung von a: siehe Sonderfall $b = c = 0$)

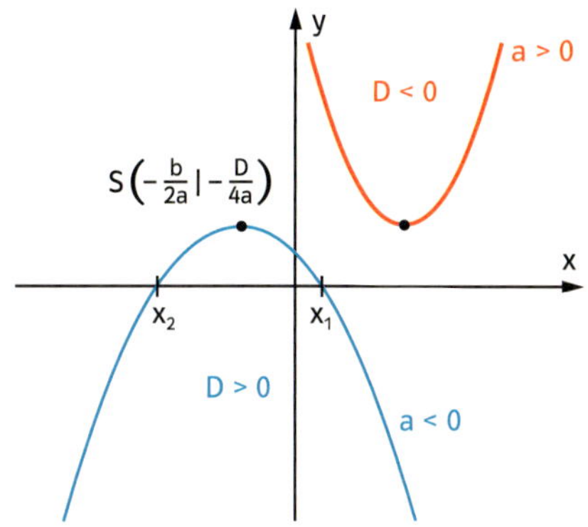

Sonderfall: $b = c = 0$

Funktionsgleichung: $\mathbf{y = a x^2}$
Scheitelpunkt: $S(0 \mid 0)$

a bestimmt die **Öffnung der Parabel:**
$a > 0$: nach oben offen
$a < 0$: nach unten offen
$|a| > 1$: schmaler als Normalparabel
$|a| < 1$: weiter als Normalparabel

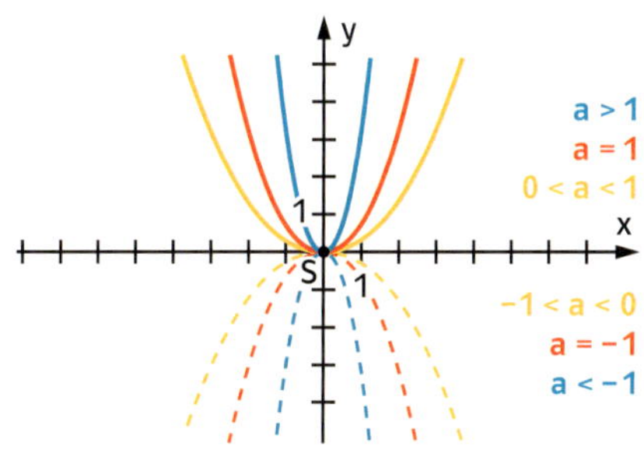

Sonderfall: $b = 0, c \neq 0$

Funktionsgleichung: $\mathbf{y = a x^2 + c}$
Scheitelpunkt: $S(0 \mid c)$

c bestimmt die **Verschiebung der Parabel** mit der Gleichung $y = ax^2$ **in y-Richtung**:
$c > 0$: in positive y-Richtung
$c < 0$: in negative y-Richtung

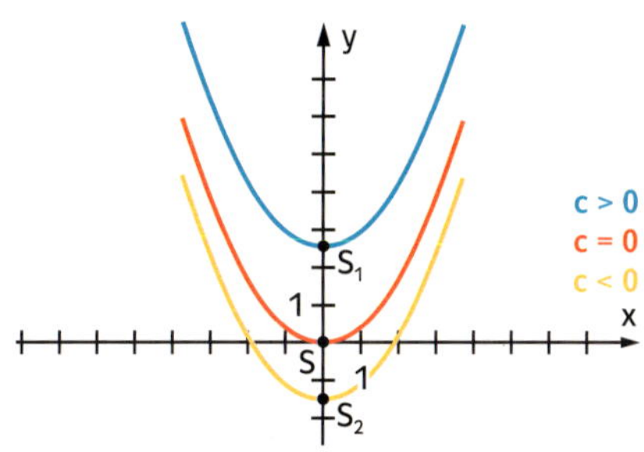

Sonderfall: $a = 1$

Funktionsgleichung: $\mathbf{y = x^2 + b x + c;}$
Graph: **Normalparabel**
Diskriminante: $D = b^2 - 4c$
Scheitelpunkt: $S\left(-\frac{b}{2} \,\middle|\, -\frac{D}{4}\right)$

Scheitelpunktform: $y = \left(x + \frac{b}{2}\right)^2 - \frac{D}{4}$

Nullstellen: $x_{1/2} = \frac{-b \pm \sqrt{D}}{2}$, wenn $D \geq 0$

Wertemenge: $\left[-\frac{D}{4}; +\infty\right[$

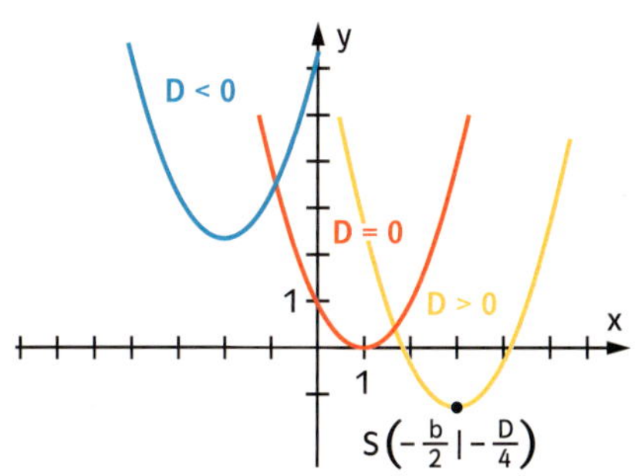

Potenzfunktionen mit ganzzahligen Exponenten

Funktionsgleichung: $\mathbf{y = x^n}$, $\mathbf{n \in \mathbb{N},\ n \geqq 2}$
Definitionsmenge: $\mathbb{R}$
Wertemenge: $\mathbb{R}_0^+$, wenn n gerade ist
$\mathbb{R}$, wenn n ungerade ist
Graph: **Parabel n-ten Grades**
Nullstellen: $x_0 = 0$
Symmetrie: Der Graph ist achsensymmetrisch zur y-Achse, wenn n gerade ist; punktsymmetrisch zum Ursprung, wenn n ungerade ist.

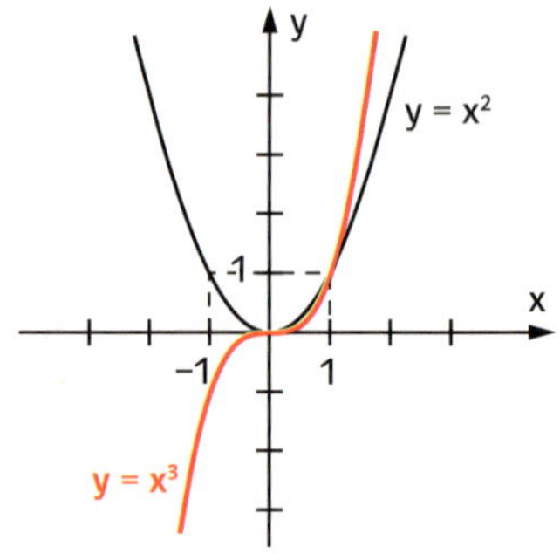

Funktionsgleichung: $\mathbf{y = x^{-n}}$, $\mathbf{n \in \mathbb{N}}$
Definitionsmenge: $\mathbb{R} \setminus \{0\}$
Wertemenge: $\mathbb{R}^+$, wenn n gerade ist
$\mathbb{R} \setminus \{0\}$, wenn n ungerade ist
Graph: **Hyperbel**
Nullstellen: keine
Symmetrie: Der Graph ist achsensymmetrisch zur y-Achse, wenn n gerade ist; punktsymmetrisch zum Ursprung, wenn n ungerade ist.

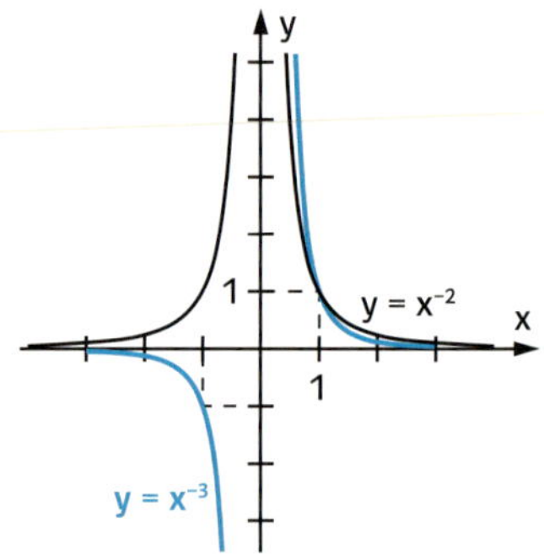

Wurzelfunktionen

Funktionsgleichung: $\mathbf{y = \sqrt[n]{x} = x^{\frac{1}{n}}}$, $\mathbf{n \in \mathbb{N},\ n \geqq 2}$
Definitionsmenge: $\mathbb{R}_0^+$
Wertemenge: $\mathbb{R}_0^+$
Graph: An der 1. Winkelhalbierenden gespiegelter Parabelast der Parabel $y = x^n$, $x \geqq 0$
Nullstelle: $x_0 = 0$

speziell für n = 2: $y = \sqrt{x} = x^{\frac{1}{2}}$

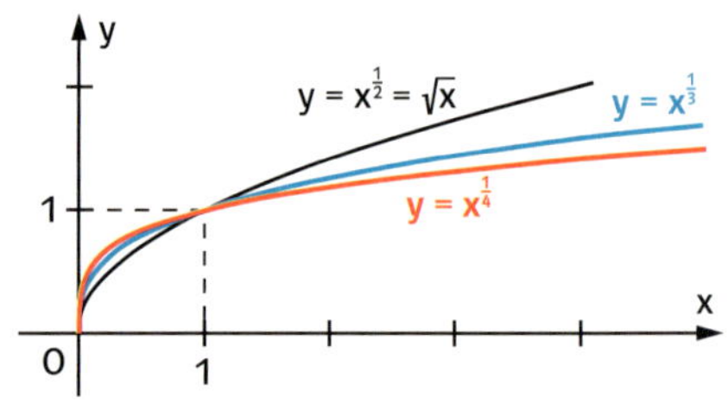

Wurzelfunktion als Umkehrfunktion

(⟶ Umkehrfunktion S. 66)

Die Potenzfunktion mit $y = x^n$, $n \in \mathbb{N}$ und eingeschränkter Definitionsmenge $\mathbb{R}_0^+$ ist umkehrbar.

Funktionsgleichung der Umkehrfunktion:
1. Funktionsgleichung nach x auflösen:
$y = x^n \Leftrightarrow y^{\frac{1}{n}} = (x^n)^{\frac{1}{n}} \Leftrightarrow y^{\frac{1}{n}} = x$
2. Variablen vertauschen: $x^{\frac{1}{n}} = y$

Graph der Umkehrfunktion: Spiegelung des Graphen der Ausgangsfunktion an der Winkelhalbierenden des I. und III. Quadranten

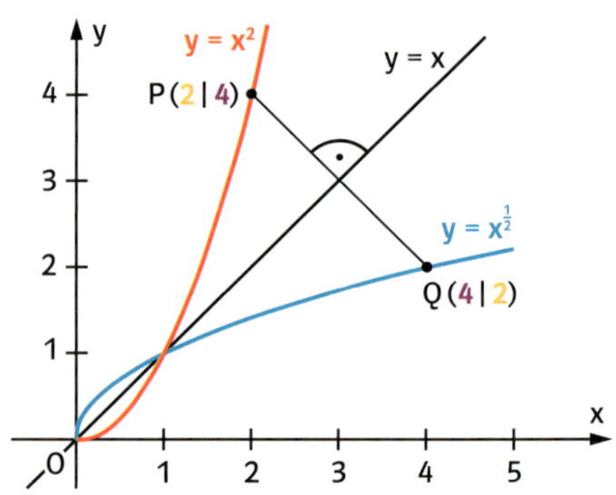

Exponential- und Logarithmusfunktion

Exponentialfunktion

Funktionsgleichung: $\mathbf{y = a^x}$
$a \in \mathbb{R}^+, a \neq 1$
Definitionsmenge: $\mathbb{R}$
Wertemenge: $\mathbb{R}^+$
Graph: Gemeinsamer Punkt der Graphen aller Exponentialfunktionen ist S(0|1).
Nullstellen: keine

Spezialfälle: $y = e^x$ $(e \approx 2{,}71)$
(Eulersche Zahl e ⟶ S. 14)
$y = 10^x$
$y = 2^x$

Spiegelt man den Graphen von $y = a^x$ an der y-Achse, so erhält man den Graphen von $y = \left(\frac{1}{a}\right)^x$ und umgekehrt.

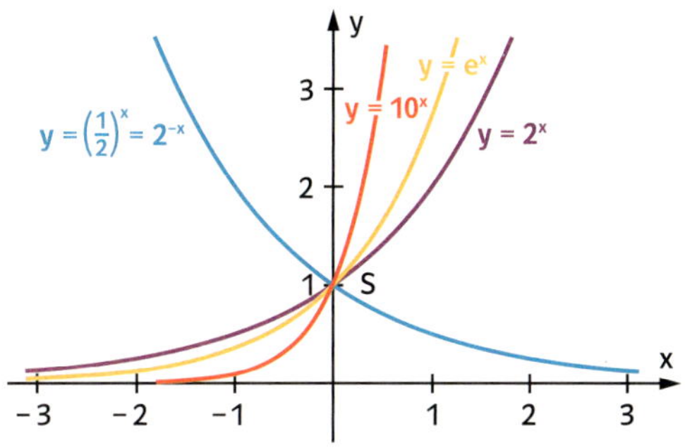

Logarithmusfunktion

Funktionsgleichung: $\mathbf{y = \log_a x}$ $(a^y = x)$
$a \in \mathbb{R}^+, a \neq 1$
Definitionsmenge: $\mathbb{R}^+$
Wertemenge: $\mathbb{R}$
Graph: Gemeinsamer Punkt der Graphen aller Logarithmusfunktionen ist N(1|0).
Nullstelle: $x_0 = 1$

Sonderfälle: $y = \ln x = \log_e x$
$y = \lg x = \log_{10} x$
$y = \text{lb } x = \log_2 x$ (oder $y = \text{ld } x$)

Spiegelt man den Graphen von $y = \log_a x$ an der x-Achse, so erhält man den Graphen von $y = \log_{\frac{1}{a}} x$ und umgekehrt

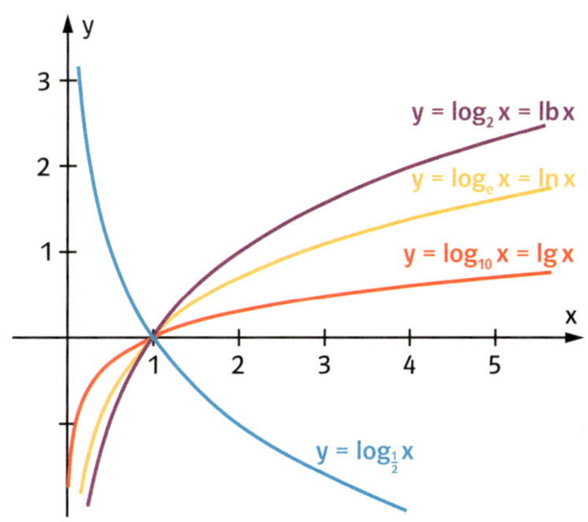

Logarithmusfunktion als Umkehrfunktion

(Umkehrfunktion ⟶ S. 66)

Die Exponentialfunktion mit $y = a^x$ $(a \in \mathbb{R}^+, a \neq 1)$ ist umkehrbar.

Funktionsgleichung der Umkehrfunktion:
1. Funktionsgleichung nach x auflösen:
   $y = a^x \Leftrightarrow \log_a y = x$
2. Variablen vertauschen: $\log_a x = y$

Graph der Umkehrfunktion: Spiegelung des Graphen der Ausgangsfunktion an der Winkelhalbierenden des I. und III. Quadranten

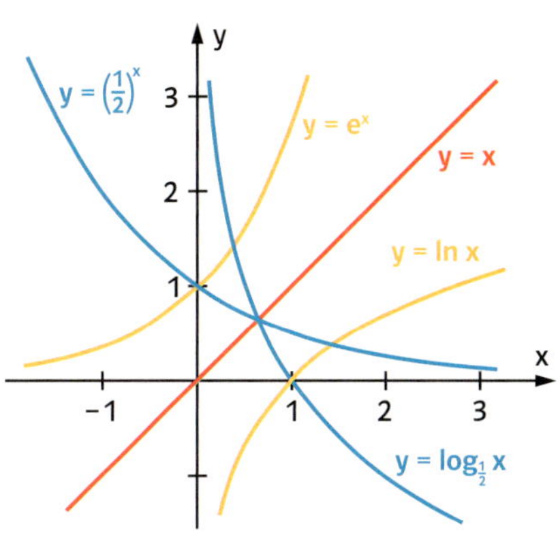

Winkelfunktionen

	Sinusfunktion (Sinus ⟶ S. 43/44)	**Kosinusfunktion** (Kosinus ⟶ S. 43/44)
Funktionsgleichung:	$y = \sin x$	$y = \cos x$
Definitionsmenge: (Bogenmaß ⟶ S. 40)	$\mathbb{R}$	$\mathbb{R}$
Wertemenge:	$[-1; 1]$	$[-1; 1]$
Nullstellen:	$x_k = k\pi, \quad k \in \mathbb{Z}$	$x_k = (2k + 1)\frac{\pi}{2}, k \in \mathbb{Z}$
Periode:	2π $\sin(x + 2\pi) = \sin x$	2π $\cos(x + 2\pi) = \cos x$
Symmetrie:	Punktsymmetrie zum Koordinatenursprung: $\sin(-x) = -\sin x$	Achsensymmetrie zur y-Achse: $\cos(-x) = \cos x$
Näherung:	Für $\lvert x \rvert \ll 1$ gilt: $\sin x \approx x$	

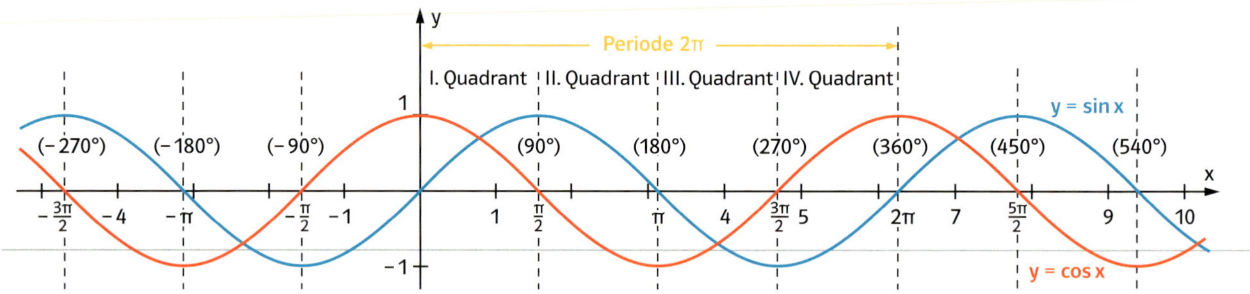

Allgemeine Sinusfunktion

Funktionsgleichung: $\mathbf{y = a \cdot \sin(bx + c)}$, $a \neq 0$, $b \neq 0$

Definitionsmenge: $\mathbb{R}$

Wertemenge: $[-\lvert a \rvert; \lvert a \rvert]$

Nullstellen: $x_k = \frac{k\pi - c}{b}, \quad k \in \mathbb{Z}$

Periode: $\frac{2\pi}{\lvert b \rvert}$

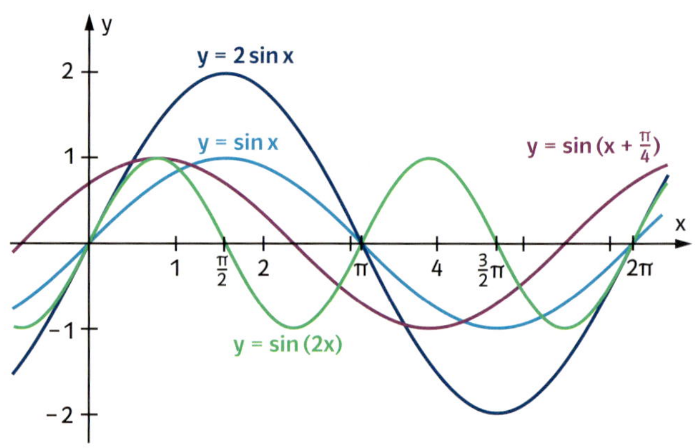

Sonderfall: $y = a \cdot \sin x$
Graph von $y = \sin x$ wird in y-Richtung mit Faktor a gestreckt.

Sonderfall: $y = \sin(x + c)$
Graph von $y = \sin x$ wird in x-Richtung um $-c$ verschoben, d. h.:
nach links, wenn $c > 0$,
nach rechts, wenn $c < 0$.

Sonderfall: $y = \sin(bx)$
Graph von $y = \sin x$ wird in x-Richtung mit Faktor $\frac{1}{b}$ gestreckt.

Winkelfunktionen

	Tangensfunktion (Tangens ⟶ S. 43/44)	**Kotangensfunktion** (Kotangens ⟶ S. 43/44)
Funktionsgleichung:	$y = \tan x = \frac{\sin x}{\cos x}$	$y = \cot x = \frac{\cos x}{\sin x}$
Definitionsmenge:	$\mathbb{R} \setminus \{(2k + 1)\frac{\pi}{2} \mid k \in \mathbb{Z}\}$	$\mathbb{R} \setminus \{k\pi \mid k \in \mathbb{Z}\}$
Wertemenge:	$\mathbb{R}$	$\mathbb{R}$
Nullstellen:	$x_k = k\pi, \quad k \in \mathbb{Z}$	$x_k = (2k + 1)\frac{\pi}{2}, \quad k \in \mathbb{Z}$
Periode:	π $\tan(x + \pi) = \tan x$	π $\cot(x + \pi) = \cot x$
Symmetrie:	Punktsymmetrie zum Koordinatenursprung: $\tan(-x) = -\tan x$	 $\cot(-x) = -\cot x$
Näherung:	Für $\lvert x \rvert \ll 1$ gilt: $\tan x \approx x$	

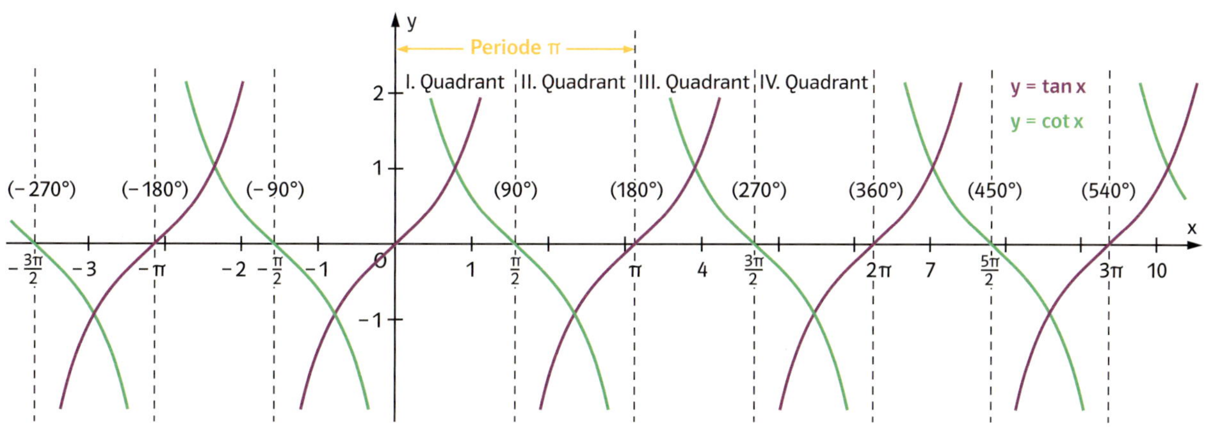

Periodizität von Funktionen

Eine Funktion f heißt **periodisch**, wenn es eine Zahl $p > 0$ gibt, so dass $f(x + p) = f(x)$ für alle $x \in D_f$ gilt.

Die kleinste Zahl p, für die dies zutrifft, heißt **Periode** p von f.

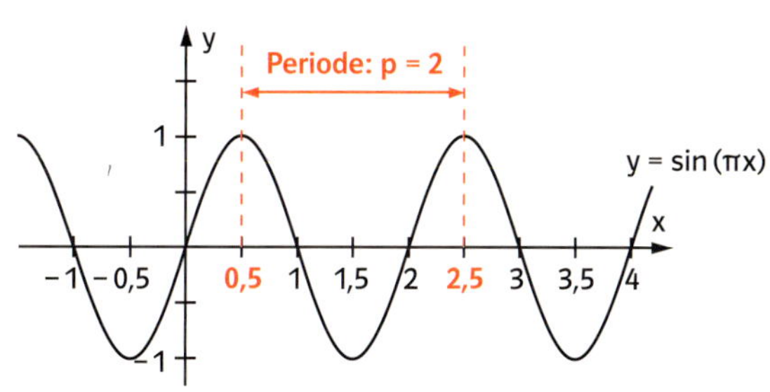

Betragsfunktion

Betragsfunktion

Funktionsgleichung: (Betrag ⟶ S. 8)	$y = \lvert x \rvert$
Definitionsmenge:	$\mathbb{R}$
Wertemenge:	$\mathbb{R}_0^+$

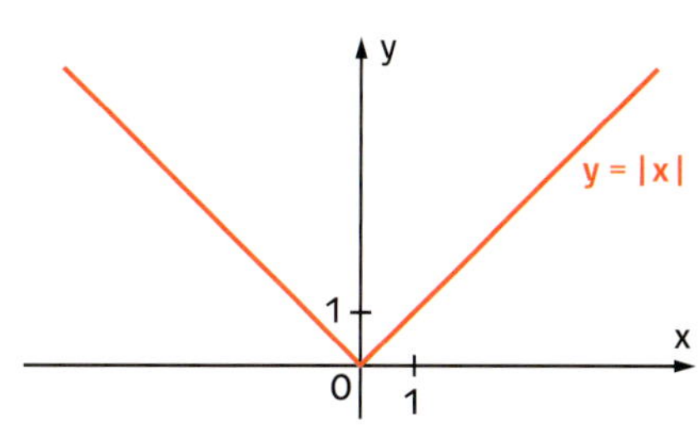

Ebene Figuren und geometrische Sätze

Vierecke

Besondere Vierecke ▻ **S. 46**

Sehnen-, Tangentenviereck ▻ **S. 47**

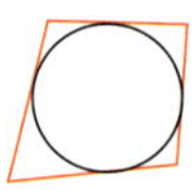

Vielecke

regelmäßige Vielecke ▻ **S. 47**

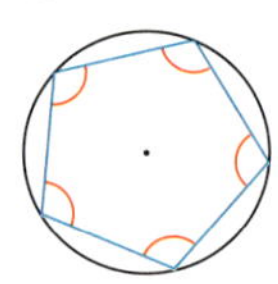

Kreis, Sätze am Kreis

Kreis ▻ **S. 48**

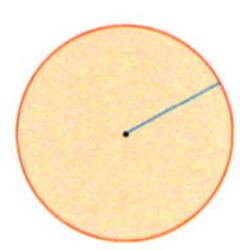

Kreisteile ▻ **S. 48**

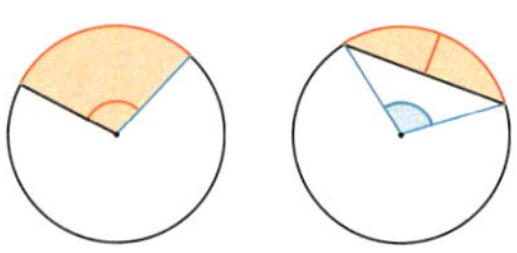

Satz des Thales ▻ **S. 48**

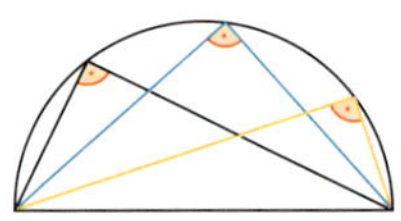

Sehnen-, Sekanten-Satz ▻ **S. 49**

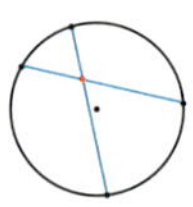

Kongruenz, Ähnlichkeit

Kongruenz ▻ **S. 49**

zentrische Streckung, Ähnlichkeit ▻ **S. 50**

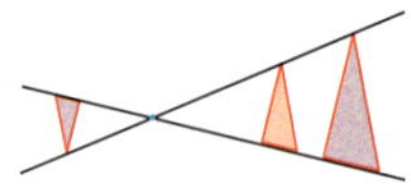

Strahlensätze ▻ **S. 51**

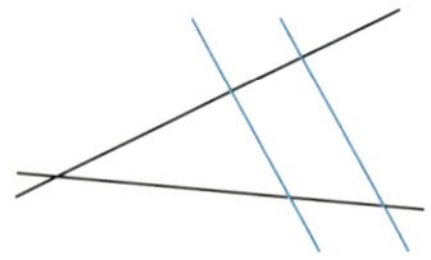

Winkel und Bogenmaß

Winkelgrößen ⊳ **S. 40**

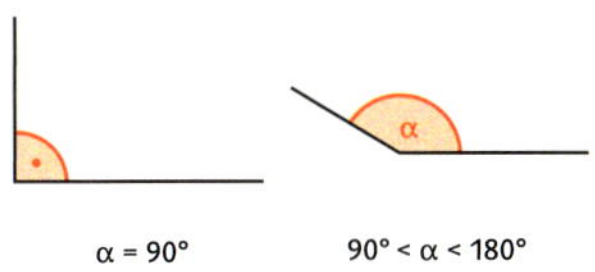

Bogenmaß ⊳ **S. 40**

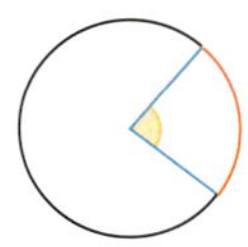

Scheitelwinkel, Nebenwinkel, Stufenwinkel, Wechselwinkel ⊳ **S. 41**

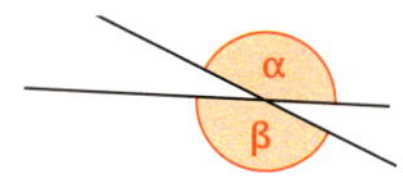

Abstand und besondere Linien

Abstand ⊳ **S. 41**

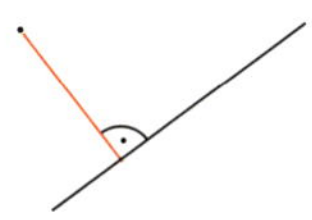

Mittelsenkrechte, Winkelhalbierende ⊳ **S. 41**

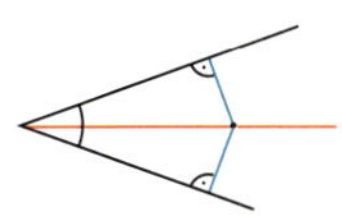

Parabel ⊳ **S. 41**

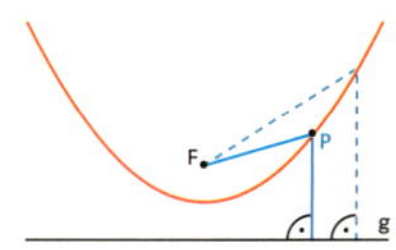

Dreiecke

Flächeninhalt ⊳ **S. 42**

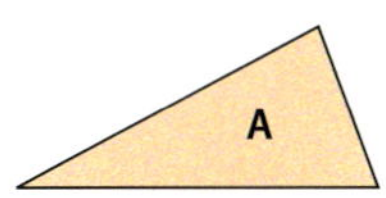

Besondere Dreiecke ⊳ **S. 43**

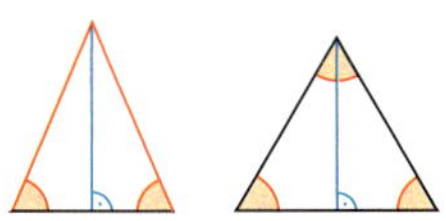

Rechtwinklige Dreiecke ⊳ **S. 43**

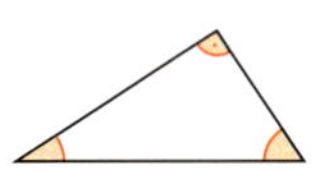

Umkreis, Inkreis ⊳ **S. 42**

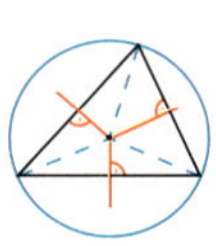

Satz des Pythagoras Höhen-, Kathetensatz ⊳ **S. 43**

$$a^2 + b^2 = c^2$$

Sinus, Kosinus, Tangens, Kotangens

Definition ⊳ **S. 43 f.**

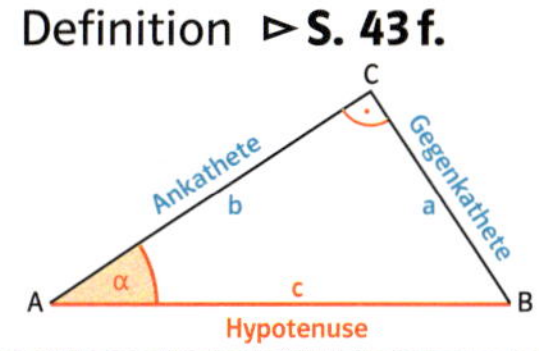

Veranschaulichung am Einheitskreis ⊳ **S. 44**

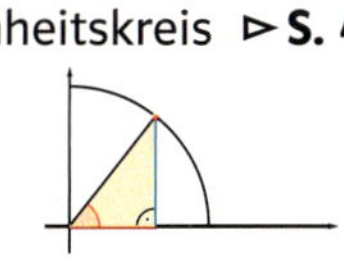

Trigonometrische Formeln ⊳ **S. 45**

$$\sin^2 x + \cos^2 x = 1$$

Sinussatz, Kosinussatz ⊳ **S. 45**

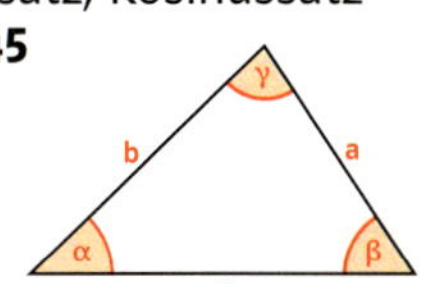

Winkel, Bogenmaß

Winkel

Winkel kann man mit zwei Halbgeraden oder mit drei Punkten festlegen.

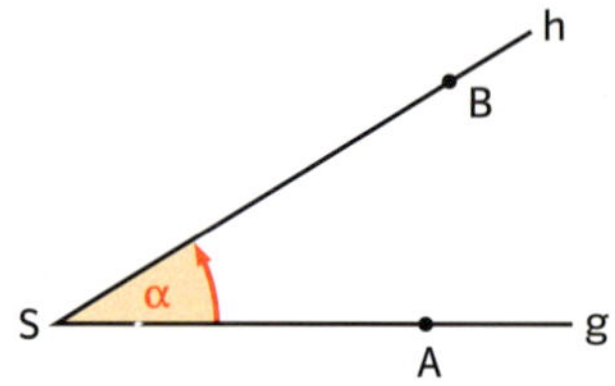

$\sphericalangle(g, h) = \sphericalangle ASB = \alpha$

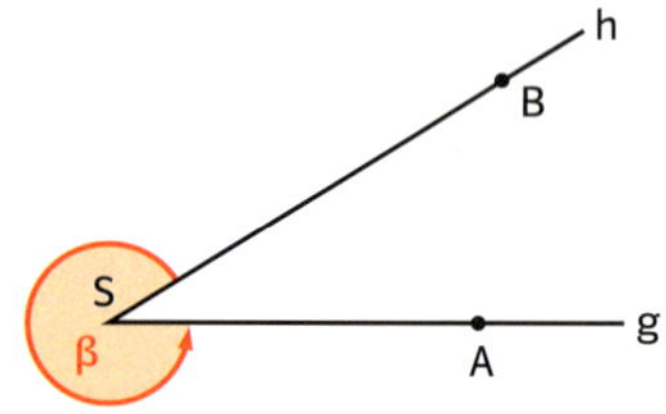

$\sphericalangle(h, g) = \sphericalangle BSA = \beta$

Winkelgrößen

Ein Winkel mit der Größe ein **Grad** (1°) beträgt $\frac{1}{360}$ des Vollwinkels.

Es gilt: 1° = 60 Winkelminuten (= 60′); 1 Winkelminute = 60 Winkelsekunden (= 60″).

Spitzer Winkel

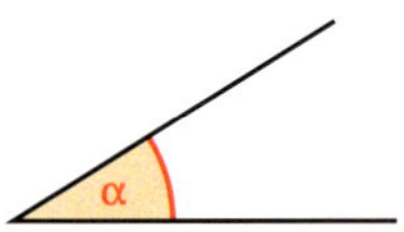

$0° < \alpha < 90°$

Rechter Winkel

$\alpha = 90°$

Stumpfer Winkel

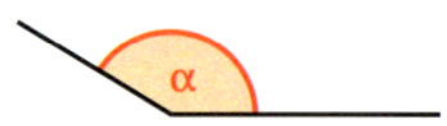

$90° < \alpha < 180°$

Überstumpfer Winkel

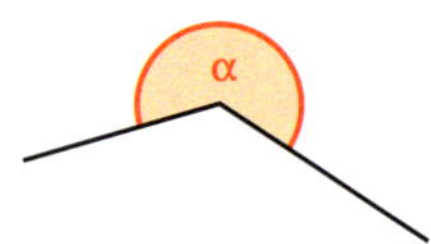

$180° < \alpha < 360°$

Ein **gestreckter Winkel** beträgt 180°; ein **Vollwinkel** beträgt 360°.

Bogenmaß

Das zum Winkel α gehörende Verhältnis $\frac{b}{r}$ heißt Bogenmaß des Winkels α.
Das Bogenmaß 1 heißt auch 1 Radiant (1 rad).

Im **Einheitskreis**, dem Kreis mit Radius 1, ist das Bogenmaß eines Winkels gleich der Maßzahl der zugehörigen Bogenlänge.

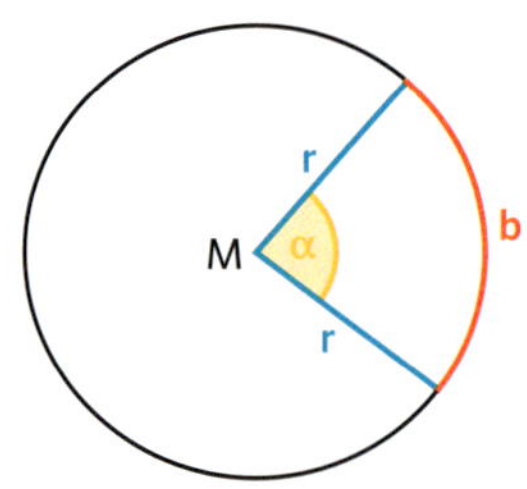

Umrechnungen Grad-, Bogenmaß

Für den Zusammenhang von Gradmaß und Bogenmaß gilt:

$$\frac{\alpha \text{ im Bogenmaß}}{2\pi} = \frac{\alpha \text{ im Gradmaß}}{360°}$$

Gradmaß	0°	15°	30°	45°	60°	90°
Bogenmaß	0	$\frac{\pi}{12}$	$\frac{\pi}{6}$	$\frac{\pi}{4}$	$\frac{\pi}{3}$	$\frac{\pi}{2}$
Gradmaß	135°	180°	225°	270°	315°	360°
Bogenmaß	$\frac{3}{4}\pi$	π	$\frac{5}{4}\pi$	$\frac{3}{2\pi}$	$\frac{7}{4}\pi$	2π

Orthogonale (senkrechte) und parallele Geraden

Zwei Geraden g und h heißen orthogonal (senkrecht) zueinander, wenn ihr Schnittwinkel 90° beträgt.
Schreibweise: $g \perp h$
Man sagt: g ist **Lot** zu h, h ist **Lot** zu g.

Zwei Geraden j und k heißen parallel, wenn sie ein gemeinsames Lot l besitzen. Schreibweise: $j \parallel k$
Parallele Geraden haben keinen Schnittpunkt.

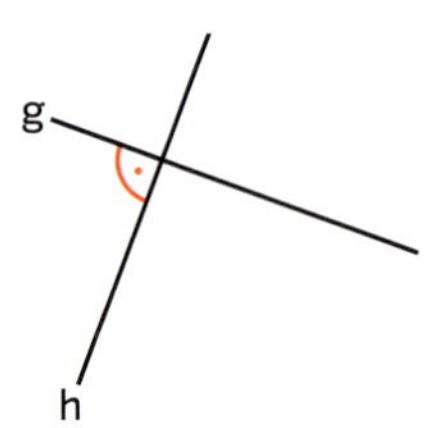

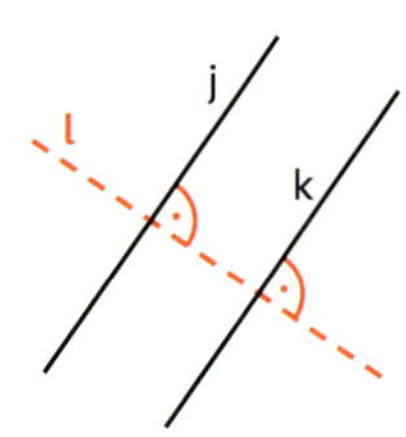

Winkel, Bogenmaß

Winkel an sich schneidenden Geraden

Scheitelwinkel sind gleich groß:
$\alpha = \beta$

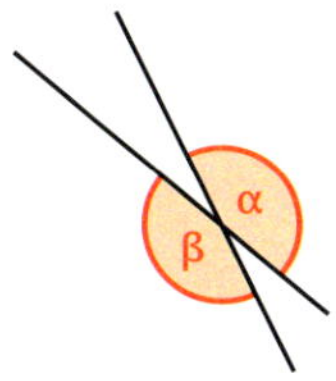

Nebenwinkel ergeben zusammen 180°:
$\alpha + \beta = 180°$

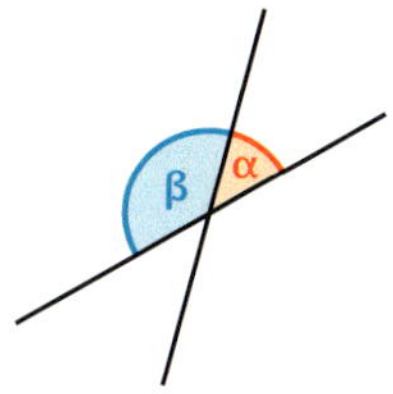

Stufenwinkel $\alpha = \beta$ und $\gamma = \delta$ genau dann, wenn $g \parallel h$

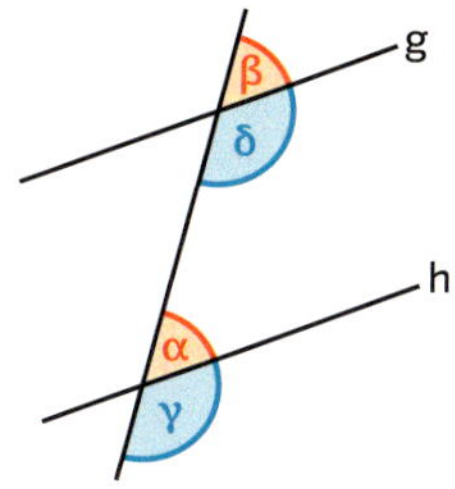

Wechselwinkel $\alpha = \beta$ und $\gamma = \delta$ genau dann, wenn $g \parallel h$

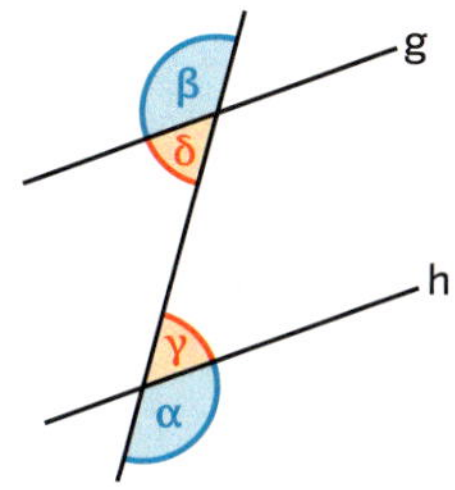

Abstand und besondere Linien

Abstand

Der Abstand d bedeutet die kürzeste Entfernung.

Abstand Punkt-Punkt

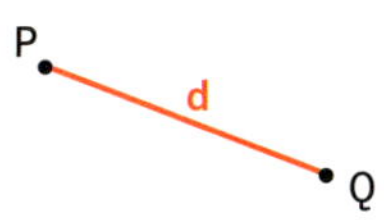

Abstand Punkt-Gerade

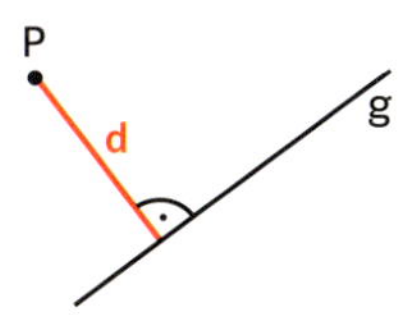

Abstand paralleler Geraden

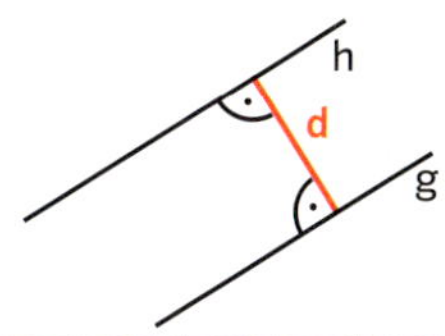

Mittelsenkrechte

Die Mittelsenkrechte $m_{[AB]}$ zu einer Strecke [AB] geht durch den Mittelpunkt M von [AB] und ist orthogonal zu [AB].

Wenn ein Punkt P auf der Mittelsenkrechten von [AB] liegt, dann ist der Abstand von P zu A und von P zu B gleich.
Wenn der Abstand eines Punktes P zu A und zu B gleich ist, dann liegt P auf der Mittelsenkrechten von [AB].

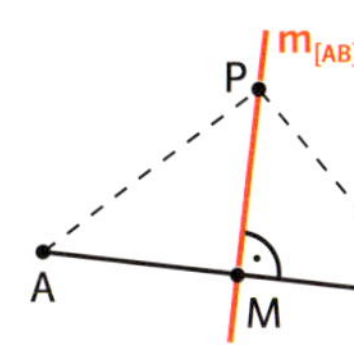

Winkelhalbierende

Die Winkelhalbierende w_α eines Winkels α geht durch den Scheitel S von α und halbiert α.

Wenn ein Punkt P auf der Winkelhalbierenden von α liegt, dann ist der Abstand d von P zu beiden Schenkeln von α gleich.
Wenn der Abstand eines Punktes P zu beiden Schenkeln von α gleich ist, dann liegt P auf der Winkelhalbierenden von α.

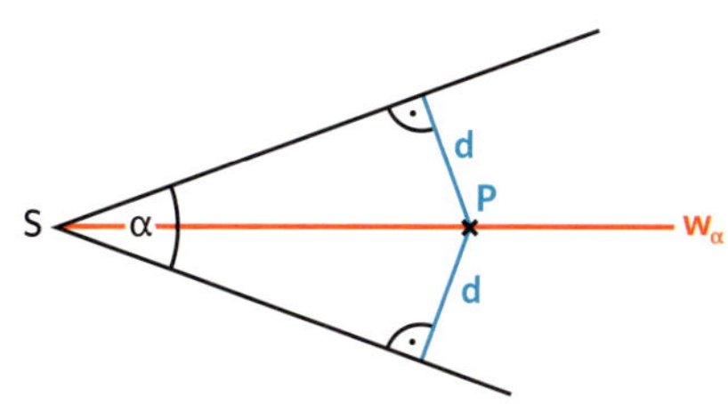

Parabel

Wenn ein Punkt P auf der Parabel mit dem **Brennpunkt** F und der **Leitgeraden** g liegt, dann ist der Abstand von P zu F und zu g gleich.

Wenn der Abstand eines Punktes P zu einem Punkt F und einer Geraden g gleich ist, dann liegt P auf der Parabel mit dem Brennpunkt F und der Leitgeraden g.

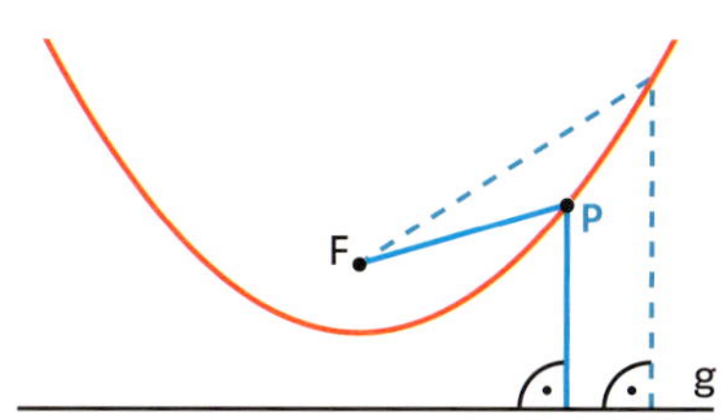

Dreiecke

Bezeichnungen

Eckpunkte: A, B, C Seiten: a, b, c Winkel: α, β, γ

Winkelsumme (Winkelsumme beim n-Eck ⟶ S. 47)

Summe der Innenwinkel: $\alpha + \beta + \gamma = 180°$

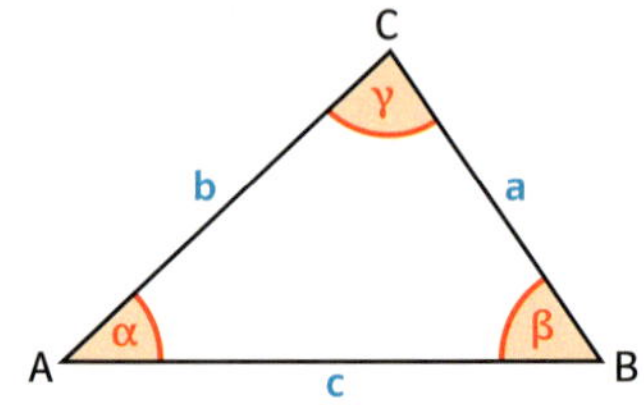

Flächeninhalt

$A = \frac{1}{2} g \cdot h$ (Grundseite g; Höhe h zur Grundseite g)

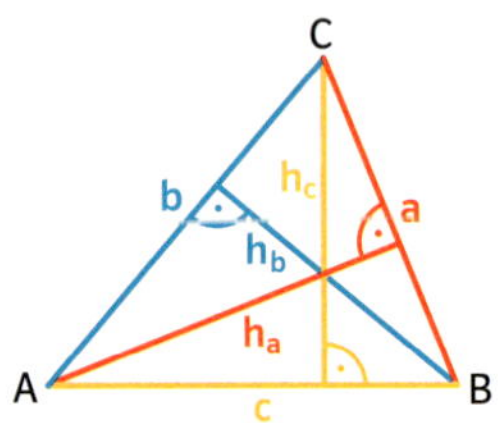

$A = \frac{1}{2} a \cdot h_a$ oder

$A = \frac{1}{2} b \cdot h_b$ oder

$A = \frac{1}{2} c \cdot h_c$

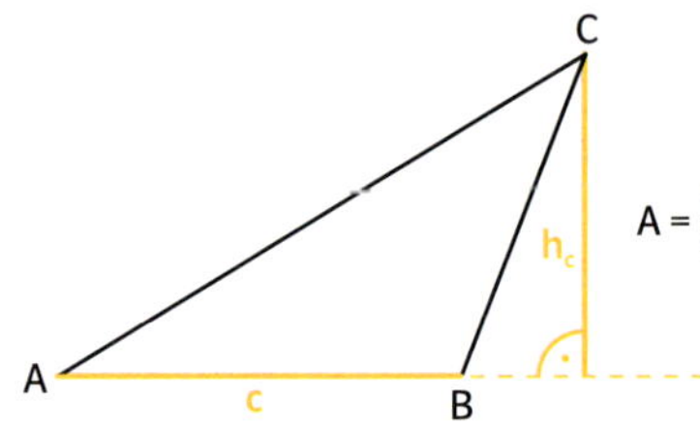

$A = \frac{1}{2} c \cdot h_c$

Umkreismittelpunkt

Die drei Mittelsenkrechten m_a, m_b, m_c schneiden sich in einem Punkt.
Dieser Punkt heißt Umkreismittelpunkt U.
U hat zu den drei Eckpunkten A, B, C den gleichen Abstand.
Der Umkreis geht durch alle drei Eckpunkte.

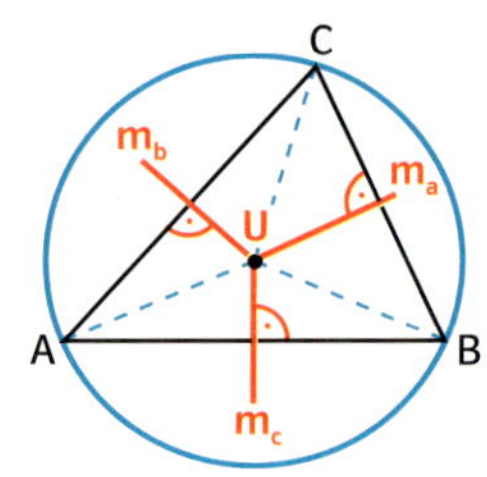

Inkreismittelpunkt

Die drei Winkelhalbierenden w_α, w_β, w_γ schneiden sich in einem Punkt.
Dieser Punkt heißt Inkreismittelpunkt I.
I hat von allen Seiten a, b, c den gleichen Abstand.
Der Inkreis berührt alle drei Seiten.

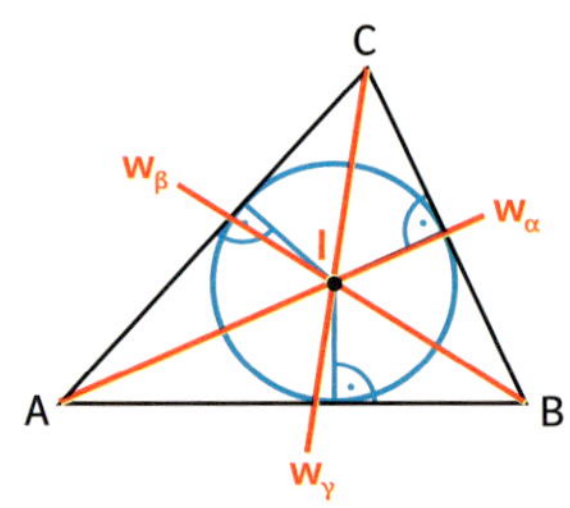

Schwerpunkt

Die Strecken vom Mittelpunkt einer Seite zum gegenüberliegenden Eckpunkt heißen Seitenhalbierende s_a, s_b, s_c.
Die drei Seitenhalbierenden schneiden sich in einem Punkt.
Dieser Punkt heißt Schwerpunkt S.
Der Schwerpunkt S teilt jede Seitenhalbierende im Verhältnis 2 : 1 vom Eckpunkt in Richtung Seitenmitte.

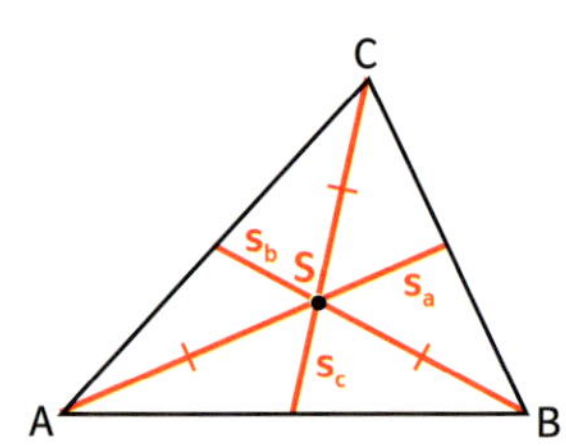

Höhenschnittpunkt

Die drei Höhen (bzw. ihre Verlängerungen) schneiden sich in einem Punkt.
Dieser Punkt heißt Höhenschnittpunkt.

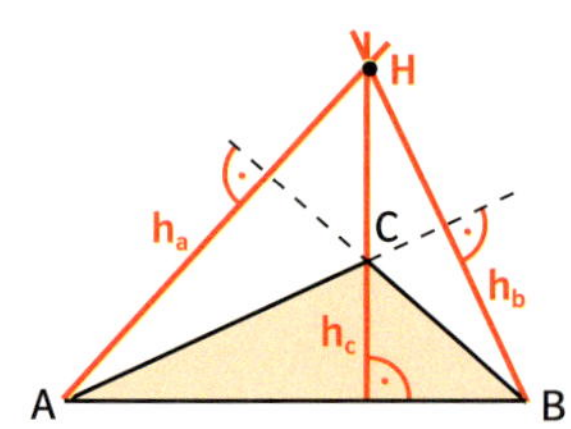

Dreiecke

Gleichschenkliges Dreieck

Zwei Seiten (die Schenkel) sind gleich lang: $a = b$
Die dritte Seite heißt Basis.

Die Basiswinkel sind gleich groß: $\alpha = \beta$

Die Höhe zur Basis hat die Länge: $h_c = \sqrt{a^2 - \left(\frac{c}{2}\right)^2}$

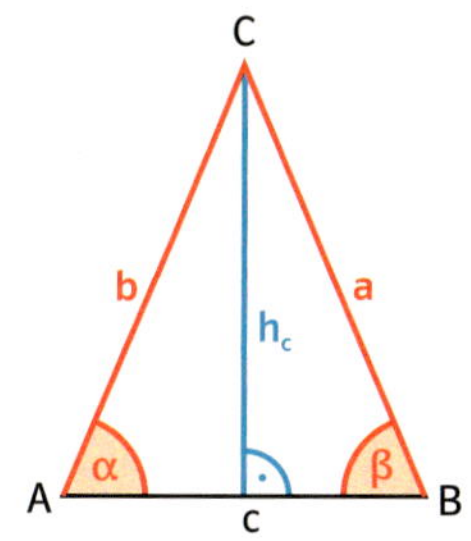

Gleichseitiges Dreieck

Alle Seiten sind gleich lang: $a = b = c$

Alle Winkel haben die Größe 60°: $\alpha = \beta = \gamma = 60°$

Alle Höhen sind gleich lang: $h = \frac{a}{2}\sqrt{3}$

Für den Flächeninhalt gilt: $A = \frac{a^2}{4}\sqrt{3}$

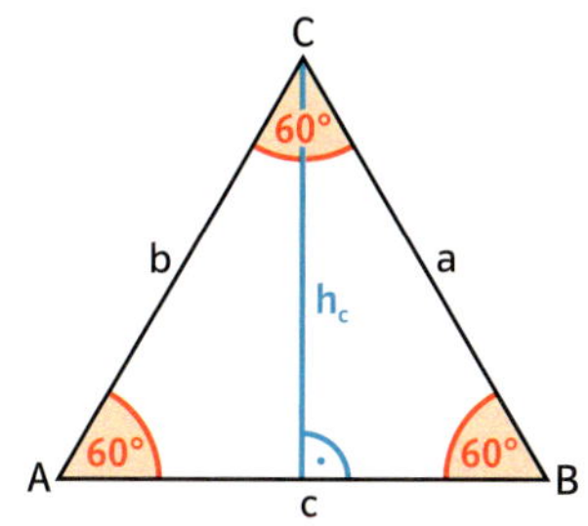

Rechtwinkliges Dreieck (Satz des Thales ⟶ S. 48)

Die dem rechten Winkel (90°) gegenüberliegende Seite heißt Hypotenuse.
Die beiden anderen Seiten heißen Katheten.
Ist $\gamma = 90°$, dann lässt sich der Flächeninhalt so berechnen:

$A = \frac{1}{2}a \cdot b$ oder $A = \frac{1}{2}c \cdot h_c$

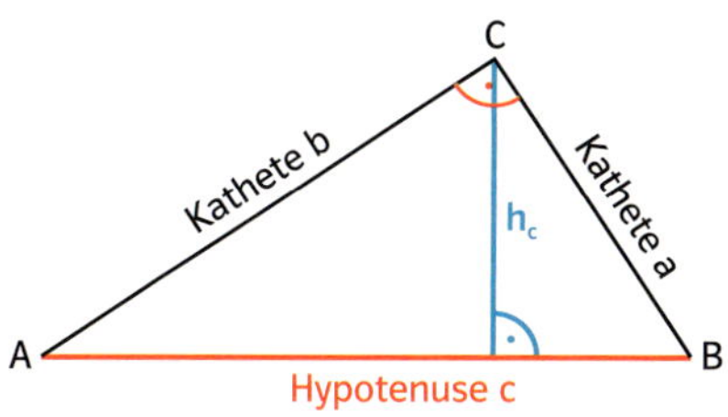

Satz des Pythagoras

Im rechtwinkligen Dreieck ist das Quadrat über der Hypotenuse c gleich der Summe der Quadrate über den beiden Katheten a und b:
$a^2 + b^2 = c^2$

Kehrsatz zum Satz des Pythagoras

Gilt beim Dreieck $a^2 + b^2 = c^2$, dann ist das Dreieck rechtwinklig bei C.

Höhensatz

Ist ein Dreieck rechtwinklig mit $\gamma = 90°$, dann gilt: $h^2 = p \cdot q$

Kathetensatz

Ist ein Dreieck rechtwinklig mit $\gamma = 90°$,
dann gilt: $a^2 = c \cdot p$ und $b^2 = c \cdot q$

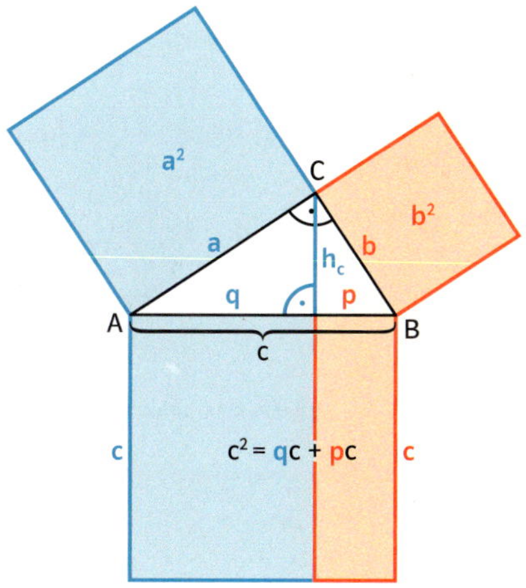

Sinus, Kosinus, Tangens und Kotangens

Definition am rechtwinkligen Dreieck
$0° < \alpha < 90°$

Sinus: $\sin\alpha = \frac{\text{Gegenkathete}}{\text{Hypotenuse}} = \frac{a}{c}$ Kosinus: $\cos\alpha = \frac{\text{Ankathete}}{\text{Hypotenuse}} = \frac{b}{c}$

Tangens: $\tan\alpha = \frac{\text{Gegenkathete}}{\text{Ankathete}} = \frac{a}{b}$ Kotangens: $\cot\alpha = \frac{\text{Ankathete}}{\text{Gegenkathete}} = \frac{b}{a}$

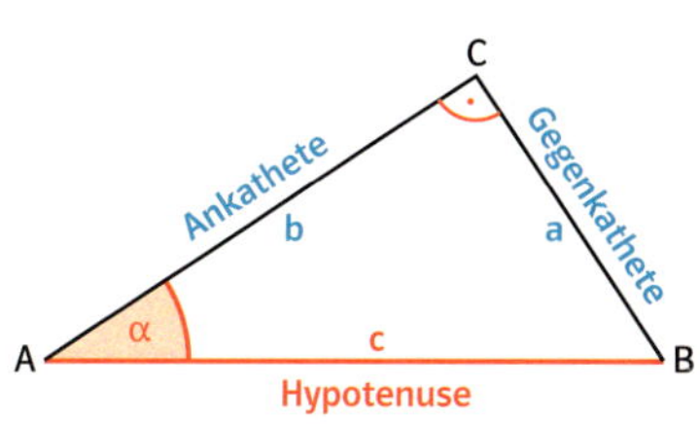

Sinus, Kosinus, Tangens und Kotangens

Definition am Einheitskreis

Liegt Punkt P(x | y) auf dem Einheitskreis um den Ursprung, dann gilt:

$\sin\,\alpha = y$

$\cos\,\alpha = x$

$\tan\,\alpha = \frac{y}{x}$, wenn $x \neq 0$

$\cot\,\alpha = \frac{x}{y}$, wenn $y \neq 0$

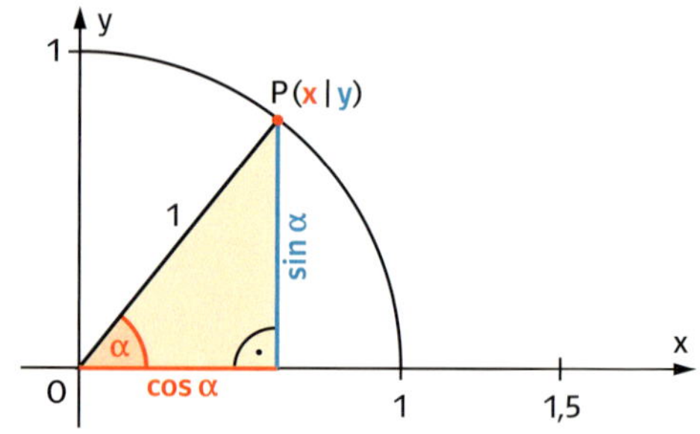

Veranschaulichung am Einheitskreis

I. Quadrant

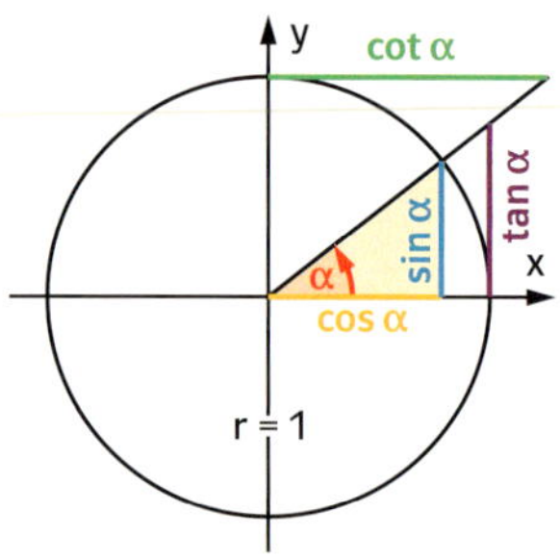

$\sin\,\alpha > 0$
$\cos\,\alpha > 0$
$\tan\,\alpha > 0$
$\cot\,\alpha > 0$

II. Quadrant

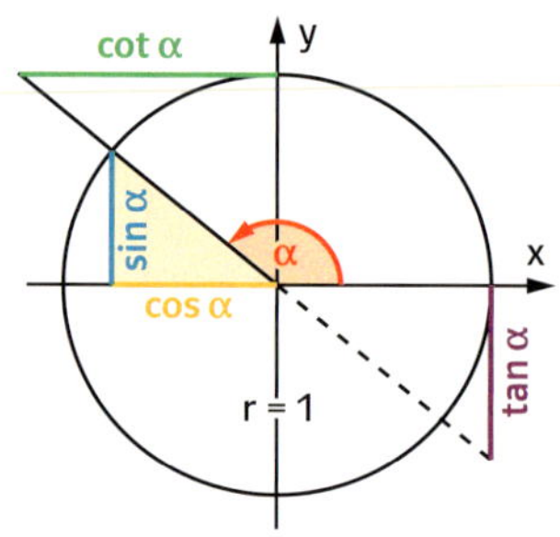

$\sin\,\alpha > 0$
$\cos\,\alpha < 0$
$\tan\,\alpha < 0$
$\cot\,\alpha < 0$

III. Quadrant

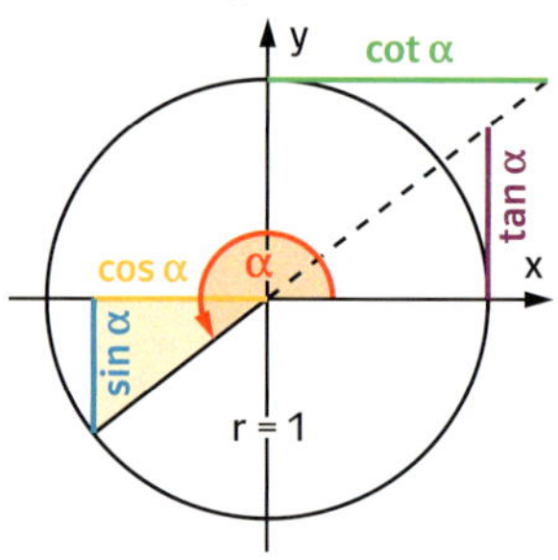

$\sin\,\alpha < 0$
$\cos\,\alpha < 0$
$\tan\,\alpha > 0$
$\cot\,\alpha > 0$

IV. Quadrant

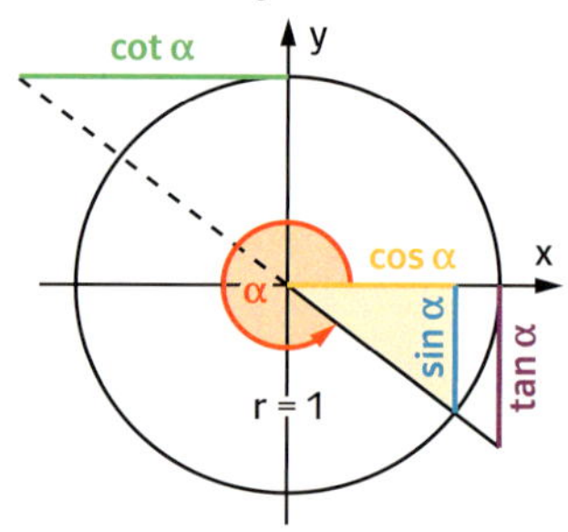

$\sin\,\alpha < 0$
$\cos\,\alpha > 0$
$\tan\,\alpha < 0$
$\cot\,\alpha < 0$

Werte für spezielle Winkel, Vorzeichen

Werte für spezielle Winkel

	0°	30°	45°	60°	90°
sin α:	0	$\frac{1}{2}$	$\frac{1}{2}\sqrt{2}$	$\frac{1}{2}\sqrt{3}$	1
cos α:	1	$\frac{1}{2}\sqrt{3}$	$\frac{1}{2}\sqrt{2}$	$\frac{1}{2}$	0
tan α:	0	$\frac{1}{3}\sqrt{3}$	1	$\sqrt{3}$	–
cot α:	–	$\sqrt{3}$	1	$\frac{1}{3}\sqrt{3}$	0

Vorzeichen in den vier Quadranten

	I	II	III	IV
sin α:	+	+	–	–
cos α:	+	–	–	+
tan α:	+	–	+	–
cot α:	+	–	+	–

Sinus, Kosinus, Tangens und Kotangens

Reduktionsformeln

	$(90° \pm \alpha)$	$(180° \pm \alpha)$	$(270° \pm \alpha)$	$(360° \pm \alpha)$	$(-\alpha)$
sin:	$+\cos\alpha$	$\mp\sin\alpha$	$-\cos\alpha$	$\pm\sin\alpha$	$-\sin\alpha$
cos:	$\mp\sin\alpha$	$-\cos\alpha$	$\pm\sin\alpha$	$+\cos\alpha$	$+\cos\alpha$
tan:	$\mp\cot\alpha$	$\pm\tan\alpha$	$\mp\cot\alpha$	$\pm\tan\alpha$	$-\tan\alpha$
cot:	$\mp\tan\alpha$	$\pm\cot\alpha$	$\mp\tan\alpha$	$\pm\cot\alpha$	$-\cot\alpha$

Lesebeispiel:

$\sin(270° \pm \alpha) = -\cos\alpha$

$\sin(290°) = \sin(270° + 20°)$
$= -\cos 20°$

Beziehungen zwischen Sinus, Kosinus, Tangens und Kotangens

$\sin^2\alpha + \cos^2\alpha = 1$ $\qquad \tan\alpha = \frac{\sin\alpha}{\cos\alpha}$ $\qquad \cot\alpha = \frac{\cos\alpha}{\sin\alpha}$

$\tan\alpha \cdot \cot\alpha = 1$ $\qquad 1 + \tan^2\alpha = \frac{1}{\cos^2\alpha}$ $\qquad 1 + \cot^2\alpha = \frac{1}{\sin^2\alpha}$

Additionstheoreme

$\sin(\alpha + \beta) = \sin\alpha\cos\beta + \cos\alpha\sin\beta$

$\sin(\alpha - \beta) = \sin\alpha\cos\beta - \cos\alpha\sin\beta$

$\cos(\alpha + \beta) = \cos\alpha\cos\beta - \sin\alpha\sin\beta$

$\cos(\alpha - \beta) = \cos\alpha\cos\beta + \sin\alpha\sin\beta$

$\tan(\alpha + \beta) = \frac{\tan\alpha + \tan\beta}{1 - \tan\alpha\tan\beta}$

$\tan(\alpha - \beta) = \frac{\tan\alpha - \tan\beta}{1 + \tan\alpha\tan\beta}$

Sinus, Kosinus und Tangens des doppelten und halben Winkels

$\sin(2\alpha) = 2\sin\alpha\cos\alpha$

$\sin^2\left(\frac{\alpha}{2}\right) = \frac{1}{2}(1 - \cos\alpha)$

$\cos(2\alpha) = \cos^2\alpha - \sin^2\alpha = 2\cos^2\alpha - 1 = 1 - 2\sin^2\alpha$

$\cos^2\left(\frac{\alpha}{2}\right) = \frac{1}{2}(1 + \cos\alpha)$

$\tan(2\alpha) = \frac{2\cdot\tan\alpha}{1 - \tan^2\alpha}$

$\tan^2\left(\frac{\alpha}{2}\right) = \frac{1 - \cos\alpha}{1 + \cos\alpha}$

Umformung einer Summe oder Differenz in ein Produkt

$\sin\alpha + \sin\beta = 2\sin\left(\frac{\alpha + \beta}{2}\right)\cos\left(\frac{\alpha - \beta}{2}\right)$

$\sin\alpha - \sin\beta = 2\cos\left(\frac{\alpha + \beta}{2}\right)\sin\left(\frac{\alpha - \beta}{2}\right)$

$\cos\alpha + \cos\beta = 2\cos\left(\frac{\alpha + \beta}{2}\right)\cos\left(\frac{\alpha - \beta}{2}\right)$

$\cos\alpha - \cos\beta = -2\sin\left(\frac{\alpha + \beta}{2}\right)\sin\left(\frac{\alpha - \beta}{2}\right)$

Umformung eines Produkts in eine Summe oder Differenz

$2\sin\alpha\sin\beta = \cos(\alpha - \beta) - \cos(\alpha + \beta)$

$2\cos\alpha\cos\beta = \cos(\alpha - \beta) + \cos(\alpha + \beta)$

$2\sin\alpha\cos\beta = \sin(\alpha - \beta) + \sin(\alpha + \beta)$

Sinussatz

In einem beliebigen Dreieck gilt: $\frac{a}{\sin\alpha} = \frac{b}{\sin\beta} = \frac{c}{\sin\gamma}$

Kosinussatz

In einem beliebigen Dreieck gilt:
$c^2 = a^2 + b^2 - 2ab\cos\gamma$
$b^2 = a^2 + c^2 - 2ac\cos\beta$
$a^2 = b^2 + c^2 - 2bc\cos\alpha$

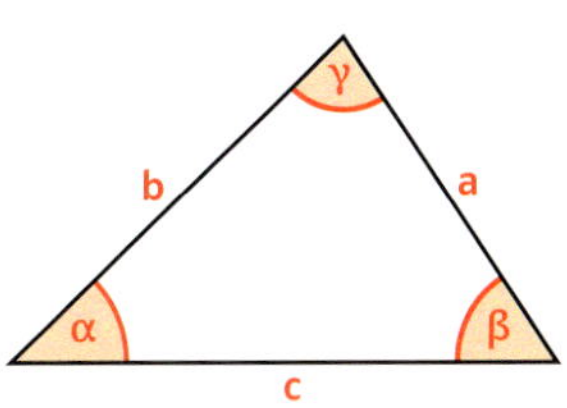

Vierecke

Bezeichnungen

Eckpunkte: A, B, C, D Seiten: a, b, c, d
Winkel: α, β, γ, δ Diagonalen: e, f mit Schnittpunkt S

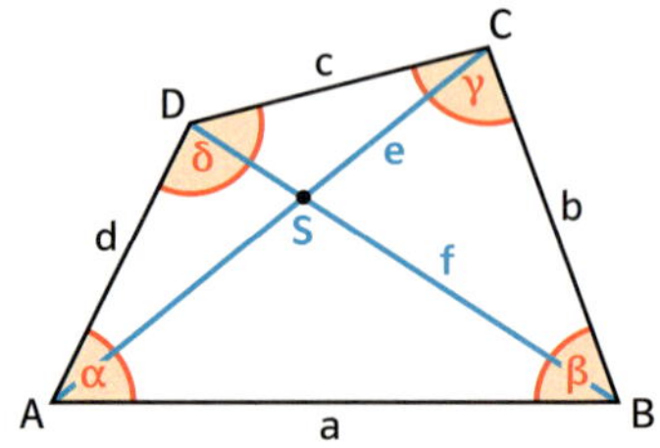

Winkelsumme

Summe der Innenwinkel: $\alpha + \beta + \gamma + \delta = 360°$

	Quadrat	**Rechteck**	**Raute**
Definierende Eigenschaften:	$\alpha = \beta = \gamma = \delta = 90°$ und $a = b = c = d$ 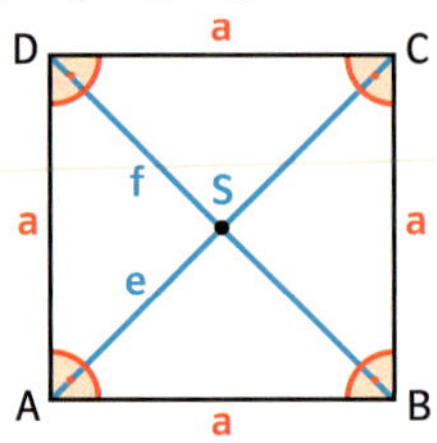	$\alpha = \beta = \gamma = \delta = 90°$ 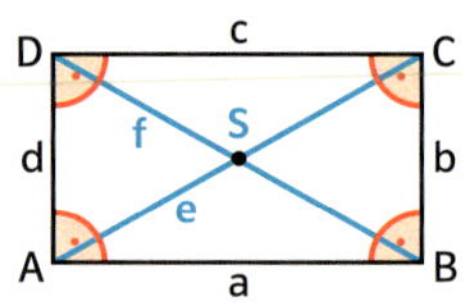	$a = b = c = d$ 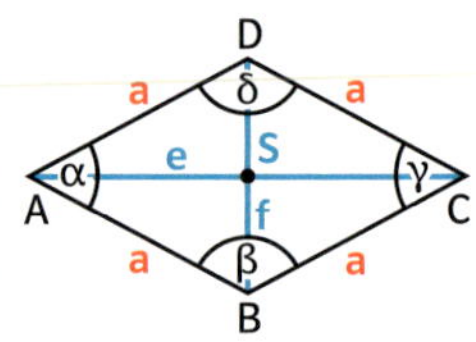
Flächeninhalt:	$A = a^2$	$A = a \cdot b$	$A = \frac{1}{2} e \cdot f$
Umfang:	$U = 4a$	$U = 2(a + b)$	$U = 4a$
Diagonalen:	$e = f = a\sqrt{2}$; $e \perp f$; e und f halbieren einander	$e = f$; e und f halbieren einander	$e \perp f$; e und f halbieren einander
weitere Eigenschaften:	Punktsymmetrie zu S; vier Symmetrieachsen	$a = c$ und $b = d$; Punktsymmetrie zu S; zwei Symmetrieachsen	$\alpha = \gamma$ und $\beta = \delta$; Punktsymmetrie zu S; zwei Symmetrieachsen

	Parallelogramm	**Drachenviereck**	**Trapez**
Definierende Eigenschaften:	$a \parallel c$ und $b \parallel d$ 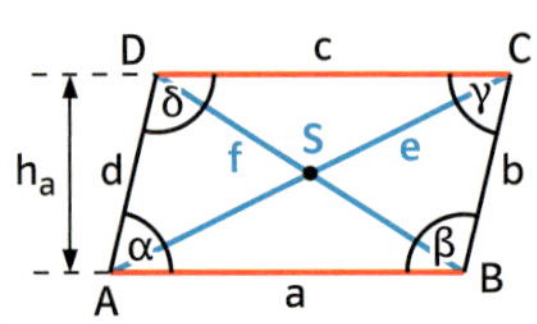	Eine Diagonale ist Symmetrieachse. 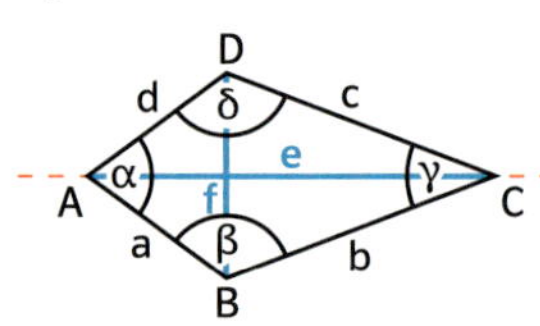	Mindestens zwei Seiten sind parallel. 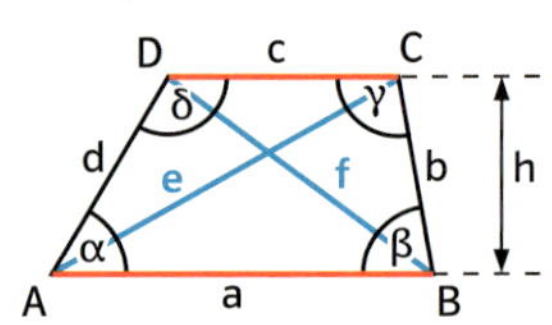
Flächeninhalt:	$A = a \cdot h_a = b \cdot h_b$	$A = \frac{1}{2} e \cdot f$	$A = \frac{1}{2}(a + c) \cdot h$
Umfang:	$U = 2(a + b)$	$U = 2(a + b)$	$U = a + b + c + d$
Diagonalen:	e und f halbieren einander	$e \perp f$; eine Diagonale wird halbiert	
weitere Eigenschaften:	$a = c$; $b = d$; $\alpha = \gamma$; $\beta = \delta$; benachbarte Winkel ergänzen sich zu 180°; Punktsymmetrie zu S	$a = d$; $b = c$	$\alpha + \delta = 180°$; $\beta + \gamma = 180°$

Vierecke

Sehnenviereck (Umkreismittelpunkt des Dreiecks ⟶ S. 42)

Die vier Eckpunkte liegen auf einem Kreis, dem Umkreis des Vierecks. Die vier Seiten sind Sehnen dieses Kreises.

Ein Viereck besitzt genau dann einen Umkreis, wenn die Summe gegenüberliegender Winkel 180° beträgt: $\alpha + \gamma = 180°$ und $\beta + \delta = 180°$
Das Viereck heißt dann Sehnenviereck.

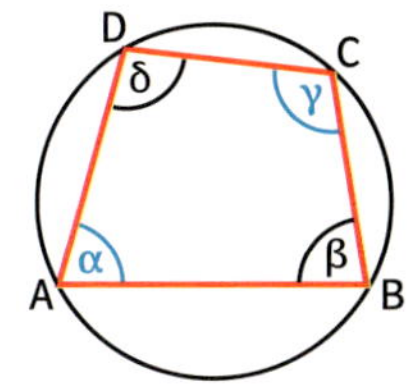

Tangentenviereck (Inkreismittelpunkt des Dreiecks ⟶ S. 42)

Ein Viereck besitzt genau dann einen Inkreis, wenn die Summe gegenüberliegender Seitenlängen gleich ist:
$a + c = b + d$
Das Viereck heißt dann Tangentenviereck.

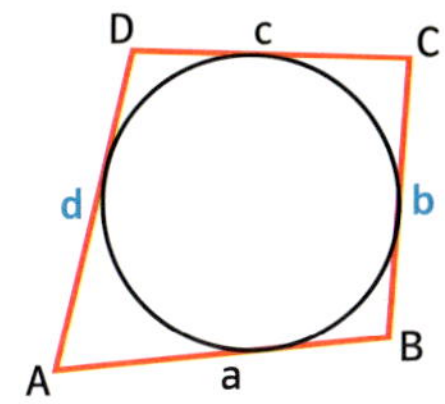

Vielecke

Winkelsumme

Hat ein Vieleck die Eckenzahl n, dann beträgt die Summe der Innenwinkel $(n-2)\cdot 180°$:
$\alpha_1 + \alpha_2 + \ldots + \alpha_n = (n-2)\cdot 180°$

$\alpha_1 + \alpha_2 + \ldots + \alpha_7$
$= (7-2)\cdot 180° = 900°$

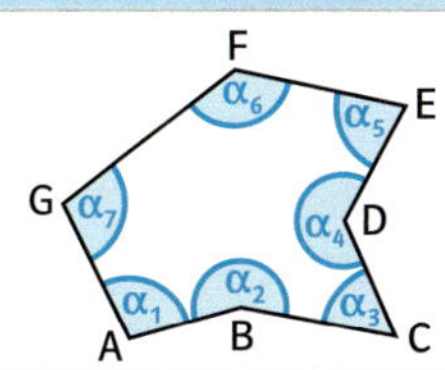

Regelmäßiges Vieleck

Ein Vieleck heißt regelmäßig, wenn alle Seiten die gleiche Länge s haben und alle Innenwinkel gleich groß sind.

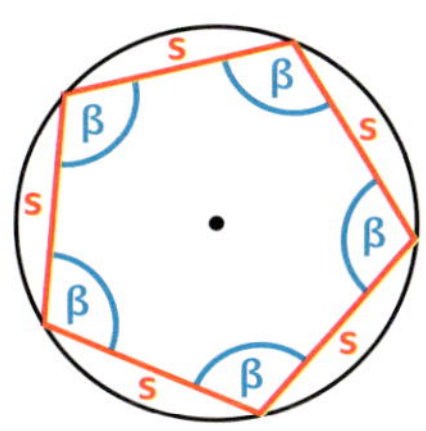

Alle Mittelpunktswinkel haben die gleiche Größe α. Alle Höhen h_s der Teildreiecke sind gleich lang. Alle Eckpunkte liegen auf dem Umkreis mit Radius r.

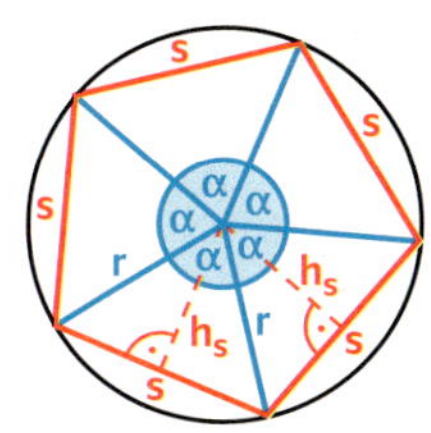

Eigenschaften	Eckenanzahl	Mittelpunktswinkel α	Innenwinkel $\beta = 180° - \alpha$	Seitenlänge in Abhängigkeit von r	Flächeninhalt in Abhängigkeit von r
Regelmäßiges Dreieck (Gleichseitiges Dreieck)	$n = 3$	$\alpha = 120°$	$\beta = 60°$	$s = r\sqrt{3}$	$A = \frac{3}{4}r^2\sqrt{3}$
Regelmäßiges Viereck (Quadrat)	$n = 4$	$\alpha = 90°$	$\beta = 90°$	$s = r\sqrt{2}$	$A = 2r^2$
Regelmäßiges Fünfeck (Pentagramm)	$n = 5$	$\alpha = 72°$	$\beta = 108°$	$s = \frac{r}{2}\sqrt{10 - 2\sqrt{5}}$	$A = \frac{5}{8}r^2\sqrt{10 + 2\sqrt{5}}$
Regelmäßiges Sechseck	$n = 6$	$\alpha = 60°$	$\beta = 120°$	$s = r$	$A = \frac{3}{2}r^2\sqrt{3}$
Regelmäßiges Zehneck	$n = 10$	$\alpha = 36°$	$\beta = 144°$	$s = \frac{r}{2}(\sqrt{5} - 1)$	$A = \frac{5}{4}r^2\sqrt{10 - 2\sqrt{5}}$
⋮	⋮	⋮	⋮	⋮	⋮
Regelmäßiges n-Eck	n	$\alpha = \frac{360°}{n}$	$\beta = \frac{(n-2)}{n}\cdot 180°$	$s = 2r\cdot\sin\left(\frac{180°}{n}\right)$	$A = \frac{nr^2}{2}\sin\left(\frac{360°}{n}\right)$

Vielecke

Rekursionsformel für die Seitenlänge eines regelmäßigen Vielecks

Aus der Seitenlänge s_n eines regelmäßigen n-Ecks kann man die Seitenlänge s_{2n} des demselben Kreis einbeschriebenen 2n-Ecks bestimmen: $s_{2n} = \sqrt{2r^2 - r\sqrt{4r^2 - s_n^2}}$

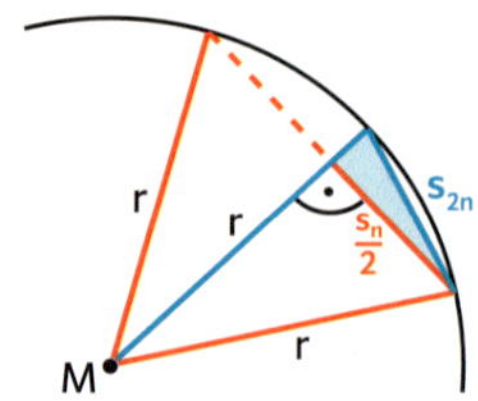

Kreis, Sätze am Kreis

Bezeichnungen

Kreiszahl π, mit π ≈ 3,14159. π ist eine irrationale Zahl.

Der Kreisdurchmesser d hat die doppelte Länge des Kreisradius r.

Eine **Sehne** verbindet zwei Punkte der Kreislinie.

Eine Gerade heißt **Tangente,** wenn sie mit dem Kreis genau einen Punkt B gemeinsam hat.
Eine Tangente ist orthogonal zum Radius [MB].

Eine Gerade heißt **Sekante**, wenn sie die Kreislinie in zwei Punkten schneidet.

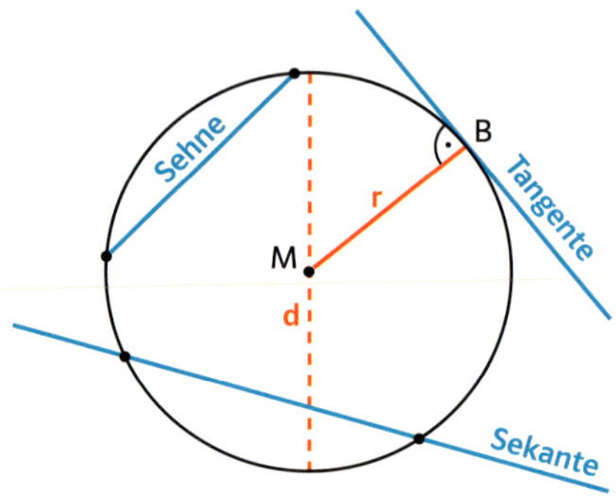

	Kreis	**Kreisausschnitt** (Sektor)	**Kreisabschnitt** (Segment)
	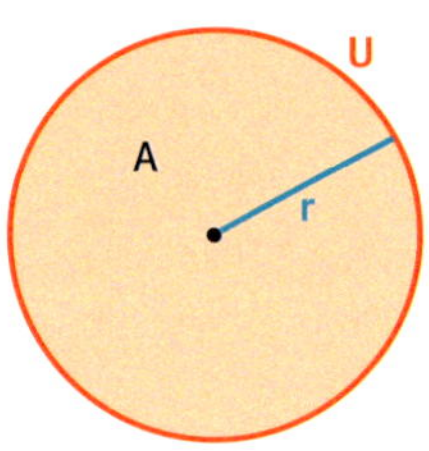	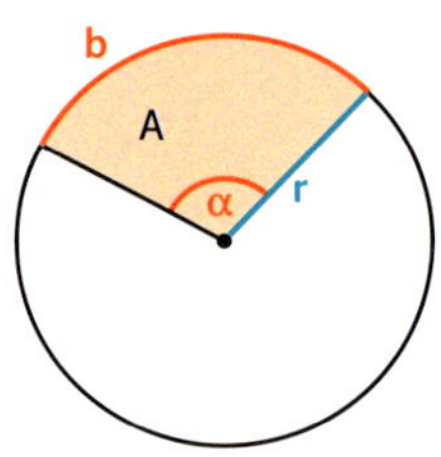	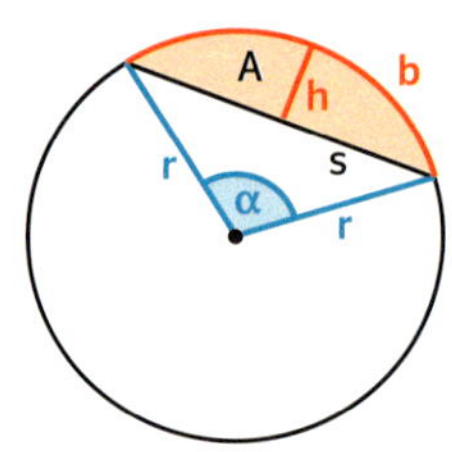
Umfang bzw. Bogenlänge:	$U = 2\pi r = 2\pi \cdot \frac{d}{2}$	$b = 2\pi r \frac{\alpha}{360°}$	$b = 2\pi r \frac{\alpha}{360°}$
Sehnenlänge:			$s = 2r \cdot \sin\left(\frac{\alpha}{2}\right) = 2\sqrt{2hr - h^2}$
Flächeninhalt:	$A = \pi r^2 = \pi \frac{d^2}{4}$	$A = \pi r^2 \frac{\alpha}{360°} = \frac{1}{2} b \cdot r$	$A = \frac{r^2}{2}\left(\pi \frac{\alpha}{180°} - \sin\alpha\right)$

Kreisgleichung

Ein Punkt P(x|y) liegt genau dann auf dem Kreis mit Mittelpunkt M(a|b) und Radius r, wenn gilt:
$(x - a)^2 + (y - b)^2 = r^2$

Satz des Thales

Liegt der Punkt C eines Dreiecks ABC auf dem Halbkreis über der Strecke [AB], dann ist der Winkel bei C ein rechter Winkel: γ = 90°

Kehrsatz zum Satz des Thales

Hat ein Dreieck bei C einen rechten Winkel, dann liegt der Punkt C auf dem Halbkreis über der Strecke [AB].

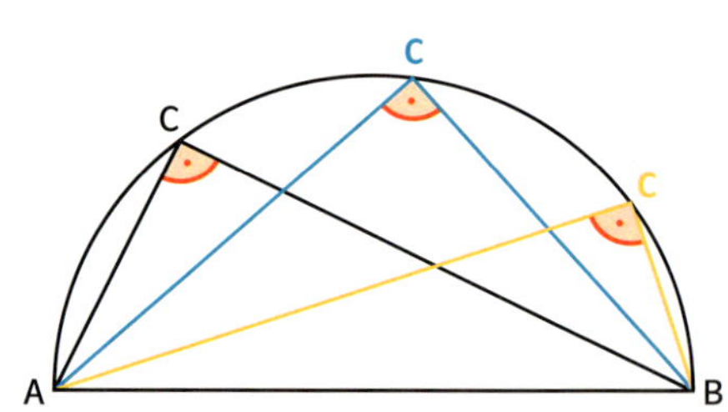

Kreis, Sätze am Kreis

Satz vom Umfangswinkel

Alle Umfangswinkel β über derselben Sehne sind gleich groß und es gilt: $\beta = \frac{\alpha}{2}$

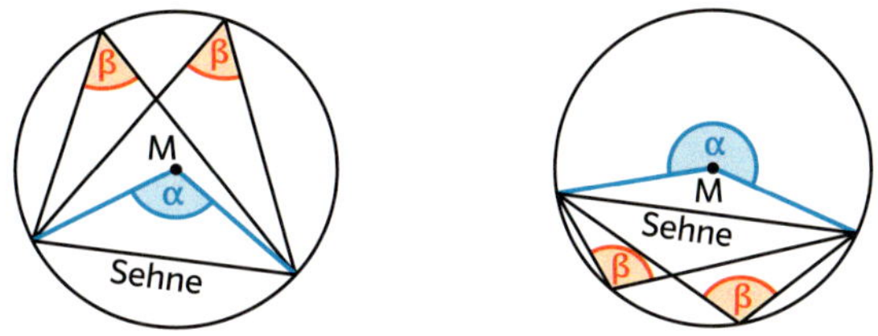

Sehnensatz

Schneiden sich zwei Sehnen in einem Punkt S, dann gilt:

$\overline{SA} \cdot \overline{SB} = \overline{SC} \cdot \overline{SD}$

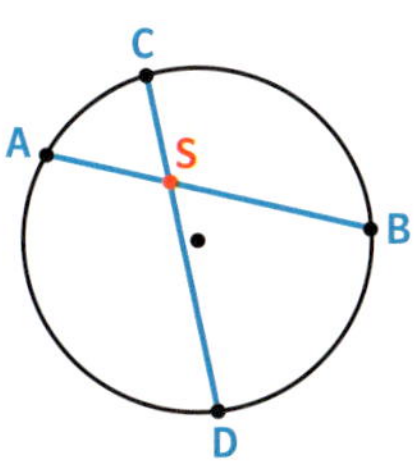

Sekantensatz

Schneiden sich zwei Sekanten in einem Punkt S außerhalb des Kreises, dann gilt:

$\overline{SA} \cdot \overline{SB} = \overline{SC} \cdot \overline{SD}$

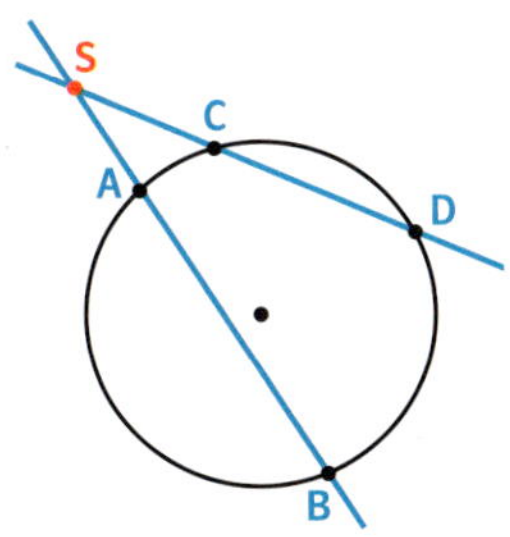

Sekanten-Tangentensatz

Schneiden sich eine Tangente und eine Sekante in einem Punkt S außerhalb des Kreises, dann gilt:

$\overline{SA} \cdot \overline{SB} = \overline{SC}^2$

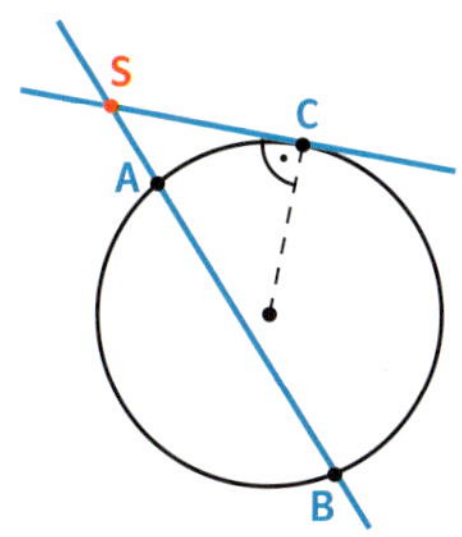

Kongruenz und Ähnlichkeit

Kongruente Figuren

Zwei Figuren F und G heißen kongruent, wenn sie deckungsgleich sind, d.h. sie die gleiche Gestalt und Größe besitzen.

Man schreibt: $F \cong G$

F und E haben verschiedene Gestalt.

F und H haben verschiedene Größe.

$F \cong G$

Erzeugen kongruenter Figuren

Achsenspiegelung, Punktspiegelung, Drehung und Verschiebung von Figuren erzeugen kongruente Figuren.

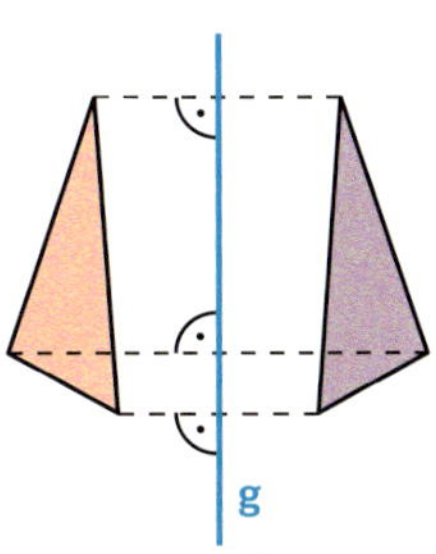

Achse g

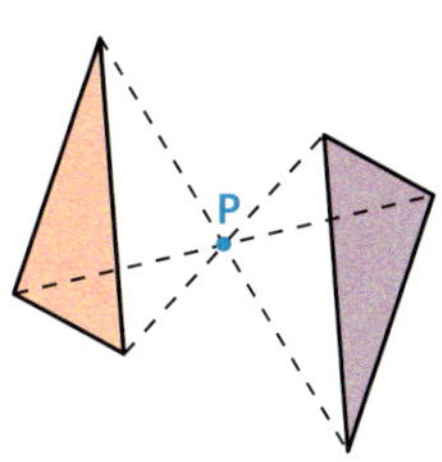

Zentrum P

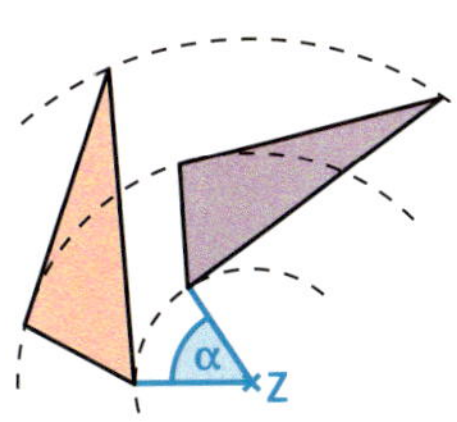

Zentrum Z
Drehwinkel α

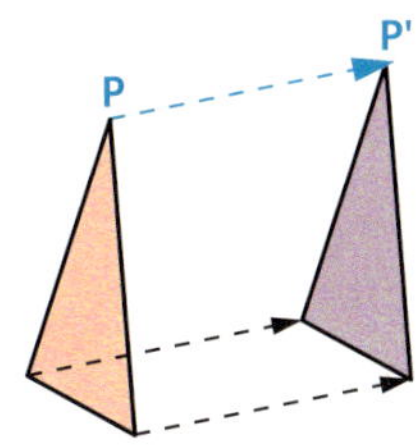

Verschiebungspfeil
von P nach P'

Winkel, Strecken und Flächeninhalte bei kongruenten Figuren

Wenn zwei Figuren kongruent sind, dann sind alle entsprechenden Strecken gleich lang und alle entsprechenden Winkel gleich groß. Der Flächeninhalt kongruenter Figuren ist gleich.

Kongruenzsätze für Dreiecke

Zwei Dreiecke sind kongruent (deckungsgleich), wenn eine der vier Bedingungen erfüllt ist:

Kongruenzsatz SSS:	Die Dreiecke stimmen in drei entsprechenden Seiten überein.
Kongruenzsatz SWS:	Die Dreiecke stimmen in zwei entsprechenden Seiten überein und die von diesen Seiten jeweils eingeschlossenen Winkel sind gleich groß.
Kongruenzsatz WSW oder WWS:	Die Dreiecke stimmen in einer Seite und zwei entsprechend gleichliegenden Winkeln überein.
Kongruenzsatz SsW:	Die Dreiecke stimmen in zwei entsprechenden Seiten überein und die Gegenwinkel der jeweils längeren Seite sind gleich groß.

Zentrische Streckung

Eine zentrische Streckung ist durch das Streckzentrum Z und den Streckfaktor k festgelegt.

Für eine zentrische Streckung gilt:
- Strecke (Gerade) und Bildstrecke (Bildgerade) sind zueinander parallel.
- Jede Bildstrecke ist k-mal so lang wie die Originalstrecke: $\overline{ZA'} = k \cdot \overline{ZA}$ bzw. $\overline{A'B'} = k \cdot \overline{AB}$
- Originalwinkel und Bildwinkel sind gleich groß; $\alpha = \alpha'$
- die Bildfigur hat den k^2-fachen Flächeninhalt der Originalfigur.

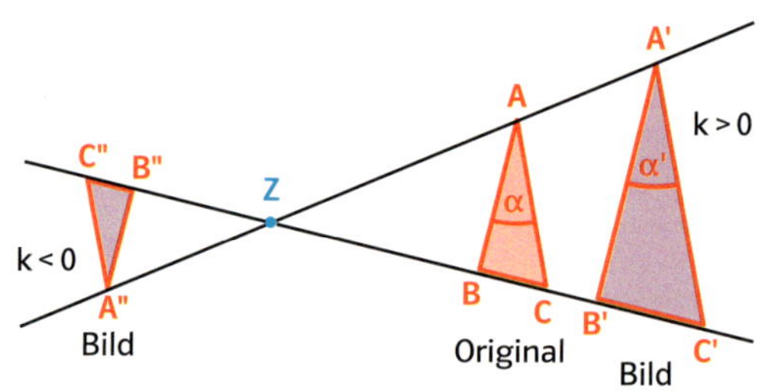

Bei einer zentrischen Streckung mit k = 1 oder k = −1 ergibt sich eine kongruente Figur.

Ähnliche Figuren

Zwei Figuren F und G heißen ähnlich, wenn man F durch eine zentrische Streckung so vergrößern oder verkleinern kann, dass das Bild F′ zu G kongruent ist.

Man schreibt: $F \sim G$

Winkel, Strecken und Flächeninhalte bei ähnlichen Figuren

Wenn zwei Figuren ähnlich sind,
dann sind alle entsprechenden Winkel gleich groß und
für die Längen von Originalstrecke a und Bildstrecke a′ gilt:
$a' = k \cdot a$ mit einer festen Zahl k

Der Flächeninhalt A′ der Bildfigur ergibt sich aus dem Flächeninhalt A der Originalfigur:
$A' = k^2 \cdot A$

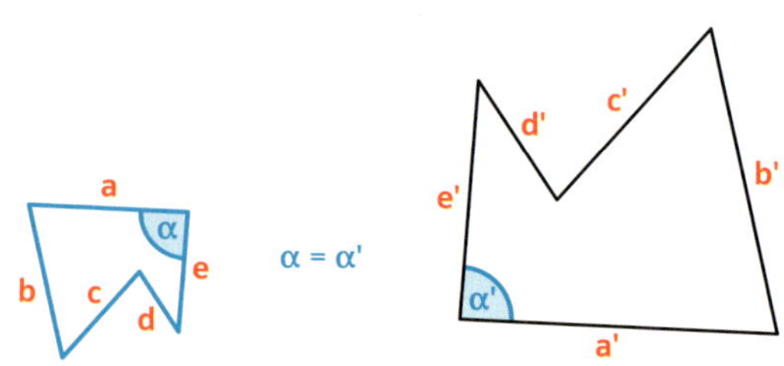

Kongruenz und Ähnlichkeit

Ähnlichkeitssätze für Dreiecke

Zwei Dreiecke sind bereits dann ähnlich, wenn eine der vier Bedingungen erfüllt ist:

Ähnlichkeitssatz WW	Die Dreiecke stimmen in zwei Winkeln überein.
Ähnlichkeitssatz S:S:S	Das Verhältnis der Seitenlängen in einem Dreieck ist gleich dem Verhältnis entsprechender Seitenlängen im anderen Dreieck.
Ähnlichkeitssatz S:W:S	Die Dreiecke stimmen in einem Winkel überein und das Längenverhältnis der diesem Winkel anliegenden entsprechenden Seiten ist gleich.
Ähnlichkeitssatz S:s:W	Die Dreiecke stimmen im Längenverhältnis zweier Seiten überein und die Gegenwinkel der jeweils längeren Seiten sind gleich groß.

Teilverhältnis (Teilverhältnisse ⟶ S. 83)

Jeder Punkt T (mit $T \neq B$) auf einer Strecke [AB] legt ein Teilverhältnis t mit $t = \frac{\overline{AT}}{\overline{TB}}$ fest. Es gilt: $\overline{AT} = t \cdot \overline{TB}$

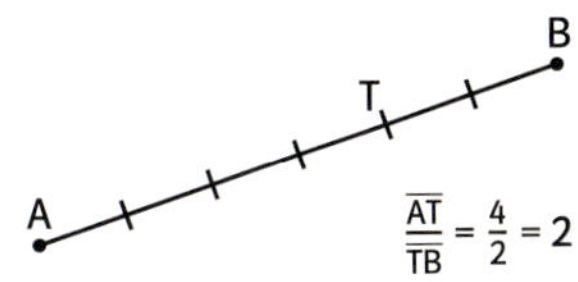

Goldener Schnitt

Zwei Teilstrecken a und b mit a > b stehen im Verhältnis des Goldenen Schnitts (oder: Die Strecke [PQ] wird im Verhältnis des Goldenen Schnitts geteilt), wenn gilt: $\frac{a+b}{a} = \frac{a}{b}$

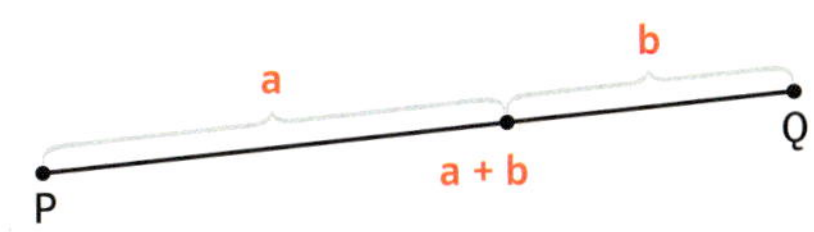

In diesem Fall gilt: $\frac{a}{b} = \frac{1}{2}(\sqrt{5} + 1) \approx 1{,}6180$ (Verhältnis des Goldenen Schnitts)

Strahlensätze

Die Strahlensätze gelten nur in einer Strahlensatzfigur. Diese besteht aus zwei sich in Z schneidenden Geraden g und h und aus einem Parallelenpaar, das g und h schneidet.

Erster Strahlensatz

Je zwei Abschnitte auf g verhalten sich wie entsprechende Abschnitte auf h.

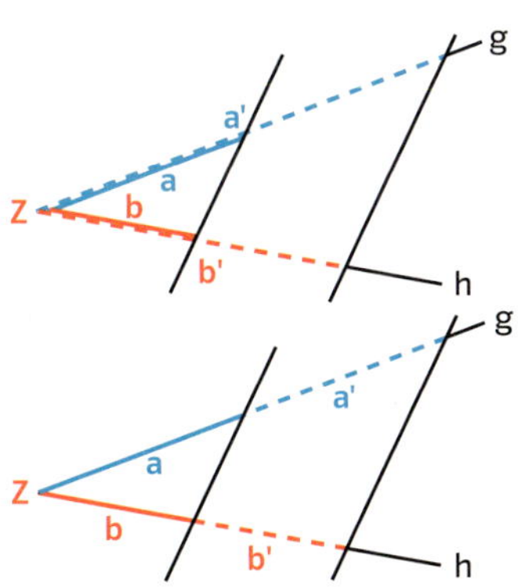

$\frac{a}{a'} = \frac{b}{b'}$

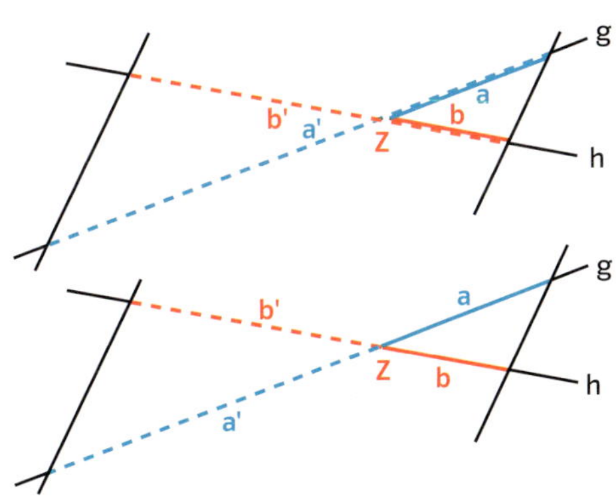

Zweiter Strahlensatz

Die Abschnitte auf den Parallelen verhalten sich wie die von Z aus gemessenen entsprechenden Abschnitte auf einer der Geraden.

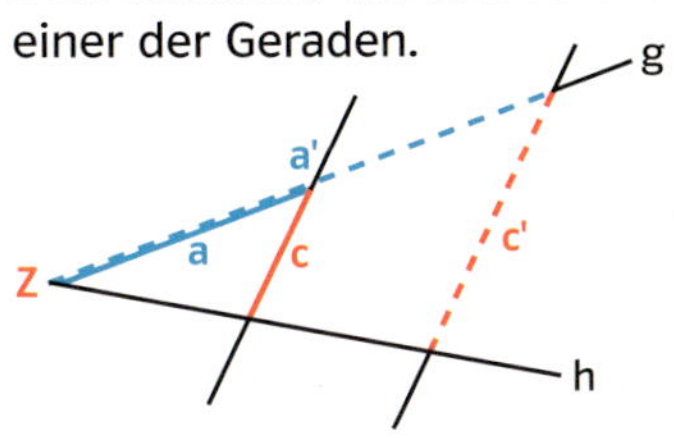

$\frac{a}{a'} = \frac{c}{c'}$

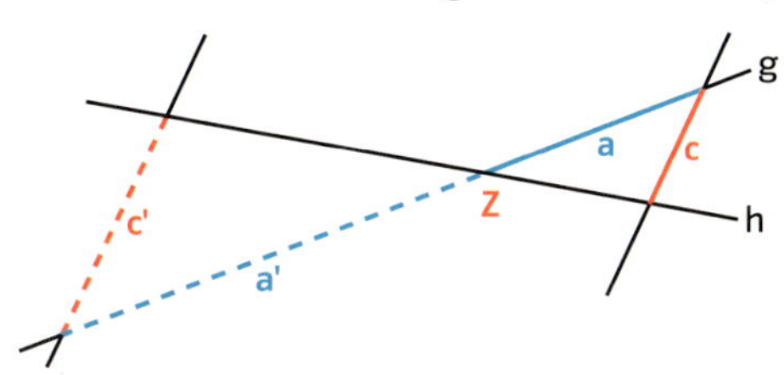

Körper berechnen und darstellen

Darstellen von Körpern

Grundriss, Aufriss, Seitenriss ▻ **S. 59**

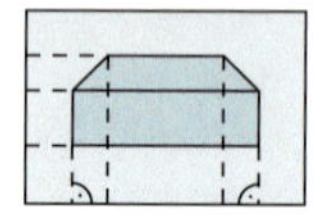

Schrägbild ▻ **S. 58**

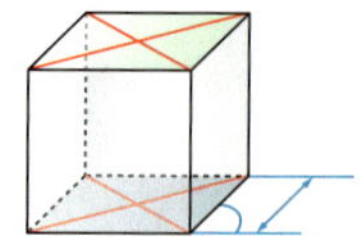

Regelmäßige Körper

Polyeder ▻ **S. 57**

$e + f = k + 2$

(Euler'scher Polyedersatz)

Tetraeder, Oktaeder ▻ **S. 57**

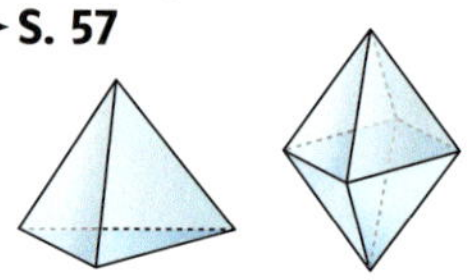

Kugel, Rotationskörper

Kugel ▻ **S. 56**

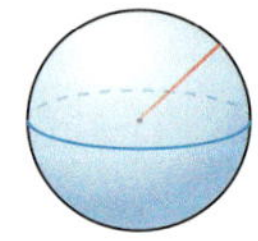

Rotationskörper ▻ **S. 56**

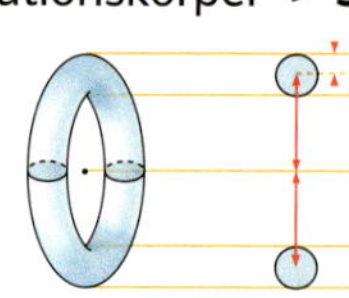

Würfel, Quader, Prisma, Zylinder

Würfel, Zylinder ▻ **S. 54**

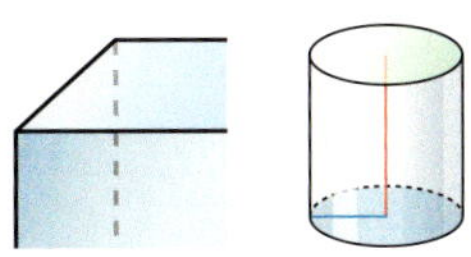

Körpernetze ▻ **S. 54**

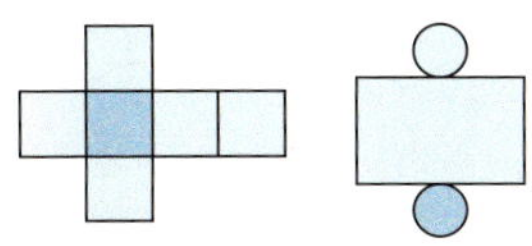

Pyramide, Kegel

Pyramide, Kegel ▻ **S. 55**

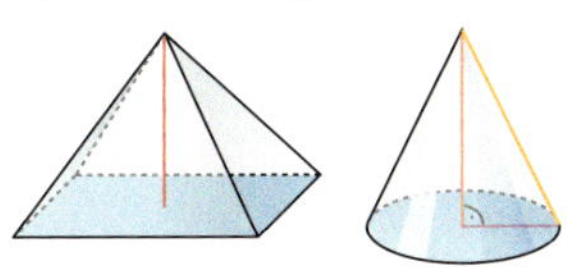

Körpernetze ▻ **S. 55**

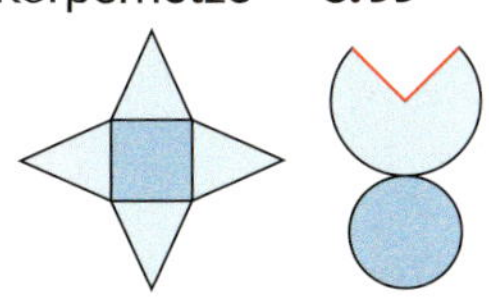

Pyramidenstumpf ▻ **S. 55**

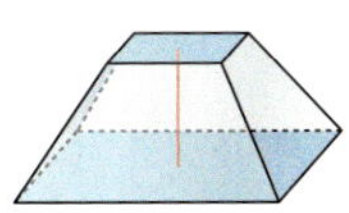

Satz von Cavalieri ▻ **S. 58**

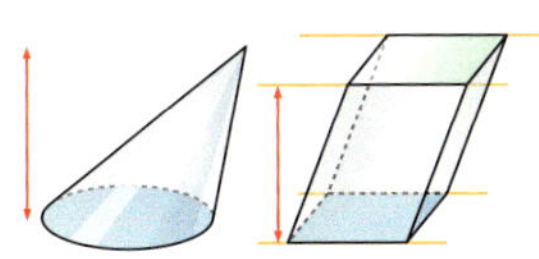

Würfel, Quader, gerades Prisma und gerader Zylinder

Volumen bei diesen Körpern: **V = G · h** (G Grundfläche; h Höhe)

	Würfel	**Quader**	**gerades Prisma**	**gerader Zylinder**
Schrägbild:	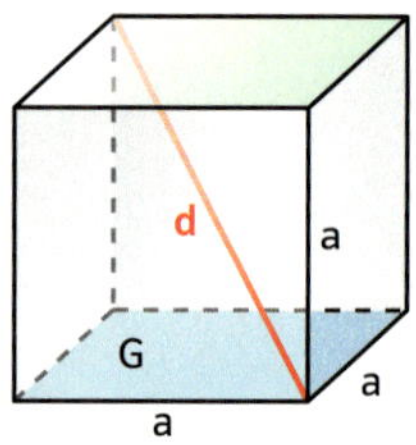	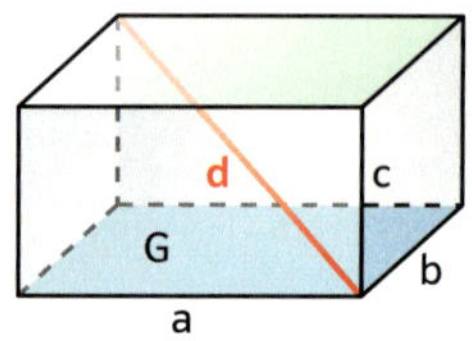	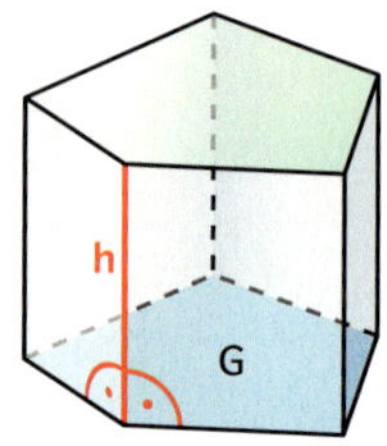	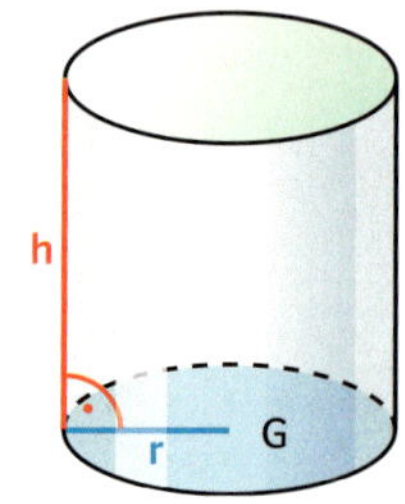
Netz:	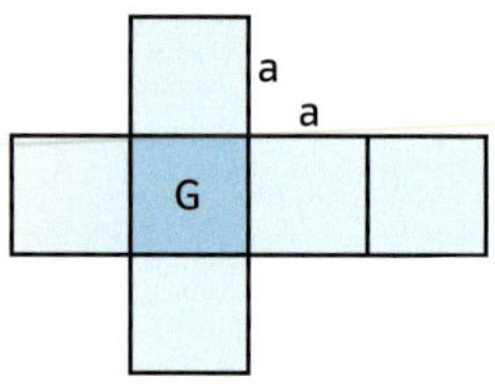	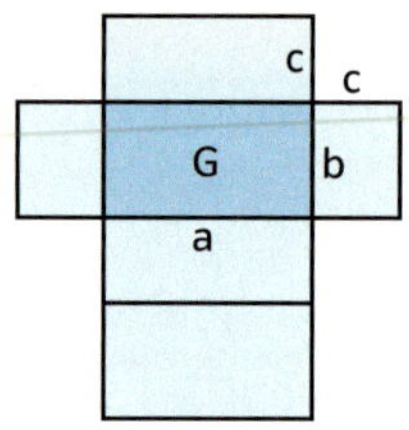	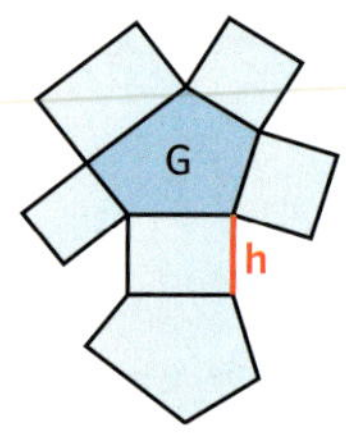	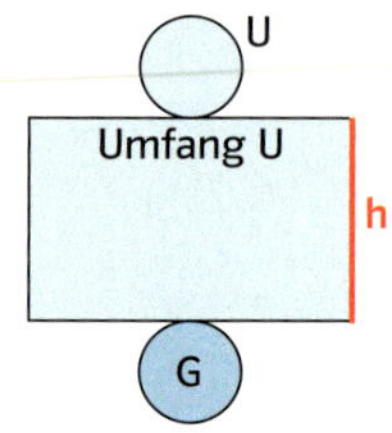
Volumen:	$V = a^3$	$V = a \cdot b \cdot c$	$V = G \cdot h$	$V = \pi r^2 \cdot h$
Grundflächeninhalt:	$G = a^2$ (Quadrat ⟶ S. 46)	$G = a \cdot b$ (Rechteck ⟶ S. 46)		$G = \pi r^2$ (Kreis ⟶ S. 48)
Mantelflächeninhalt:			$M = U \cdot h$	$M = 2\pi r \cdot h$
Oberflächeninhalt:	$O = 6a^2$	$O = 2(ab + ac + bc)$	$O = 2G + M$	$O = 2\pi r(h + r)$
Länge der Raumdiagonalen:	$d = a\sqrt{3}$	$d = \sqrt{a^2 + b^2 + c^2}$		

(Satz von Cavalieri, schiefe Körper ⟶ S. 58)

Pyramide und Kegel

Volumen bei diesen Körpern: $\mathbf{V = \frac{1}{3} G \cdot h}$ (G Grundfläche; h Höhe)

	Pyramide	**Gerader Kreiskegel**
Schrägbild:	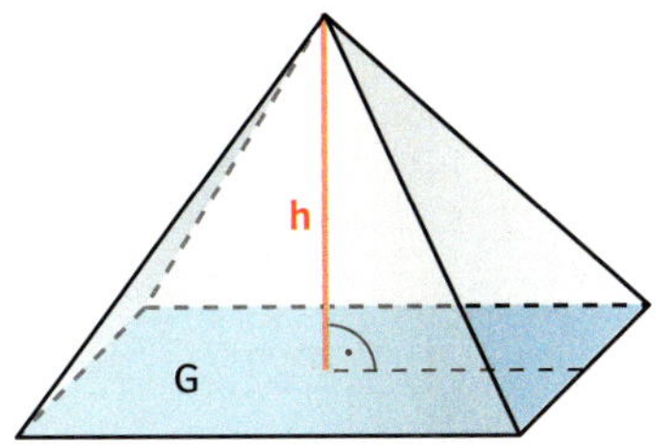	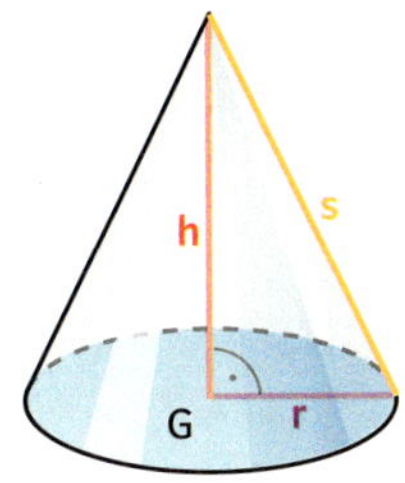
Netz:	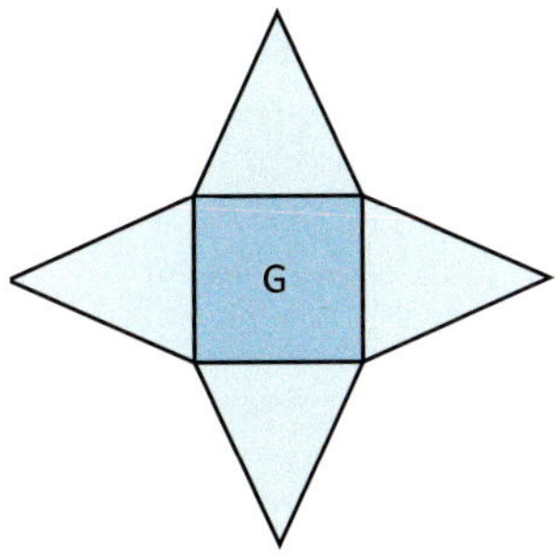	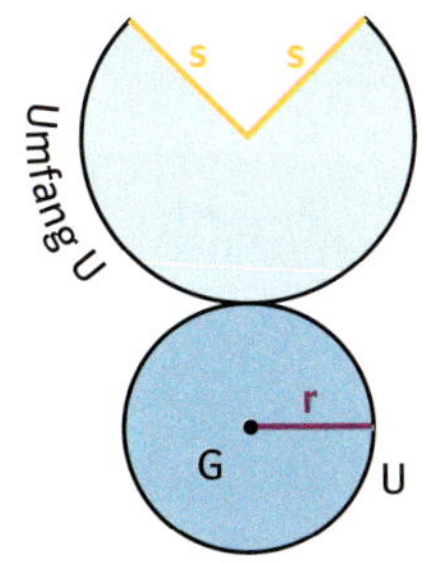
Volumen:	$V = \frac{1}{3} G \cdot h$	$V = \frac{1}{3} \pi r^2 \cdot h$
Grundflächeninhalt:	(Flächeninhalt von Vierecken ⟶ S. 46)	$G = \pi r^2$ (Flächeninhalt des Kreises ⟶ S. 48)
Mantelflächeninhalt:	(Flächeninhalt von Dreiecken ⟶ S. 42)	$M = \pi \cdot r \cdot s$ (Kreisausschnitt ⟶ S. 48)
Oberflächeninhalt:	$O = G + M$	$O = G + M$
Länge der Mantellinie:		$s = \sqrt{r^2 + h^2}$ (Pythagoras ⟶ S. 43)

	Pyramidenstumpf	**Gerader Kegelstumpf**
	(die Schnittfläche ist parallel zur Grundfläche) 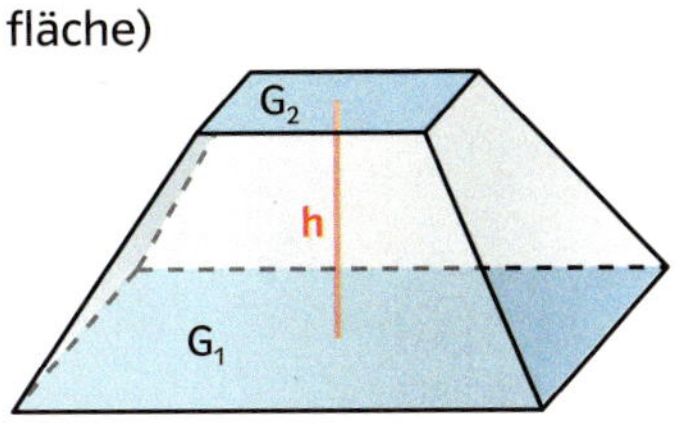	(die Schnittfläche ist parallel zur Grundfläche) 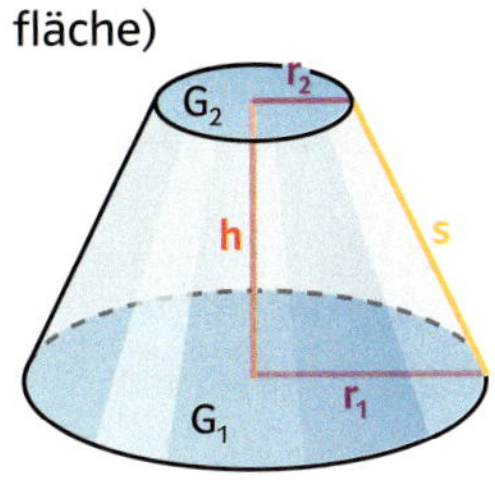
Volumen:	$V = \frac{1}{3} h (G_1 + \sqrt{G_1 G_2} + G_2)$	$V = \frac{1}{3} h \cdot \pi \cdot (r_1^2 + r_1 r_2 + r_2^2)$
Mantelflächeninhalt:		$M = \pi s (r_1 + r_2)$

Kugel und Rotationskörper

	Kugel	Kugelausschnitt (-sektor)	Kugelabschnitt (-kappe)
Schrägbild:	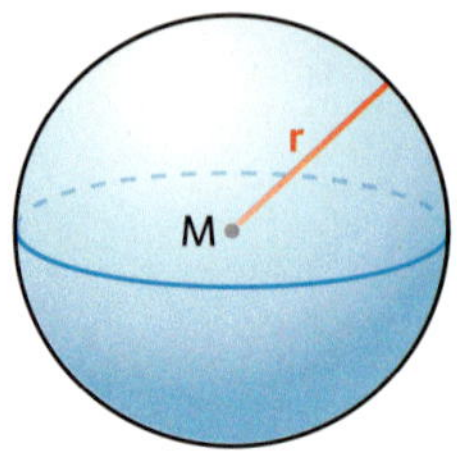	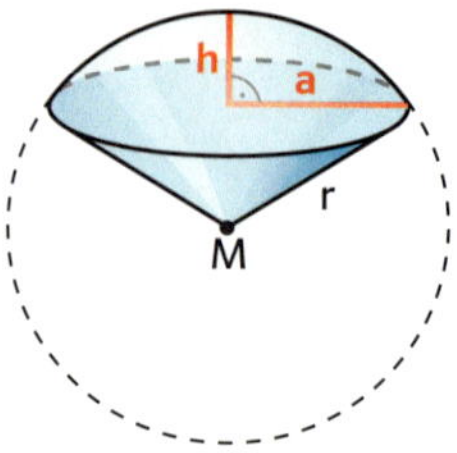	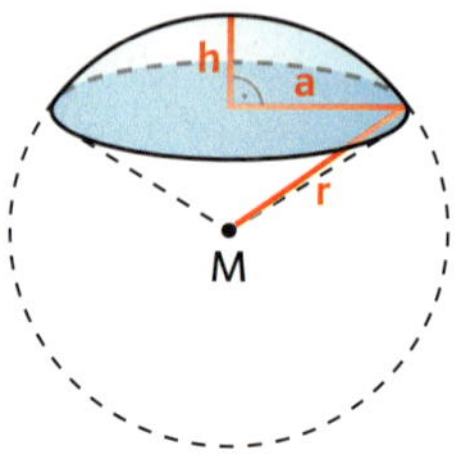
Volumen:	$V = \frac{4}{3}\pi r^3$	$V = \frac{2}{3}\pi \cdot r^2 h$	$V = \frac{1}{3}\pi h^2 (3r - h)$ $= \frac{1}{6}\pi h\,(3a^2 + h^2)$
Kappenflächeninhalt:		$M = 2\pi r h = \pi(a^2 + h^2)$	$M = 2\pi r h = \pi(a^2 + h^2)$
Oberflächeninhalt:	$O = 4\pi r^2$	$O = \pi r (2h + a)$	$O = \pi(h^2 + 2a^2)$

Torus (Ring)

Volumen: $V = 2\pi^2 r^2 R$

Oberflächeninhalt: $O = 4\pi^2 r R$

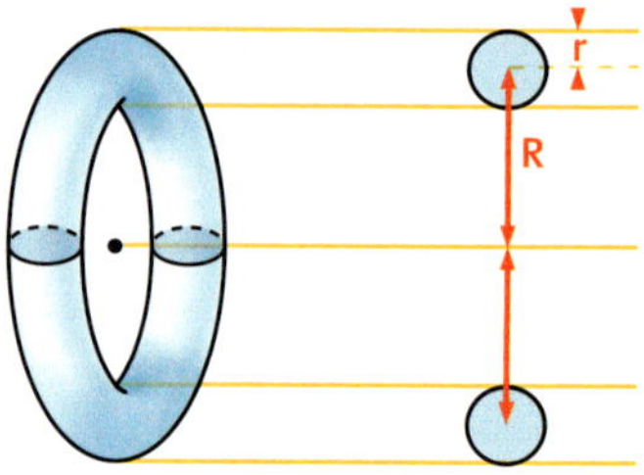

Guldin'sche Regeln (Volumen von Rotationskörpern ⟶ S. 77)

- Der Körper entsteht durch Rotation einer ebenen Figur um eine Achse.
- Die Figur und die Achse liegen in einer gemeinsamen Ebene.
- Die Achse darf die Figur nicht schneiden.

Guldin'sche Regel für das Volumen V des Körpers:
V ergibt sich als Produkt aus dem Flächeninhalt der Figur und dem Umfang des Kreises, den der Schwerpunkt S der Figur bei der Rotation beschreibt.

Guldin'sche Regel für den Oberflächeninhalt O des Körpers:
O ergibt sich als Produkt aus dem Umfang der Figur und dem Umfang des Kreises, den der Schwerpunkt S der Figur bei der Rotation beschreibt.

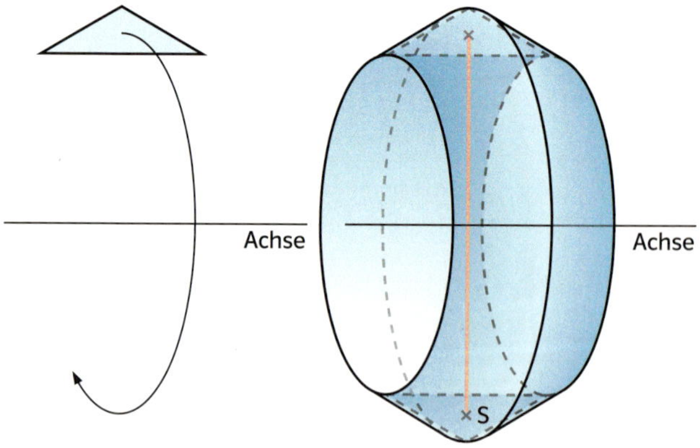

Regelmäßige Körper

Polyeder (Vielflach oder Vielflächner)

Ein Körper, dessen Oberfläche aus ebenen Vielecken besteht, heißt Polyeder.

Ein Polyeder heißt **konvex**, wenn mit zwei seiner Punkte stets die ganze Verbindungsstrecke im Inneren des Körpers liegt. Für alle konvexen Polyeder mit e Ecken, f Flächen und k Kanten gilt der **Euler'sche Polyedersatz**:
$e + f = k + 2$

Regelmäßige Körper (Platonische Körper; Reguläre Polyeder)

Ein Körper heißt regelmäßig, wenn seine Oberfläche nur aus kongruenten regelmäßigen Vielecken besteht.
Es gibt genau fünf regelmäßige Körper.

	Tetraeder	**Würfel**	**Oktaeder**	**Dodekaeder**	**Ikosaeder**
Schrägbild:	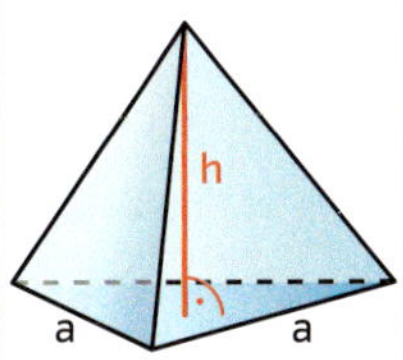	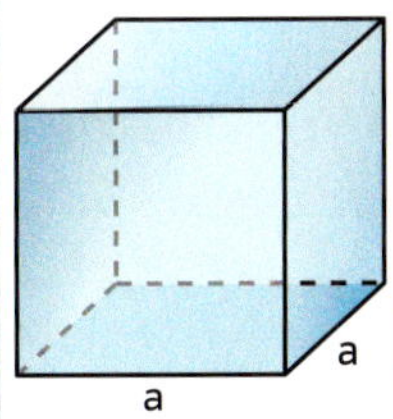	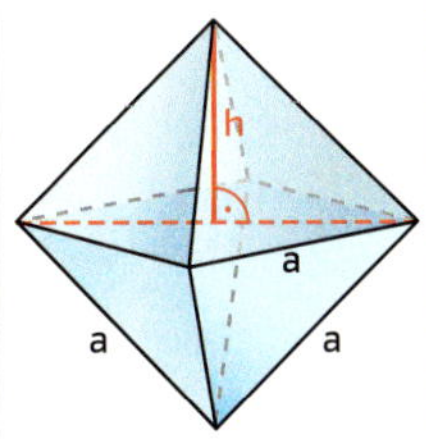	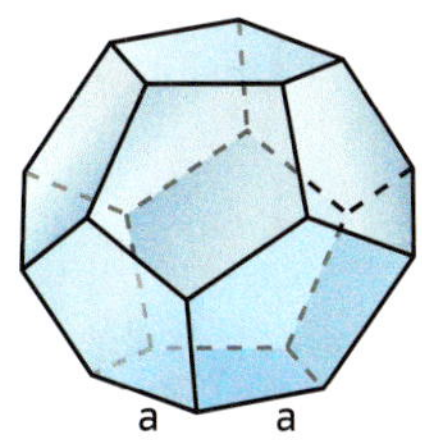	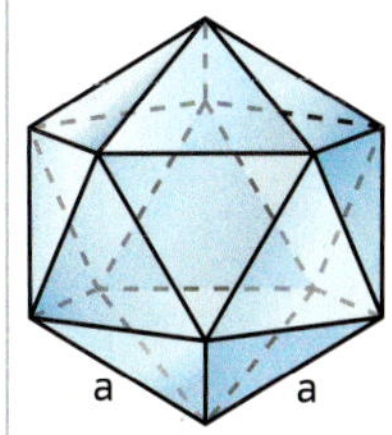
Seitenfläche:	4 gleichseitige Dreiecke	6 Quadrate	8 gleichseitige Dreiecke	12 gleichseitige Fünfecke	20 gleichseitige Dreiecke
Eckenzahl:	4	8	6	20	12
Kantenzahl:	6	12	12	30	30
Höhe:	$h = \frac{a}{3}\sqrt{6}$		$h = \frac{a}{2}\sqrt{2}$		
Volumen:	$V = \frac{a^3}{12}\sqrt{2}$	$V = a^3$	$V = \frac{a^3}{3}\sqrt{2}$	$V = \frac{a^3}{4}(15 + 7\sqrt{5})$	$V = \frac{5a^3}{12}(3 + \sqrt{5})$
Oberflächeninhalt:	$O = a^2\sqrt{3}$	$O = 6a^2$	$O = 2a^2\sqrt{3}$	$O = 3a^2\sqrt{5(5 + 2\sqrt{5})}$	$O = 5a^2\sqrt{3}$
Umkugelradius:	$R = \frac{a}{4}\sqrt{6}$	$R = \frac{a}{2}\sqrt{3}$	$R = \frac{a}{2}\sqrt{2}$	$R = \frac{a}{4}\sqrt{3}(1 + \sqrt{5})$	$R = \frac{a}{4}\sqrt{2(5 + \sqrt{5})}$
Inkugelradius:	$r = \frac{a}{12}\sqrt{6}$	$r = \frac{a}{2}$	$r = \frac{a}{6}\sqrt{6}$	$r = \frac{a}{4}\sqrt{10 + \frac{22}{5}\sqrt{5}}$	$r = \frac{a}{12}\sqrt{3}(3 + \sqrt{5})$

Satz von Cavalieri

Wenn für zwei Körper gilt:

(1) Die Flächeninhalte der Grundflächen sind gleich: $G_1 = G_2$;
(2) sie haben gleiche Höhen;
(3) Schnittflächen im gleichen Abstand parallel zur Grundfläche haben den gleichen Flächeninhalt: $S_1 = S_2$;

dann haben beide Körper das gleiche Volumen.

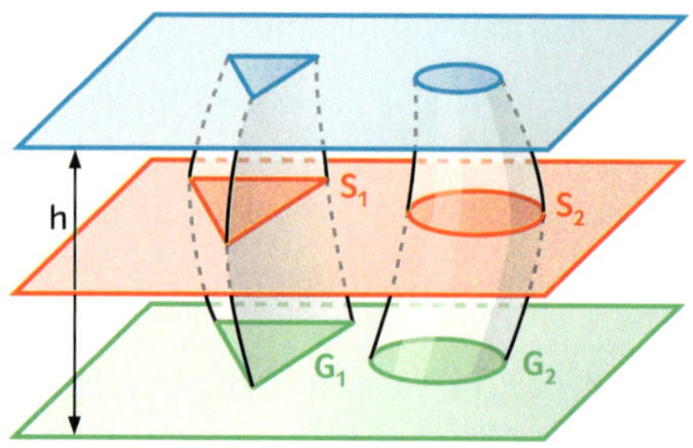

Sonderfall: Schiefe Körper

Wenn die Deckfläche eines Würfels, Quaders, Zylinders oder Prismas parallel zu dessen Grundfläche verschoben wird, dann ändert sich das Volumen nicht:

$V = G \cdot h$

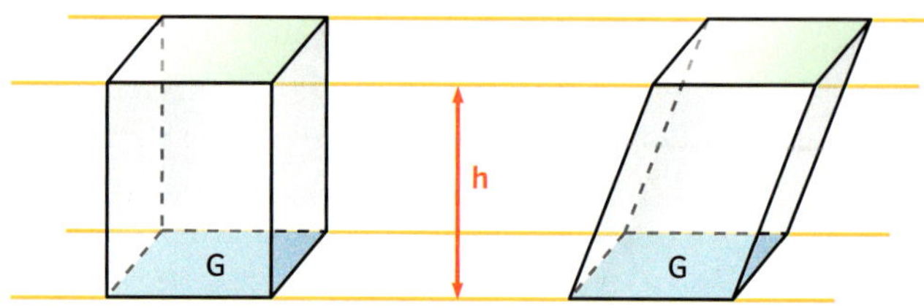

Wenn die Spitze einer Pyramide oder eines Kegels parallel zur Grundfläche verschoben wird, dann ändert sich das Volumen nicht:

$V = \frac{1}{3} G \cdot h$

Das Volumen von Pyramidenstumpf und Kegelstumpf ändert sich nicht, wenn die Deckfläche parallel zur Grundfläche verschoben wird.

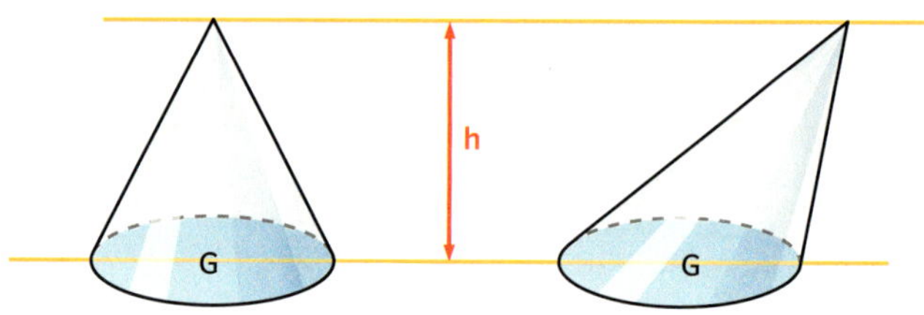

Darstellung von Körpern

Parallelprojektion

Wird ein Körper von parallelem Licht bestrahlt, dann heißt der auf einer Ebene erzeugte Schatten Parallelprojektion des Körpers. Eine Parallelprojektion ist durch die Richtung der Lichtstrahlen (**Projektionsrichtung**) und die Lage der Zeichenebene (**Projektions- oder Bildebene**) festgelegt.

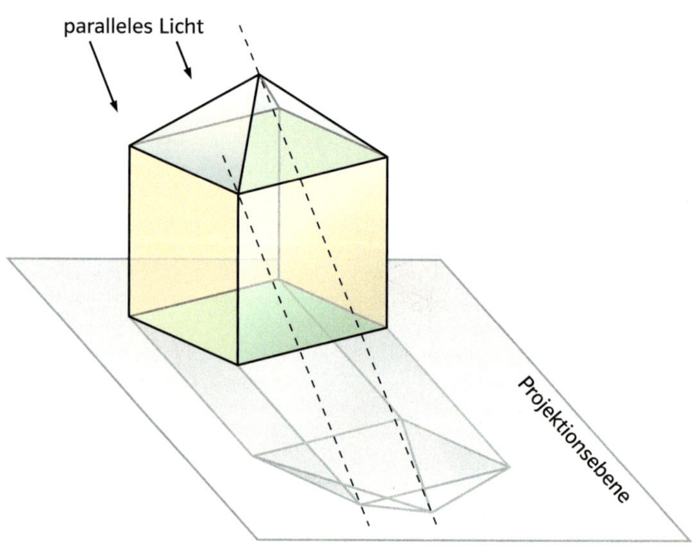

Schrägbilder (Schräge Parallelprojektion)

Eine Parallelprojektion, bei der die Projektionsrichtung und die Zeichenebene keinen rechten Winkel bilden ($0 < \alpha < 90°$), heißt **Schrägbild**. Beim Schrägbild eines Körpers unterscheidet man, ob Strecken des Körpers (Kanten, Diagonalen) parallel oder orthogonal zur Zeichenebene sind.

Darstellung von Körpern

	Strecken parallel zur Zeichenebene (Hauptlage)	Strecken nicht parallel zur Zeichenebene
Streckenlängen erscheinen in wahrer Länge:	Ja	Im Allgemeinen nicht
Winkel erscheinen in wahrer Größe:	Ja	Im Allgemeinen nicht
Parallele Strecken erscheinen parallel:	Ja	Ja
Teilverhältnisse bleiben erhalten:	Ja	Ja

Strecken, die zur Bildebene orthogonal sind, sind in ihrer Länge um denselben Verzerrungsfaktor k geändert. Sie werden mit demselben Verzerrungswinkel α gezeichnet.

Würfel mit Viereck ABCD parallel zur Bildebene
$\alpha = 45°;\ k = \frac{1}{2}$

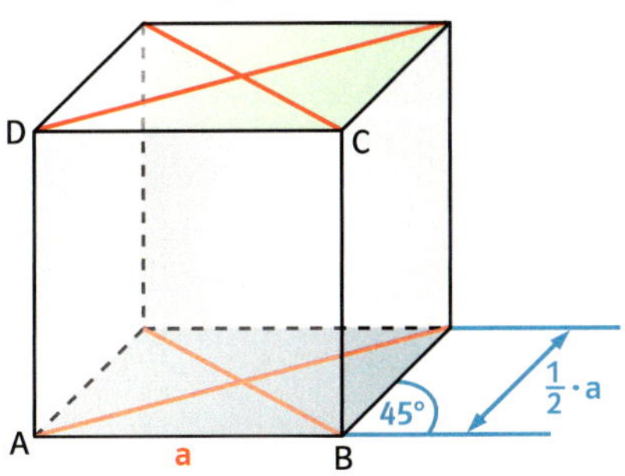

Würfel mit Viereck ABCD parallel zur Bildebene
$\alpha = 30°;\ k = \frac{1}{3}$

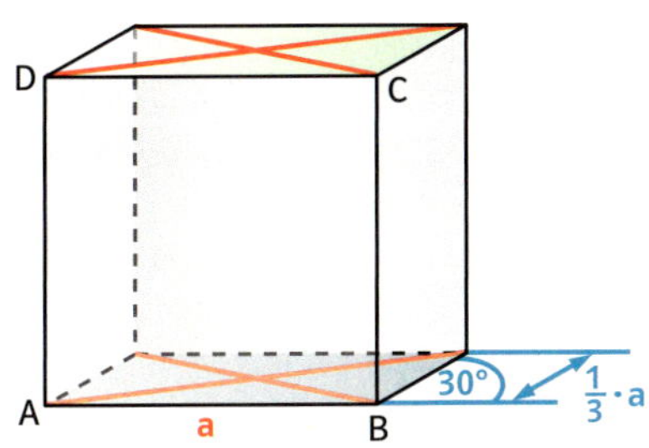

Würfel mit Viereck AFGD parallel zur Bildebene
$\alpha = 60°;\ k = \frac{1}{3}$

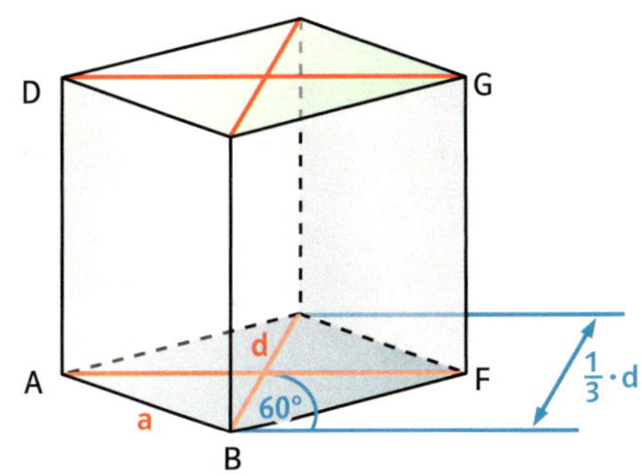

Grundriss – Aufriss – Seitenriss

Grundriss, Aufriss und Seitenriss entstehen, wenn bei einer Parallelprojektion die Projektionsrichtung und die Zeichenebene einen rechten Winkel bilden. Orthogonal zur Zeichenebene verlaufende Strecken erscheinen als Punkt.

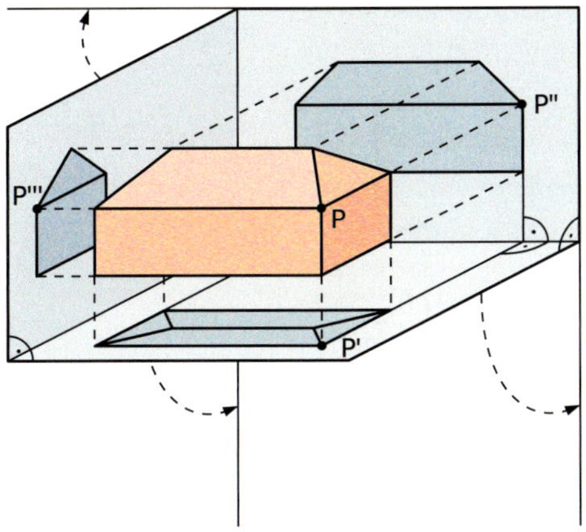

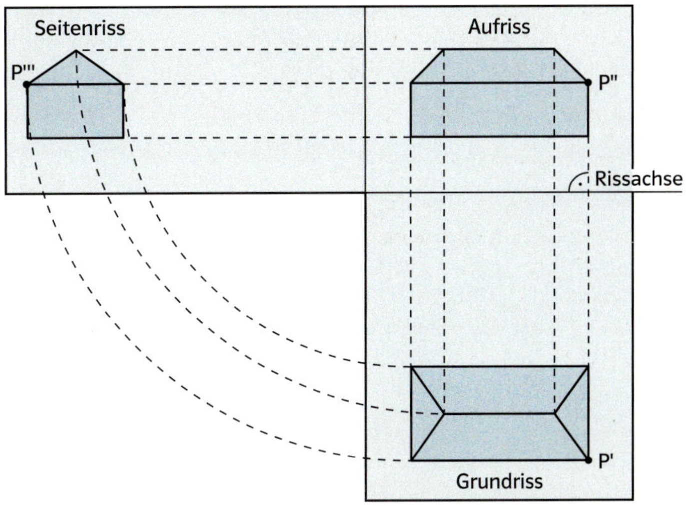

Analysis – ableiten und integrieren

Folgen und Reihen

Vollständige Induktion ▻ S. 62

1. n = 1
2. n → n + 1

Arithmetische und geometrische Folgen ▻ S. 63

$$s_n = a_1 \cdot \frac{q^n - 1}{q - 1}$$

Integral und Flächeninhalt

Integral und Integralfunktion ▻ S. 75

$$\left(\int_a^x f(t)\,dt\right)' = f(x)$$

Stammfunktion ▻ S. 74

$f(x) = \sin x$
$F(x) = -\cos x + c$

Volumen von Rotationskörpern ▻ S. 77
Kurvenlänge

$$V_x = \pi \cdot \int_a^b (f(x))^2\,dx$$

Flächenberechnung, Mittelwert ▻ S. 76/77

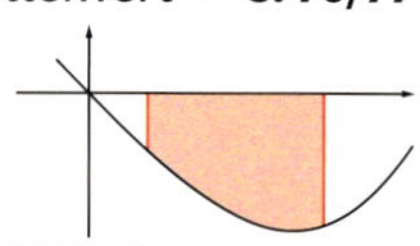

Kurvenuntersuchung

Symmetrie ▻ S. 70

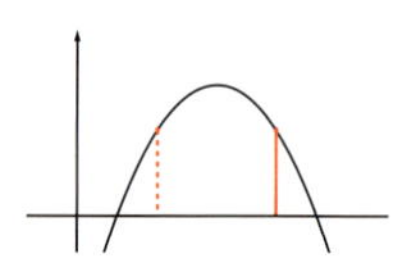

Näherungsweise Berechnung von Nullstellen ▻ S. 71

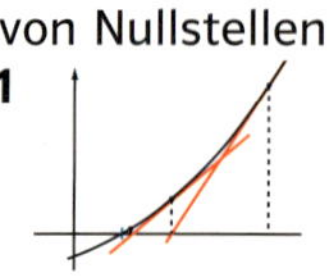

Extrempunkte, Wendepunkte ▻ S. 71/72

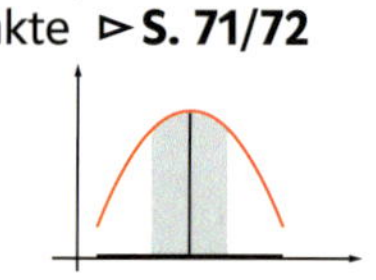

Schnittpunkte und Schnittwinkel ▻ S. 72

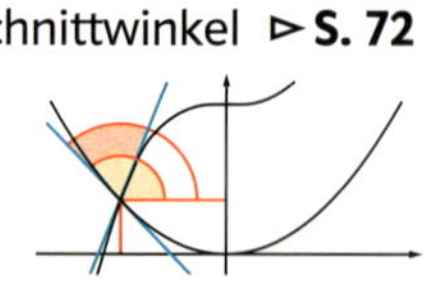

Rationale Funktion

Ganzrationale Funktionen ▻ S. 67

Nullstellen
Näherungskurven

Gebrochenrationale Funktionen ▻ S. 67

Definitionslücken, Asymptoten, Näherungskurven

Wachstumsfunktionen

Lineares Wachstum ▻ S. 73

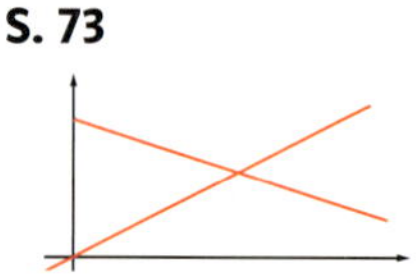

Exponentielles Wachstum ▻ S. 73

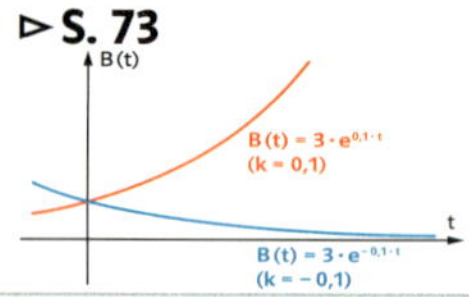

Beschränktes und logistisches Wachstum ▻ S. 73

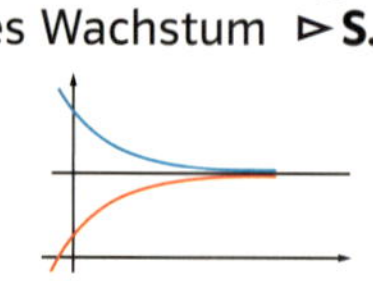

Summenformeln
⊳ **S. 64**

$1 + 2 + 3 + \ldots + n = \frac{n}{2} \cdot (n + 1)$

Ableitungen

Ableitung von Grundfunktionen ⊳ **S. 69**

$f(x) = x^n; \quad f'(x) = n \cdot x^{n-1}$
$f(x) = e^x; \quad f'(x) = e^x$
$f(x) = \sin x; \quad f'(x) = \cos x$

Ableitungsregeln ⊳ **S. 69**

$f(x) = v(u(x))$
$f'(x) = v'(u(x)) \cdot u'(x)$

Monotonie ⊳ **S. 69**

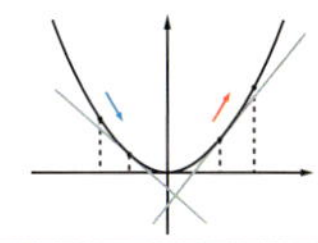

Differenzenquotient, Änderungsrate ⊳ **S. 68**

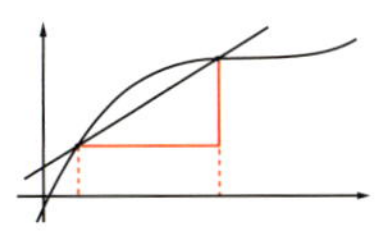

Ableitung, Ableitungsfunktion ⊳ **S. 68**

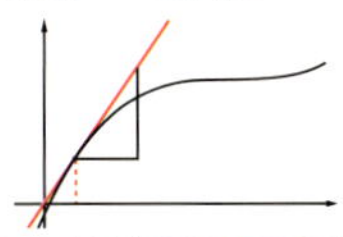

Existenzsätze

Nullstellensatz ⊳ **S. 70**

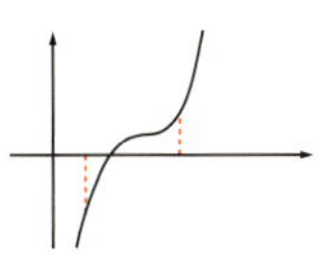

Mittelwertsatz ⊳ **S. 70**

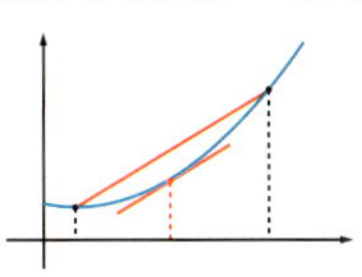

Grenzwerte von Funktionen

Grenzwert für $x \to \infty$
⊳ **S. 64**

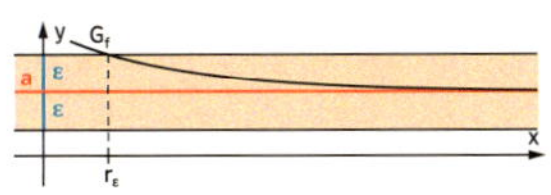

Grenzwertsätze
⊳ **S. 65**

$$\lim_{x \to \infty} \frac{f(x)}{g(x)} = \frac{\lim_{x \to \infty} f(x)}{\lim_{x \to \infty} g(x)}$$

Regeln von de L'Hospital
⊳ **S. 65**

$$\lim_{x \to a} \frac{u(x)}{v(x)} = \lim_{x \to a} \frac{u'(x)}{v'(x)}$$

Verketten und Umkehren von Funktionen

Verketten von Funktionen
⊳ **S. 65**

$u \circ v \colon x \mapsto u(v(x))$
$v \circ u \colon x \mapsto v(u(x))$

Verschieben von Graphen
⊳ **S. 66**

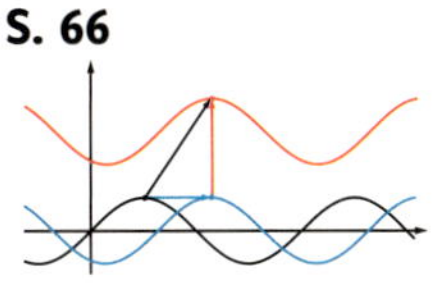

Umkehrfunktionen
⊳ **S. 66**

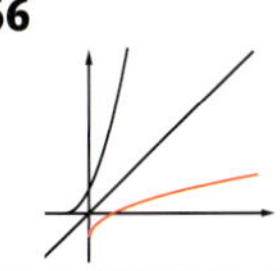

Folgen und Reihen

Vollständige Induktion

Eine Aussage, die für alle natürlichen Zahlen $n \in \mathbb{N}$ gelten soll, kann durch vollständige Induktion bewiesen werden. Dazu müssen folgende zwei Bedingungen erfüllt sein:

1. Induktionsanfang:
   Die Aussage gilt für $n = 1$.
2. Induktionsschritt: Man nimmt an, dass die Aussage für eine Zahl $n \in \mathbb{N}$ gilt.
   Wenn diese Voraussetzung gegeben ist, dann kann man zeigen, dass die Aussage auch für $n + 1$ gilt.

Wenn beide Bedingungen erfüllt sind, dann ist die Aussage für alle natürlichen Zahlen wahr.

Gilt die Aussage $2 + 4 + 6 + \ldots + 2n = n \cdot (n + 1)$ für alle natürlichen Zahlen?

Beweis:

1. Induktionsanfang:
   Die Aussage ist richtig für $n = 1$: $2 = 1 \cdot (1 + 1)$
2. Induktionsschritt: Annahme: Es gibt ein $k \in \mathbb{N}$, für das gilt: $2 + 4 + 6 + \ldots + 2k = k \cdot (k + 1)$
   Dann gilt: $2 + 4 + 6 + \ldots + 2k + 2 \cdot (k + 1)$
   $= k \cdot (k + 1) + 2 \cdot (k + 1) = (k + 1) \cdot (k + 2)$

Damit ist die Aussage $2 + 4 + 6 + \ldots + 2n = n \cdot (n + 1)$ für alle natürlichen Zahlen wahr.

Zahlenfolge, Reihe

Eine reelle Zahlenfolge ist eine Funktion, die jeder natürlichen Zahl $n \in \mathbb{N}$ eine reelle Zahl a_n zuordnet. Folgen können **explizit** oder **rekursiv** angegeben werden.

Beispiel für explizit gegebene Folge: $a_n = 1 + 0{,}6^n$, $n \in \mathbb{N}$
Beispiel für rekursiv gegebene Folge:
$a_{n+1} = 1 + (a_n - 1) \cdot 0{,}6$ mit $a_1 = 1{,}6$; $n \in \mathbb{N}$

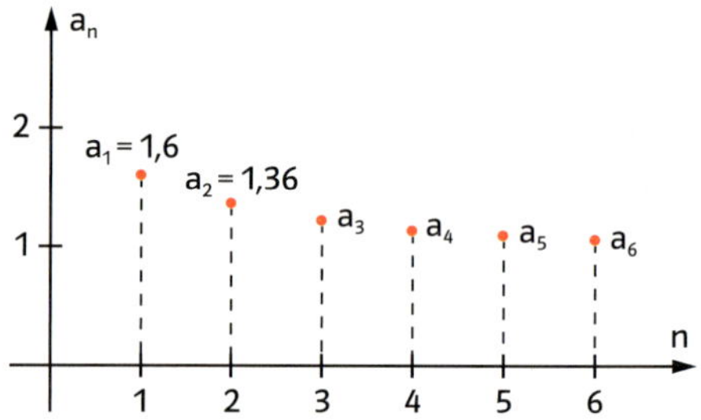

Unter der zu einer Folge gehörenden **Reihe** versteht man die Summenfolge mit $s_n = \sum_{i=1}^{n} a_i = a_1 + a_2 + \ldots + a_n$

Monotonie und Beschränktheit

Eine reelle Zahlenfolge heißt streng monoton fallend (monoton fallend), wenn für alle $n \in \mathbb{N}$ gilt:
$a_n > a_{n+1}$ $\quad (a_n \geqq a_{n+1})$
Sie heißt streng monoton wachsend (monoton wachsend), wenn für alle $n \in \mathbb{N}$ gilt:
$a_n < a_{n+1}$ $\quad (a_n \leqq a_{n+1})$

Eine reelle Zahlenfolge heißt beschränkt, wenn alle Folgenglieder zwischen zwei festen Schranken s und S liegen: $s \leqq a_n \leqq S$ für alle $n \in \mathbb{N}$

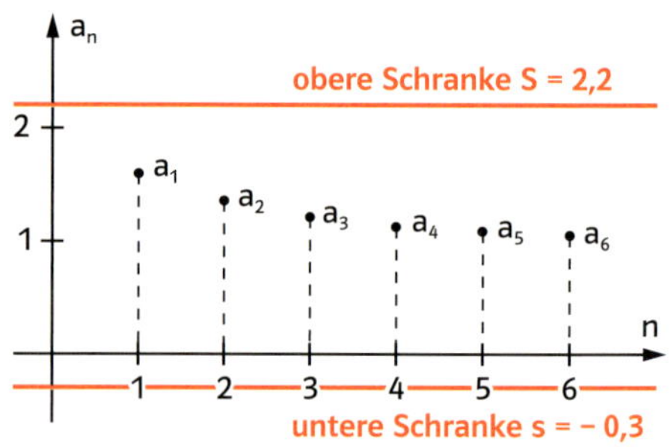

Folgen und Reihen

Grenzwert, Nullfolge, konvergent, divergent

Eine Zahl g ist **Grenzwert** einer reellen Zahlenfolge, wenn es zu jeder positiven Zahl ε eine natürliche Zahl n_ε gibt, so dass für alle $n \geqq n_\varepsilon$ gilt: $|a_n - g| < \varepsilon$

Die Folge heißt dann **konvergent** mit dem Grenzwert g.

Schreibweise: $g = \lim\limits_{n \to \infty} a_n$

Eine Folge mit dem Grenzwert 0 heißt **Nullfolge**.

Eine nicht konvergente Folge heißt **divergent**.

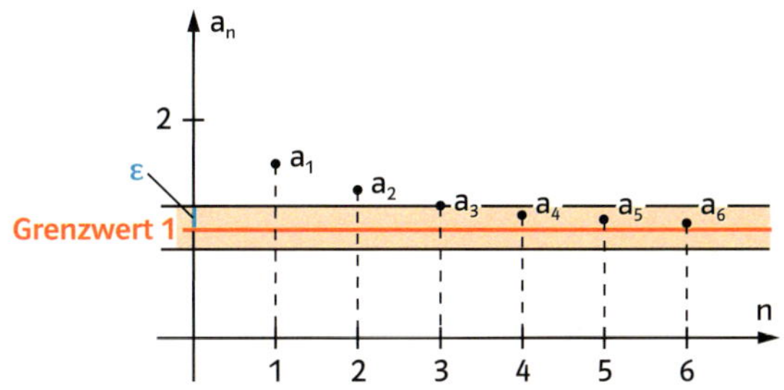

Intervallschachtelung

Eine Folge $[a_n; b_n]$, n = 1, 2, 3, … von Intervallen heißt Intervallschachtelung, wenn gilt:

(1) $a_n < b_n$ für alle $n \in \mathbb{N}$, d.h. es liegen Intervalle vor.

(2) Die Folge der a_n ist monoton wachsend, die der b_n monoton fallend.

(3) $\lim\limits_{n \to \infty} (a_n - b_n) = 0$

Es gilt genau eine reelle Zahl, die in allen Intervallen einer Intervallschachtelung liegt.

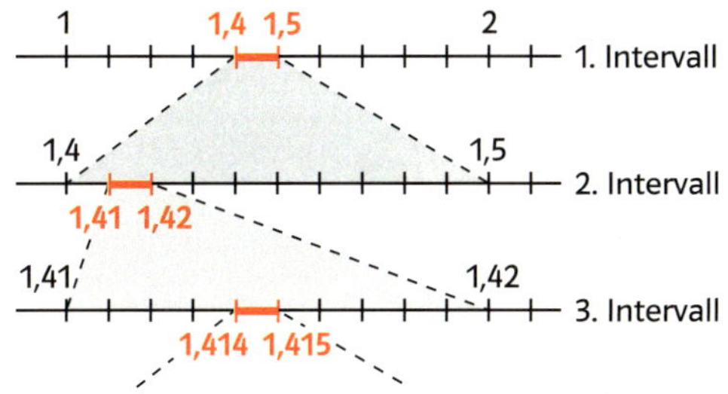

Arithmetische Folge, arithmetische Reihe

Eine Zahlenfolge, für die die Differenz d zweier aufeinander folgender Glieder jeweils konstant ist, heißt arithmetische Zahlenfolge:

Explizit: $a_n = a_1 + (n-1) \cdot d$

Rekursiv: $a_{n+1} = a_n + d$, a_1 vorgegeben

Arithmetische Reihe:

$$s_n = \sum_{i=1}^{n} a_i = a_1 + a_2 + \ldots + a_n = \frac{n}{2}(a_1 + a_n)$$
$$= n \cdot a_1 + \frac{(n-1) \cdot n}{2} \cdot d$$

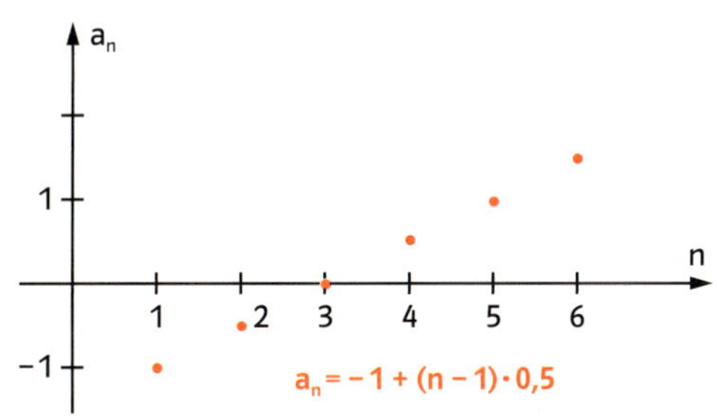

Geometrische Folge, geometrische Reihe

Eine Zahlenfolge, für die der Quotient q zweier aufeinander folgender Glieder jeweils konstant ist, heißt geometrische Zahlenfolge:

Explizit: $a_n = a_1 \cdot q^{n-1}$

Rekursiv: $a_{n+1} = a_n \cdot q$, a_1 vorgegeben, $q \in \mathbb{R} \setminus \{0\}$

Für $|q| < 1$ ist die Folge eine Nullfolge, d.h. $\lim\limits_{n \to \infty} a_n = 0$.

Geometrische Reihe:

$$s_n = \sum_{i=1}^{n} a_1 q^{i-1} = a_1 + a_1 q + \ldots + a_1 q^{n-1} = a_1 \cdot \frac{q^n - 1}{q - 1} \quad \text{für } q \neq 1$$

Für $|q| < 1$ gilt: $\lim\limits_{n \to \infty} s_n = a_1 \cdot \frac{1}{1-q}$

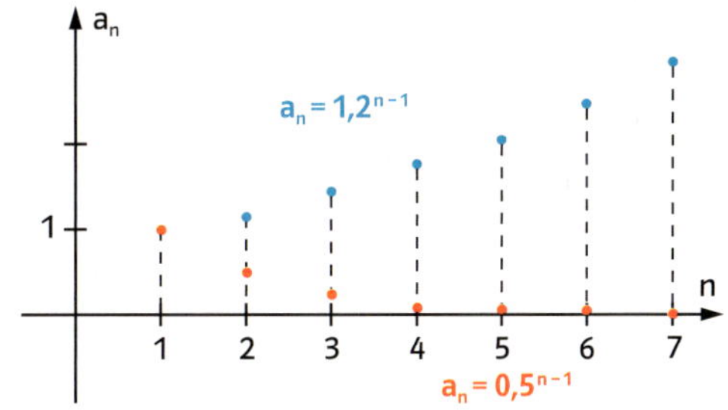

Folgen und Reihen

Spezielle Folgengrenzwerte

$\lim\limits_{n \to \infty} a^n = 0$ für $-1 < a < 1$

$\lim\limits_{n \to \infty} \sqrt[n]{a} = 1$ für $a > 0$

$\lim\limits_{n \to \infty} \left(1 + \frac{1}{n}\right)^n = e \approx 2{,}718\,281\,828\,4$

$\lim\limits_{n \to \infty} \left(1 + \frac{x}{n}\right)^n = e^x$

Summenformeln

$\sum\limits_{i=1}^{n} i = 1 + 2 + 3 + \ldots + n = \frac{n}{2} \cdot (n+1)$

$\sum\limits_{i=1}^{n} (2i - 1) = 1 + 3 + 5 + \ldots + 2n - 1 = n^2$

$\sum\limits_{i=1}^{n} i^2 = 1^2 + 2^2 + 3^2 + \ldots + n^2 = \frac{n}{6} \cdot (n+1) \cdot (2n+1)$

$\sum\limits_{i=1}^{n} i^3 = 1^3 + 2^3 + 3^3 + \ldots + n^3 = \frac{n^2 \cdot (n+1)^2}{4}$

Taylor-MacLaurin-Reihe

$f(x) = f(0) + \frac{f'(0)}{1!}x + \frac{f''(0)}{2!}x^2 + \ldots + \frac{f^{(n)}(x)}{n!}x^n + R_n(x)$

Restglied $R_n(x) = \frac{x^{n+1}}{(n+1)!}\, f^{(n+1)}(\delta x)$ mit $0 < \delta < 1$

Sonderfälle:

$\sin x = \frac{x}{1!} - \frac{x^3}{3!} + \frac{x^5}{5!} - \ldots$

$e^x = 1 + \frac{x}{1!} + \frac{x^2}{2!} + \frac{x^3}{3!} + \ldots$

$\cos x = 1 - \frac{x^2}{2!} + \frac{x^4}{4!} - \ldots$

$\ln(1+x) = x - \frac{x^2}{2} + \frac{x^3}{3} - \ldots \quad x \in\,]-1; 1[$

Grenzwerte von Funktionen

Grenzwert für $x \to \infty$

Kommen die Funktionswerte $f(x)$ einer Funktion f für beliebig groß werdende x-Werte einer Zahl a beliebig nahe, so nennt man a den Grenzwert von f für $x \to \infty$.
Schreibweise: $\lim\limits_{x \to \infty} f(x) = a$

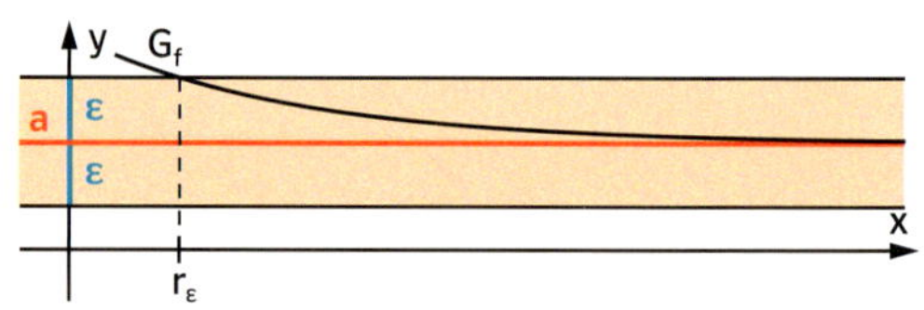

Formale Definition:

Eine Zahl a ist der Grenzwert von f für $x \to \infty$, wenn es zu jedem $\varepsilon > 0$ eine Zahl $r_\varepsilon \in \mathbb{R}$ gibt, so dass für alle $x > r_\varepsilon$ gilt:
$|f(x) - a| < \varepsilon$

Der Grenzwert für $x \to -\infty$ wird analog festgelegt.

Grenzwert für $x \to x_0$

Kommen die Funktionswerte $f(x)$ einer Funktion f, wenn x sich der Stelle x_0 annähert, einer Zahl a beliebig nahe, so nennt man a den Grenzwert von f für $x \to x_0$.
Schreibweise: $\lim\limits_{x \to x_0} f(x) = a$

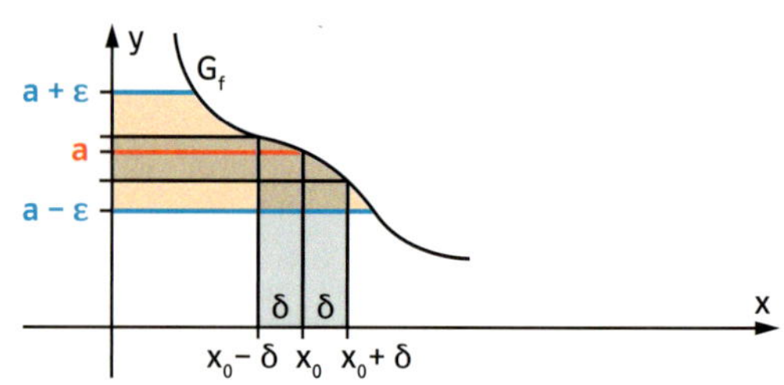

Formale Definition:

Eine Zahl a ist der Grenzwert von f für $x \to x_0$, wenn es zu jedem $\varepsilon > 0$ ein $\delta > 0$ gibt, so dass für alle x mit $|x - x_0| < \delta$ gilt:
$|f(x) - a| < \varepsilon$

Grenzwerte von Funktionen

Grenzwertsätze

Unter der Voraussetzung, dass die auftretenden Grenzwerte existieren, gilt:

$$\lim_{x\to\infty}(f(x) \pm g(x)) = \lim_{x\to\infty} f(x) \pm \lim_{x\to\infty} g(x)$$

$$\lim_{x\to\infty}(f(x) \cdot g(x)) = \lim_{x\to\infty} f(x) \cdot \lim_{x\to\infty} g(x)$$

$$\lim_{x\to\infty}\frac{f(x)}{g(x)} = \frac{\lim_{x\to\infty} f(x)}{\lim_{x\to\infty} g(x)} \quad \left(\text{falls } \lim_{x\to\infty} g(x) \neq 0\right)$$

$$\lim_{x\to x_0}(f(x) \pm g(x)) = \lim_{x\to x_0} f(x) \pm \lim_{x\to x_0} g(x)$$

$$\lim_{x\to x_0}(f(x) \cdot g(x)) = \lim_{x\to x_0} f(x) \cdot \lim_{x\to x_0} g(x)$$

$$\lim_{x\to x_0}\frac{f(x)}{g(x)} = \frac{\lim_{x\to x_0} f(x)}{\lim_{x\to x_0} g(x)} \quad \left(\text{falls } \lim_{x\to x_0} g(x) \neq 0\right)$$

Wichtige Grenzwerte

$\lim_{x\to\infty}\frac{a}{x^n} = 0;\ n \in \mathbb{N}$

$\lim_{x\to\infty}\frac{ax+b}{cx+d} = \frac{a}{c};\ c \neq 0$

$\lim_{x\to\infty}\frac{\ln x}{x^r} = 0;\ r > 0$

$\lim_{x\to 0}(x^r \cdot \ln x) = 0;\ r > 0$

$\lim_{x\to\infty} a^x = 0;\ 0 < a < 1$

$\lim_{x\to\infty}\frac{x^r}{e^x} = 0;\ r > 0$

$\lim_{x\to\infty}\frac{(\ln x)^n}{x} = 0;\ n \in \mathbb{N}$

$\lim_{x\to 0}\frac{\sin(rx)}{x} = r;\ r \in \mathbb{R}$

Regeln von de L'Hospital

Lässt sich die Funktion f in der Form eines Quotienten

$f(x) = \frac{u(x)}{v(x)}$

darstellen und gibt es eine Stelle a mit folgenden Eigenschaften:

(1) $u(a) = v(a) = 0$,

(2) u und v sind in einer Umgebung von a differenzierbar mit $v'(x) \neq 0$,

(3) $\lim_{x\to a}\frac{u'(x)}{v'(x)}$ existiert,

so gilt: $\lim_{x\to a}\frac{u(x)}{v(x)} = \lim_{x\to a}\frac{u'(x)}{v'(x)}$

Die Regel gilt analog für $\lim_{x\to+\infty}\frac{u(x)}{v(x)}$ und für $\lim_{x\to-\infty}\frac{u(x)}{v(x)}$ falls Zähler und Nenner gegen 0 streben.

Die Regel gilt analog für $\lim_{x\to a}\frac{u(x)}{v(x)}$ und für $\lim_{x\to\pm\infty}\frac{u(x)}{v(x)}$ falls Zähler und Nenner gegen $\pm\infty$ streben.

Beispiel: $\lim_{x\to 0}\frac{\sin x}{x}$

Es ist: $u(x) = \sin x;\ v(x) = x$
$u'(x) = \cos x;\ v'(x) = 1$

Es gilt: (1) $u(0) = v(0) = 0$
(2) $v'(x) = 1 \neq 0$ in einer Umgebung von 0
(3) $\lim_{x\to 0}\frac{\cos x}{1} = 1$ existiert.

Damit gilt: $\lim_{x\to 0}\frac{\sin x}{x} = \lim_{x\to 0}\frac{\cos x}{1} = 1$

Verketten und Umkehren von Funktionen

Verketten von Funktionen

Unter der Verkettung zweier Funktionen u und v versteht man die Funktion $u \circ v$ mit $x \mapsto u(v(x))$.

Man erhält den Funktionsterm von $u \circ v$, indem man den Termwert $v(x)$ der „inneren" Funktion für die Variable der „äußeren" Funktion u einsetzt.

$u(x) = \frac{2}{x-1};\quad v(x) = 3x^2$

$(u \circ v)(x) = u(v(x)) = \frac{2}{v(x)-1} = \frac{2}{3x^2-1}$

$(v \circ u)(x) = v(u(x)) = 3(u(x))^2 = 3\left(\frac{2}{x-1}\right)^2$

Verschieben und Strecken von Graphen

Gilt für die Funktionen f und g:

– $g(x) = f(x + a) + b$,
so ist G_g gegenüber G_f um $-a$ in die x-Richtung verschoben, d.h.
nach links, wenn $a > 0$ bzw.
nach rechts, wenn $a < 0$ und
um b in die y-Richtung verschoben, d.h.
nach oben, wenn $b > 0$ bzw.
nach unten, wenn $b < 0$.

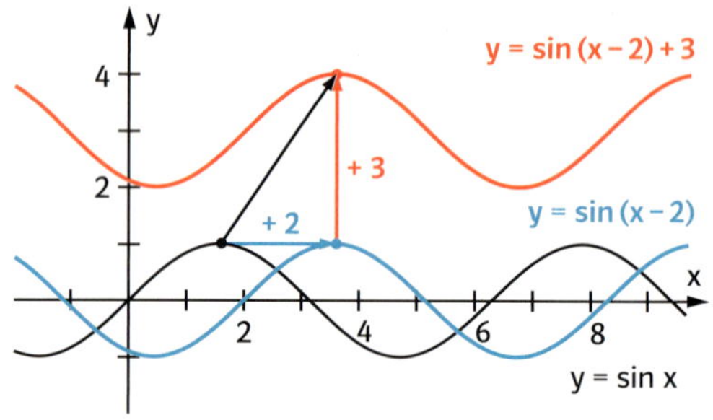

– $g(x) = k \cdot f(x)$,
so ist G_g gegenüber G_f in y-Richtung mit dem Faktor k gestreckt.

– $g(x) = f(k \cdot x)$,
so ist G_g gegenüber G_f in x-Richtung mit dem Faktor $\frac{1}{k}$ gestreckt.

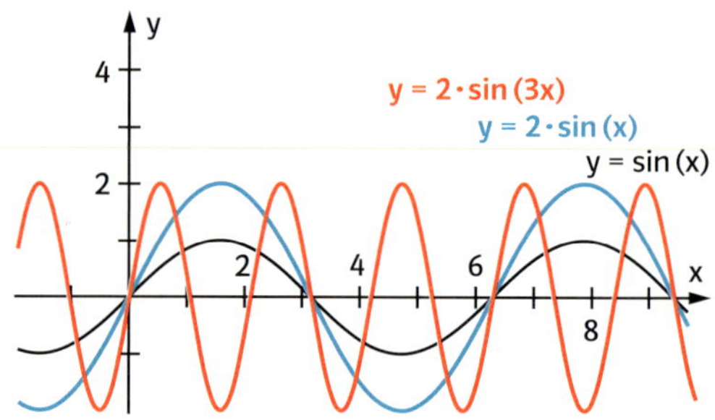

Umkehrfunktion

Eine Funktion $f: x \mapsto y$ mit $y = f(x)$ mit der Definitionsmenge D_f und der Wertemenge W_f heißt **umkehrbar**, wenn es zu jedem $y \in W_f$ genau ein $x \in D_f$ mit $f(x) = y$ gibt.

Damit ist die Zuordnung $y \mapsto x$ eine Funktion. Sie heißt Umkehrfunktion der Funktion f oder inverse Funktion von f. Man schreibt dafür f^{-1}.
Es gilt: $D_{f^{-1}} = W_f$ und $W_{f^{-1}} = D_f$

Den Graphen der Umkehrfunktion erhält man durch Spiegelung des Graphen von f an der Winkelhalbierenden des I. und III. Quadranten.

Die Umkehrfunktion von f^{-1} ist wieder die Ausgangsfunktion f: Es gilt $(f^{-1})^{-1} = f$

$f(x) = (x + 1)^2$; $D_f = [-1; \infty[$; $W_f = [0; \infty[$
$y = (x + 1)^2$ ergibt $x = \sqrt{y} - 1$ wegen $W_f = [0; \infty[$.
Vertauschen der Variablen: $f^{-1}(x) = y = \sqrt{x} - 1$

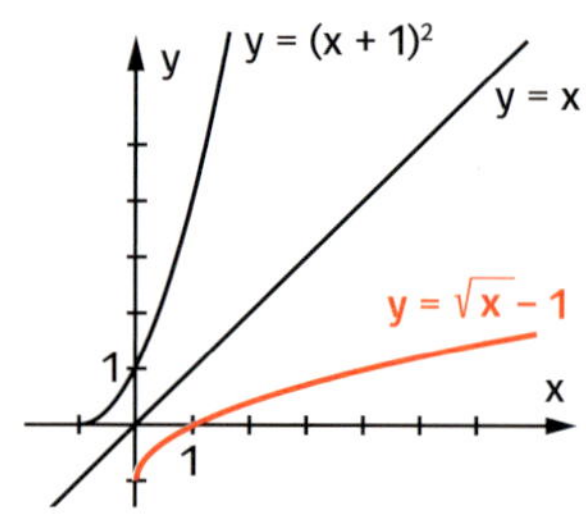

Spezielle Umkehrfunktionen

$f(x) = x^2$ mit $x \geqq 0$	$f^{-1}(x) = \sqrt{x}$ mit $x \geqq 0$
$f(x) = e^x$ mit $x \in \mathbb{R}$	$f^{-1}(x) = \ln x$ mit $x > 0$
$f(x) = \sin x$ mit $x \in \left[-\frac{\pi}{2}; +\frac{\pi}{2}\right]$	$f^{-1}(x) = \arcsin x$ mit $x \in [-1; 1]$
$f(x) = \cos x$ mit $x \in [0; \pi]$	$f^{-1}(x) = \arccos x$ mit $x \in [-1; 1]$
$f(x) = \tan x$ mit $x \in \left]-\frac{\pi}{2}; +\frac{\pi}{2}\right[$	$f^{-1}(x) = \arctan x$ mit $x \in \mathbb{R}$

(Umkehrfunktion ⟶ S. 34/35; Ableitung der Umkehrfunktion ⟶ S. 69)

Rationale Funktionen

Ganzrationale Funktion

Eine Funktion f: $x \mapsto a_n x^n + a_{n-1} x^{n-1} + \ldots + a_2 x^2 + a_1 x + a_0$, $n \in \mathbb{N}$, $a_n \neq 0$, $D_f = \mathbb{R}$ heißt ganzrationale Funktion oder **Polynomfunktion vom Grad n**.

Der Term $a_n x^n + a_{n-1} x^{n-1} + \ldots + a_2 x^2 + a_1 x + a_0$ heißt auch Polynom vom Grad n.

Ist x_0 eine Nullstelle der Funktion f, so kann man f(x) wie folgt schreiben:
$f(x) = (x - x_0) \cdot f_{n-1}(x)$, wobei $f_{n-1}(x)$ ein Polynom vom Grad n − 1 ist (Polynomdivision ⟶ S. 20).
Eine ganzrationale Funktion f vom Grad n hat höchstens n Nullstellen.

Das Verhalten einer ganzrationalen Funktion f: $x \mapsto a_n x^n + a_{n-1} x^{n-1} + \ldots + a_2 x^2 + a_1 x + a_0$ für $x \to +\infty$ oder $x \to -\infty$ wird durch die Funktion g mit $g(x) = a_n x^n$ bestimmt.

Gebrochen rationale Funktion

Der Funktionsterm einer gebrochen rationalen Funktion f ist der Quotient $\frac{u(x)}{v(x)}$ zweier Polynome. Die maximale Definitionsmenge ist $\mathbb{R} \setminus C$.

Gilt an einer Stelle x_0 mit $v(x_0) = 0$ (Nullstelle des Nennerpolynoms) für die Zählerfunktion $u(x_0) \neq 0$, so hat f in x_0 einen **Pol**. Die Gerade mit der Gleichung $x = x_0$ ist senkrechte **Asymptote**.

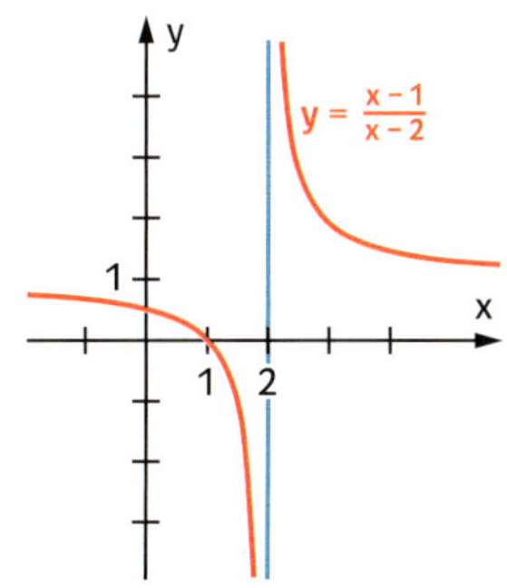

Polstelle einer gebrochen rationalen Funktion an der Stelle $x_0 = 2$.

Gilt an einer Stelle x_0 bei einer gebrochen rationalen Funktion für die Zähler- und Nennerfunktion $u(x_0) = v(x_0) = 0$, und gilt nach Kürzen von f durch $(x - x_0)$ für das neue Nennerpolynom $v^*(x_0) \neq 0$, so liegt in x_0 eine **hebbare Lücke** vor.

Der Graph einer gebrochen rationalen Funktion f: $x \mapsto \frac{u(x)}{v(x)}$ hat als Näherungskurve für $x \to +\infty$ oder $x \to -\infty$
- eine Parallele zur x-Achse oder die x-Achse selbst, wenn gilt: Zählergrad ≦ Nennergrad;
- eine **schiefe Asymptote**, wenn der Zählergrad um 1 größer als der Nennergrad ist;
- eine nicht lineare **Näherungskurve**, wenn der Zählergrad um mindestens 2 größer ist als der Nennergrad.

Man erhält die Näherungskurve durch Polynomdivision
(Polynomdivision ⟶ S. 20)

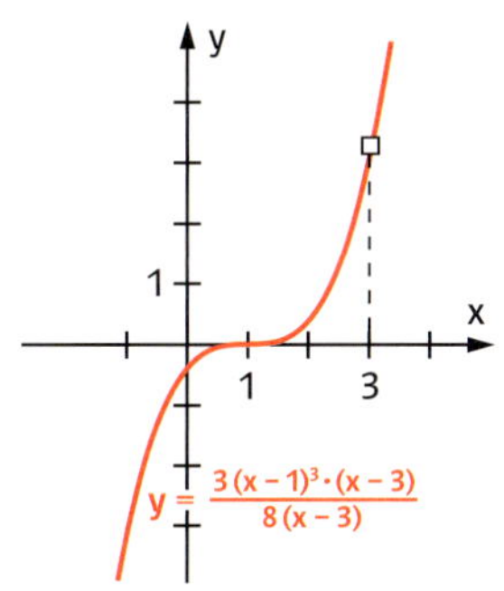

Hebbare Lücke einer gebrochen rationalen Funktion in $x_0 = 3$

Ableitung

Differenzenquotient, mittlere Änderungsrate

Der Differenzenquotient ist der Quotient

$$m = \frac{\Delta y}{\Delta x} = \frac{f(x) - f(x_0)}{x - x_0}$$

oder angegeben mit $x = x_0 + h$:

$$m = \frac{\Delta y}{\Delta x} = \frac{f(x_0 + h) - f(x_0)}{h}$$

Anschaulich handelt es sich um die Steigung der Geraden durch die Punkte $P_0(x_0 \mid f(x_0))$ und $P(x \mid f(x))$.
Der Differenzenquotient entspricht der mittleren Änderungsrate der Funktionswerte $f(x)$ im Intervall $[x_0; x]$.

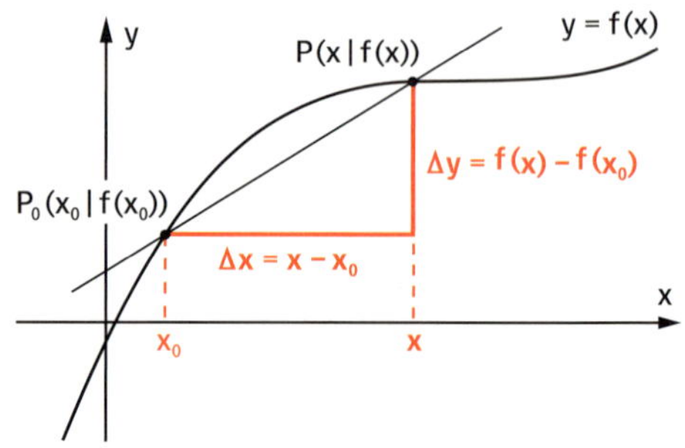

Ableitung, lokale Änderungsrate, Tangente, Normale

Der Grenzwert des Differenzenquotienten für $x \to x_0$ heißt Ableitung (Differentialquotient) an der Stelle x_0:

$$f'(x_0) = \lim_{x \to x_0} \frac{f(x) - f(x_0)}{x - x_0}$$

oder angegeben mit $x = x_0 + h$:

$$f'(x_0) = \lim_{h \to 0} \frac{f(x_0 + h) - f(x_0)}{h}$$

Falls $f'(x_0)$ existiert, heißt die Funktion f **differenzierbar** an der Stelle x_0. Der Wert $f'(x_0)$ wird als **Steigung des Graphen** von f im Punkt $P_0(x_0 \mid f(x_0))$ bezeichnet.
$f'(x_0)$ heißt auch lokale oder momentane Änderungsrate von f an der Stelle x_0.

Unter der **Tangente** an den Graphen von f in $P_0(x_0 \mid f(x_0))$ versteht man die Gerade durch P_0 mit der Steigung $f'(x_0)$.
Gleichung der Tangente: $y = f'(x_0) \cdot (x - x_0) + f(x_0)$

Unter der **Normale** an den Graphen von f in $P_0(x_0 \mid f(x_0))$ versteht man die Gerade durch P_0 mit der Steigung $-\frac{1}{f'(x_0)}$ (wobei $f'(x_0) \neq 0$). Sie steht senkrecht auf der Tangente.

Gleichung der Normale: $y = -\frac{1}{f'(x_0)}(x - x_0) + f(x_0)$

(Orthogonale Geraden ⟶ S. 32)

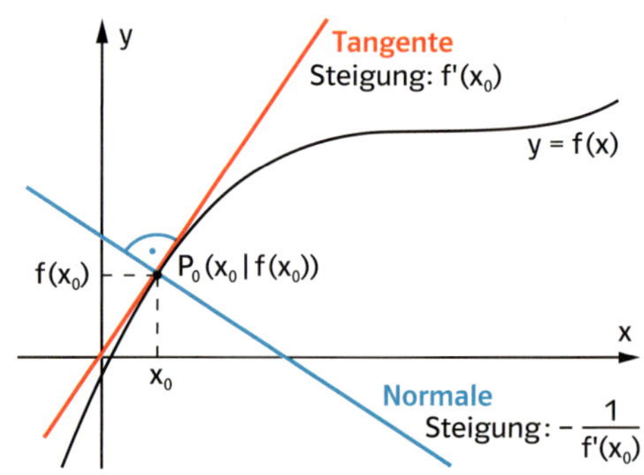

Ableitungsfunktion – höhere Ableitungen

Bei einer in D_f differenzierbaren (ableitbaren) Funktion f wird jedem $x \in D_f$ eindeutig der Wert $f'(x)$ zugeordnet, so dass die Zuordnung $x \mapsto f'(x)$ eine Funktion ist. Die Funktion f' heißt Ableitungsfunktion (Ableitung) von f.

Schreibweisen: $f'(x) = \frac{df(x)}{dx} = \frac{d}{dx}f(x) = \frac{dy}{dx} = y'$

Höhere Ableitungen:

2. Ableitung von f: $f''(x) = (f')'(x) = \frac{d}{dx}(f'(x)) = \frac{d^2y}{dx^2}$ (Krümmungsverhalten, Wendepunkt ⟶ S. 72)

3. Ableitung von f: $f'''(x) = (f'')'(x) = \frac{d}{dx}(f''(x))$

n-te Ableitung von f: $f^{(n)}(x) = (f^{(n-1)})'(x) = \frac{d}{dx}(f^{(n-1)}(x))$

Ableitung

Stetigkeit und Differenzierbarkeit

Die Funktion f heißt an der Stelle x_0 stetig, wenn der Grenzwert von f für $x \to x_0$ existiert und mit dem Funktionswert $f(x_0)$ übereinstimmt:

$$\lim_{x \to x_0} f(x) = f(x_0)$$

Eine in x_0 stetige Funktion muss in x_0 nicht differenzierbar sein. Eine in x_0 differenzierbare Funktion f hingegen ist in x_0 auch stetig.

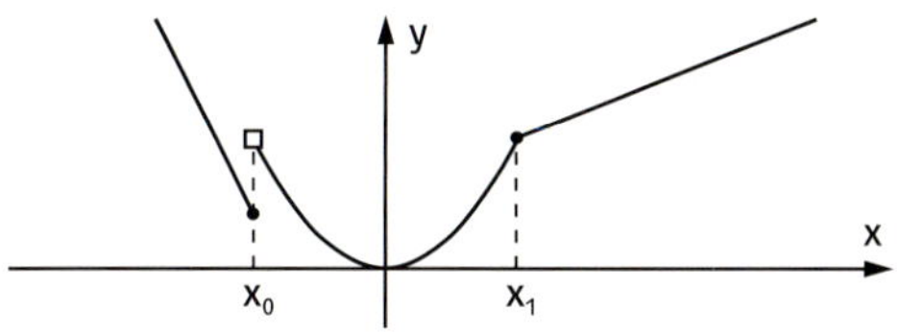

Die Funktion ist in x_1 stetig, aber nicht differenzierbar, in x_0 ist sie nicht stetig und damit nicht differenzierbar.

Monotonie von Funktionen

Die Funktion f sei in einem Intervall I definiert.
Wenn für alle $x_1, x_2 \in I$ mit $x_1 < x_2$ gilt

$f(x_1) \leqq f(x_2)$ bzw. $f(x_1) \geqq f(x_2)$,

so heißt f in I monoton wachsend bzw. monoton fallend. Ist die Gleichheit ausgeschlossen, so heißt f in I streng monoton wachsend bzw. streng monoton fallend.

Monotoniesatz: Wenn für alle $x \in I$ gilt:
$f'(x) > 0$ bzw. $f'(x) < 0$, dann ist f streng monoton wachsend bzw. streng monoton fallend in I.

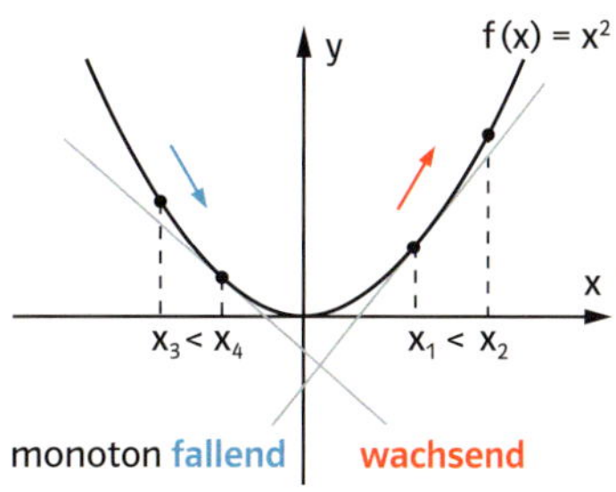

Ableitungen von Grundfunktionen

Funktion f	Ableitung f′	Funktion f	Ableitung f′
$f(x) = c$	$f'(x) = 0$	$f(x) = \log_a x$	$f'(x) = \frac{1}{x \cdot \ln a}$
$f(x) = x^n$	$f'(x) = n \cdot x^{n-1}$	$f(x) = \sin x$	$f'(x) = \cos x$
$f(x) = \sqrt{x}$	$f'(x) = \frac{1}{2\sqrt{x}}$	$f(x) = \cos x$	$f'(x) = -\sin x$
$f(x) = e^x$	$f'(x) = e^x$	$f(x) = \tan x$	$f'(x) = \frac{1}{\cos^2 x} = 1 + \tan^2 x$
$f(x) = a^x$	$f'(x) = a^x \cdot \ln a$	$f(x) = \arcsin x$	$f'(x) = \frac{1}{\sqrt{1 - x^2}}$
$f(x) = \ln x$	$f'(x) = \frac{1}{x}$	$f(x) = \arctan x$	$f'(x) = \frac{1}{1 + x^2}$

Ableitungsregeln

Faktorregel:	$f(x) = k \cdot u(x)$	$f'(x) = k \cdot u'(x)$
Summenregel:	$f(x) = u(x) + v(x)$	$f'(x) = u'(x) + v'(x)$
Kettenregel:	$f(x) = v(u(x))$	$f'(x) = v'(u(x)) \cdot u'(x)$
Produktregel:	$f(x) = u(x) \cdot v(x)$	$f'(x) = u'(x) \cdot v(x) + u(x) \cdot v'(x)$
Quotientenregel:	$f(x) = \frac{u(x)}{v(x)}$	$f'(x) = \frac{u'(x) \cdot v(x) - u(x) \cdot v'(x)}{(v(x))^2}$

Ableitung der Umkehrfunktion: f^{-1} sei Umkehrfunktion von f.
Dann gilt: $(f^{-1})'(x) = \frac{1}{f'(f^{-1}(x))}$ wobei $f'(f^{-1}(x)) \neq 0$.

(Umkehrfunktion ⟶ S. 66)

Existenzsätze

Satz vom Minimum und vom Maximum

Die Funktion f sei auf dem abgeschlossenen Intervall [a; b] stetig. Dann hat die Funktion f in [a; b] ein Minimum und ein Maximum, d.h. es gibt Stellen x_{Min} und x_{Max} mit der Eigenschaft $f(x_{Min}) \leqq f(x) \leqq f(x_{Max})$ für alle $x \in [a; b]$.

Nullstellensatz

Die Funktion f sei auf dem abgeschlossenen Intervall [a; b] stetig und es gelte $f(a) < 0$ und $f(b) > 0$ oder umgekehrt. Dann hat die Funktion in [a; b] mindestens eine Nullstelle, d.h. es gibt eine Zahl x_0 aus dem offenen Intervall]a; b[mit $f(x_0) = 0$.

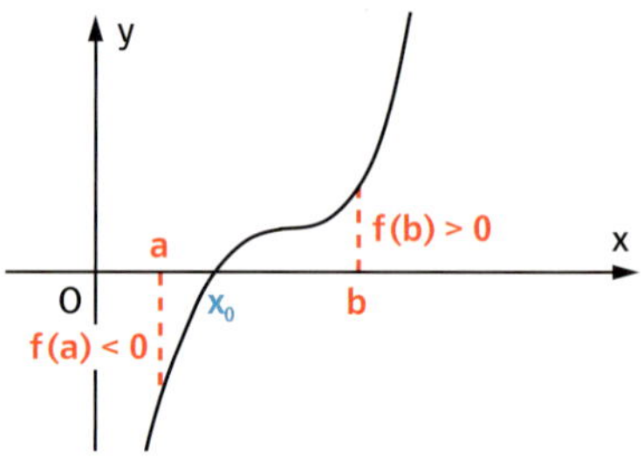

Mittelwertsatz

Die Funktion f sei auf dem abgeschlossenen Intervall [a; b] stetig und im offenen Intervall]a; b[differenzierbar. Dann gibt es mindestens eine Stelle $z \in]a; b[$, so dass an dieser Stelle die Tangentensteigung f′(z) mit der Sekantensteigung $m_s = \frac{f(b) - f(a)}{b - a}$ übereinstimmt:

$$f'(z) = \frac{f(b) - f(a)}{b - a}$$

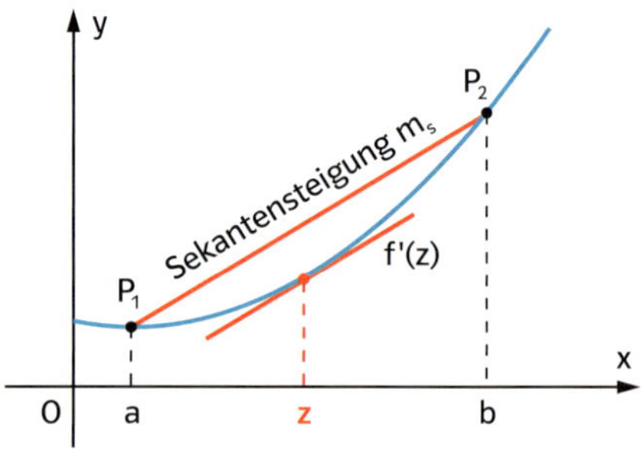

Kurvenuntersuchung

Symmetrie

(Symmetrie zur y-Achse und zum Ursprung ⟶ S. 31)

Der Graph einer Funktion f ist symmetrisch

zur Geraden mit der Gleichung $x = x_0$, wenn für alle $h > 0$ gilt:
$f(x_0 - h) = f(x_0 + h)$

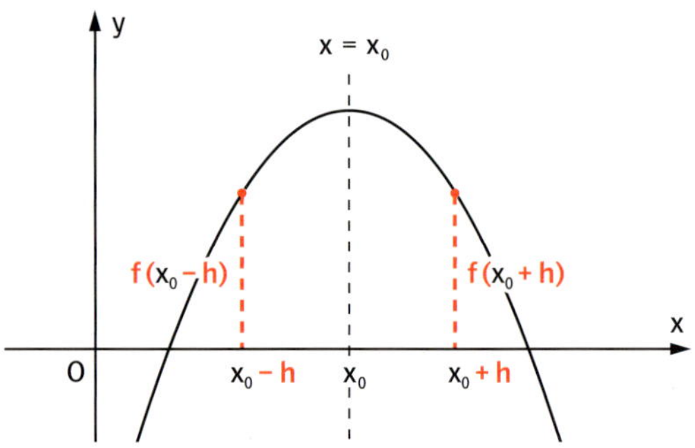

zum Punkt $P(x_0 | y_0)$, wenn für alle $h > 0$ gilt:
$\frac{1}{2} \cdot [f(x_0 - h) + f(x_0 + h)] = f(x_0)$

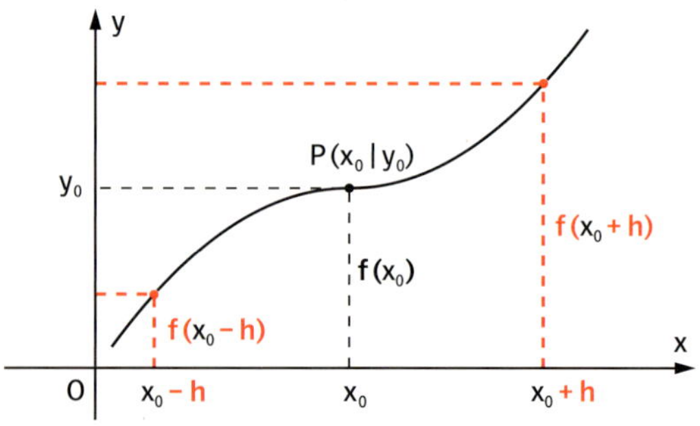

Kurvenuntersuchung

Näherungsweise Berechnung von Nullstellen (Newtonverfahren):

Eine differenzierbare Funktion f besitze im Intervall [a; b] eine Nullstelle x^*.
Bei Vorgabe eines geeignet gewählten Anfangswertes x_0 wird durch wiederholte Anwendung (Iteration) der Rekursionsvorschrift

$$x_{n+1} = x_n - \frac{f(x_n)}{f'(x_n)} \quad (f'(x_n) \neq 0)$$

eine Folge von immer besser werdenden Näherungswerten für x^* berechnet.

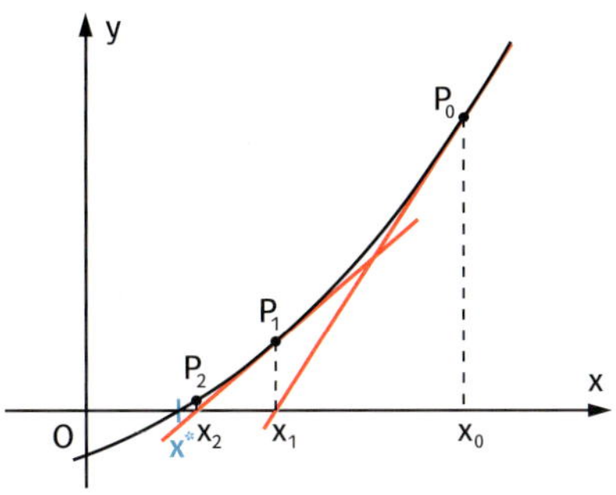

Extrempunkte, Extremstellen, Extremwerte

Der Funktionswert $f(x_0)$ heißt **lokales oder relatives Maximum** der Funktion f,
wenn es eine Umgebung $U(x_0)$ von x_0 gibt,
so dass für alle Werte x aus der Umgebung gilt:
$\mathbf{f(x) \leqq f(x_0)}$

Der Punkt $P_0\,(x_0 \mid f(x_0))$ des Graphen von f heißt dann **Hochpunkt**.

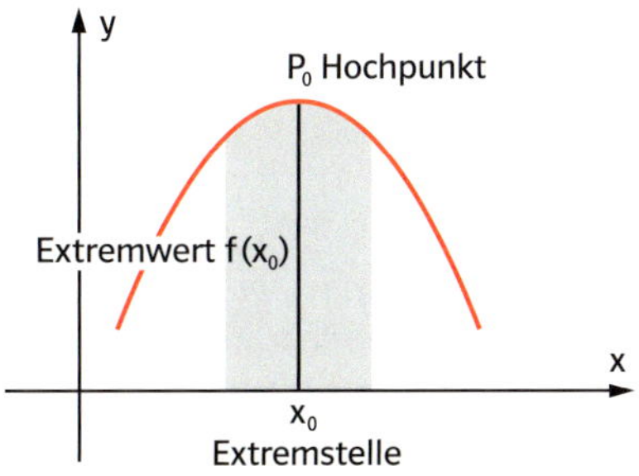

Der Funktionswert $f(x_0)$ heißt **lokales oder relatives Minimum** der Funktion f,
wenn es eine Umgebung $U(x_0)$ von x_0 gibt,
so dass für alle Werte x aus der Umgebung gilt:
$\mathbf{f(x) \geqq f(x_0)}$

Der Punkt $P_0\,(x_0 \mid f(x_0))$ des Graphen von f heißt dann **Tiefpunkt**.

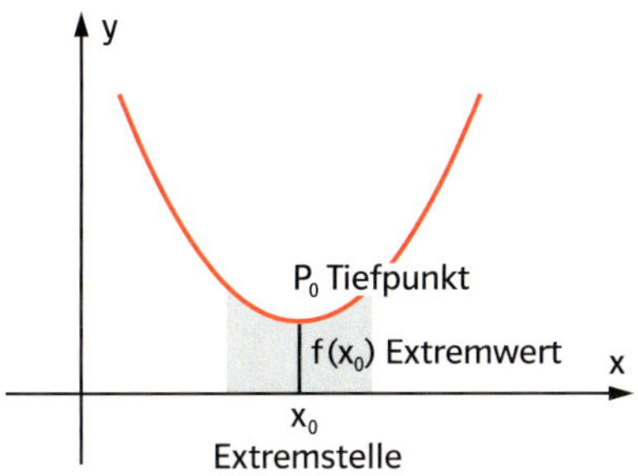

Der x-Wert des Punktes P_0 heißt Extremstelle.

Der y-Wert des Punktes P_0 heißt Extremwert.

Globale oder absolute Extremwerte, Randextremwerte

Ein Funktionswert $f(x_0)$ heißt **absolutes Maximum** bzw. **absolutes Minimum**, wenn für alle $x \in D_f$ gilt:

$f(x) \leqq f(x_0)$ bzw. $f(x) \geqq f(x_0)$

Betrachtet man eine stetige Funktion f nur auf einem Intervall [a; b], so nimmt f an den Rändern häufig Extremwerte an. Diese Extremwerte können absolut oder relativ (lokal) sein.

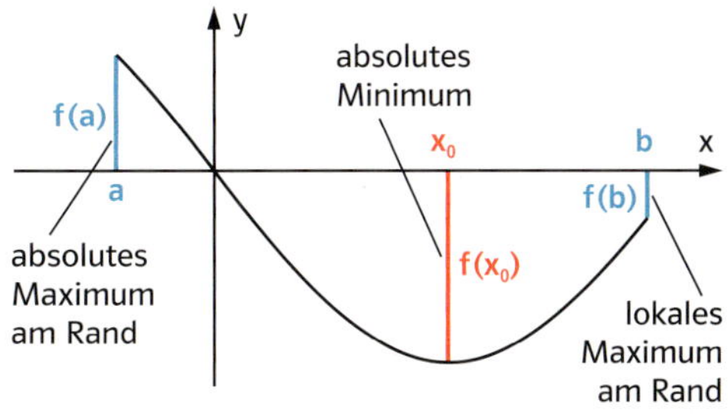

Kriterien für lokale Maxima, Minima

Die Funktion f sei in I zweimal differenzierbar.
f hat an einer inneren Stelle x_0 ein lokales Maximum,
wenn $f'(x_0) = 0$ und
$f'(x) > 0$ für $x < x_0$ und $f'(x) < 0$ für $x > x_0$ ist,
d.h. $f'(x)$ wechselt beim Überschreiten der Stelle x_0 das Vorzeichen von plus nach minus,

oder wenn $f'(x_0) = 0$ und $f''(x_0) < 0$ ist.

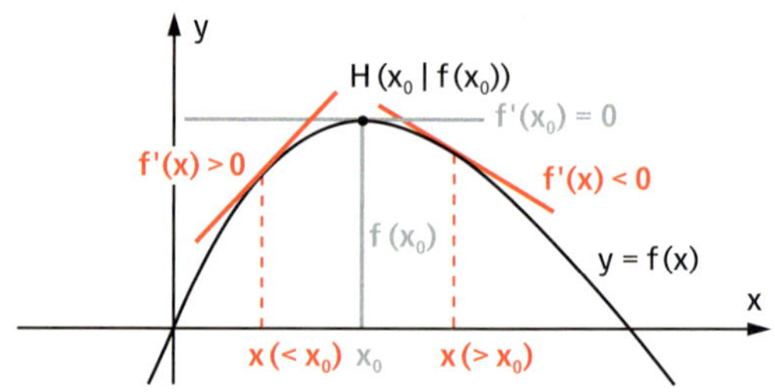

Die Funktion f sei in I zweimal differenzierbar.
f hat an einer inneren Stelle x_0 ein lokales Minimum,
wenn $f'(x_0) = 0$ und
$f'(x) < 0$ für $x < x_0$ und $f'(x) > 0$ für $x > x_0$ ist,
d.h. $f'(x)$ wechselt beim Überschreiten der Stelle x_0 das Vorzeichen von minus nach plus,

oder wenn $f'(x_0) = 0$ und $f''(x_0) > 0$ ist.

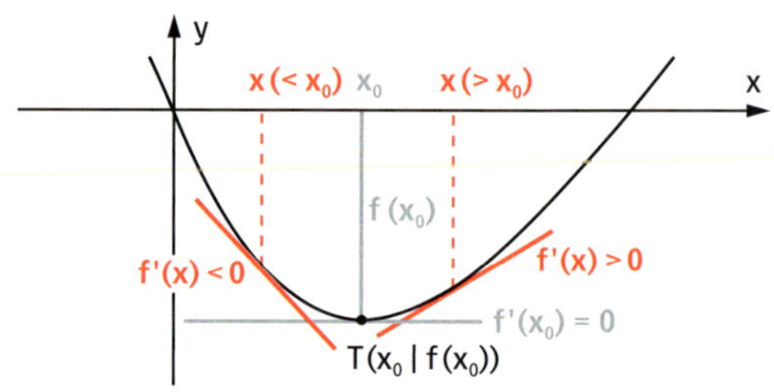

Krümmungsverhalten, Wendepunkt

Der Graph einer differenzierbaren Funktion f heißt im Intervall I linksgekrümmt (rechtsgekrümmt), wenn f′ streng monoton wachsend (fallend) ist.

Wenn f in einem Intervall I zweimal differenzierbar ist und für alle $x \in I$ gilt: $f''(x) > 0$ ($f''(x) < 0$), so ist der Graph von f in I linksgekrümmt (rechtsgekrümmt).

Ein **Wendepunkt** ist ein Extrempunkt der 1. Ableitung von f. Eine dreimal in x_0 differenzierbare Funktion f hat in x_0 einen Wendepunkt,
wenn $f''(x_0) = 0$ ist und
$f''(x)$ beim Überschreiten der Stelle x_0 das Vorzeichen wechselt,

oder wenn $f''(x_0) = 0$ und $f'''(x_0) \neq 0$ ist.

Ein **Terrassenpunkt** ist ein Wendepunkt mit horizontaler Tangente.

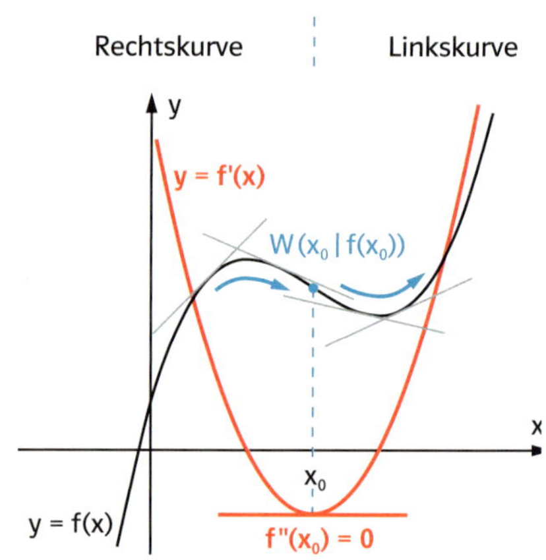

Schnittpunkte zweier Graphen

Man ermittelt die **Schnittpunkte** der Graphen zweier Funktionen f und g, indem man die Lösungen der Gleichung $f(x) = g(x)$ ermittelt. Ist x_0 eine Lösung der Gleichung, so ist $S(x_0 | f(x_0))$ der zugehörige Schnittpunkt.

Der **Schnittwinkel** in einem Schnittpunkt $S\ (x_0 | f(x_0))$ ist der Winkel, den die Tangenten im Punkt S miteinander einschließen:

$$\tan\alpha = \left|\frac{f'(x_0) - g'(x_0)}{1 + f'(x_0)\cdot g'(x_0)}\right| \quad \text{für } f'(x_0)\cdot g'(x_0) \neq -1$$

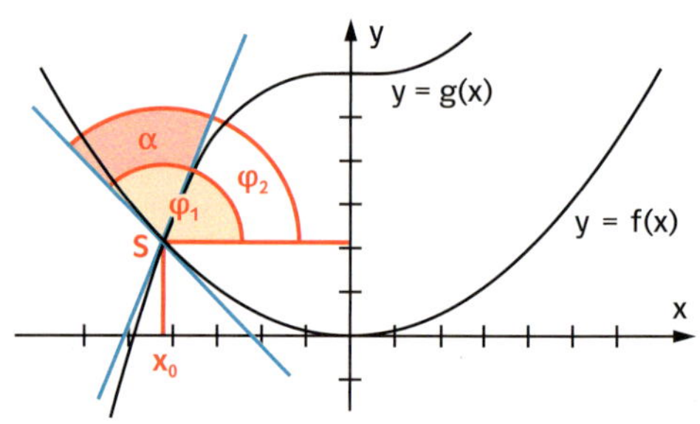

Sonderfälle:
Berührung für $f'(x_0) = g'(x_0)$, **Orthogonalität** für $f'(x_0)\cdot g'(x_0) = -1$

(Orthogonale Geraden ⟶ S. 32)

Wachstumsfunktionen

Differentialgleichung

Eine Differentialgleichung beschreibt einen Zusammenhang zwischen einer Funktion und deren Ableitung(en).
Jede Funktion, für die die Differentialgleichung erfüllt ist, ist eine Lösung.

$f(x) + f''(x) = 0$
Mögliche Lösungen:
$f(x) = \sin x$ oder $f(x) = \cos x$

Lineares Wachstum

Ein **Bestand** $B(t)$ ändert sich **linear**, wenn $B(t)$ die Differentialgleichung $B'(t) = k$ erfüllt, wobei k eine Konstante ist.

Für $k < 0$ fällt $B(t)$ monoton, für $k > 0$ wächst $B(t)$ monoton.

Die zugehörige Funktion ist eine lineare Funktion:
$B(t) = k \cdot t + B(0)$

(Lineare Funktion ⟶ S. 31)

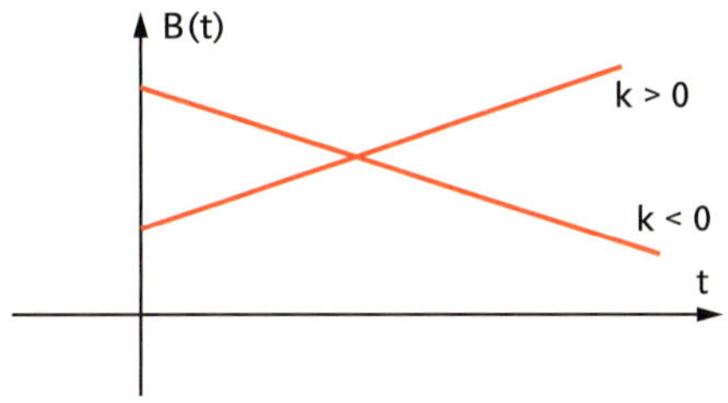

Exponentielles Wachstum

Ein **Bestand** $B(t)$ ändert sich **exponentiell**, wenn $B(t)$ die Differentialgleichung $B'(t) = k \cdot B(t)$ erfüllt, wobei k eine Konstante ist.
Für $k > 0$ wächst $B(t)$ monoton; k heißt **Wachstumskonstante**.

Verdopplungszeit: $T_V = \frac{\ln(2)}{k}$

Für $k < 0$ fällt $B(t)$ monoton; k heißt **Zerfallskonstante**.

Halbwertszeit: $T_H = -\frac{\ln(2)}{k}$

Die Funktion B ist eine Exponentialfunktion:
$B(t) = B(0) \cdot e^{k \cdot t}$

(Exponentialfunktion ⟶ S. 35)

Ist die Funktion B durch die Gleichung $B(t) = B(0) \cdot a^t$ gegeben, so ist $k = \ln(a)$ wegen $a^t = e^{t \cdot \ln(a)}$.

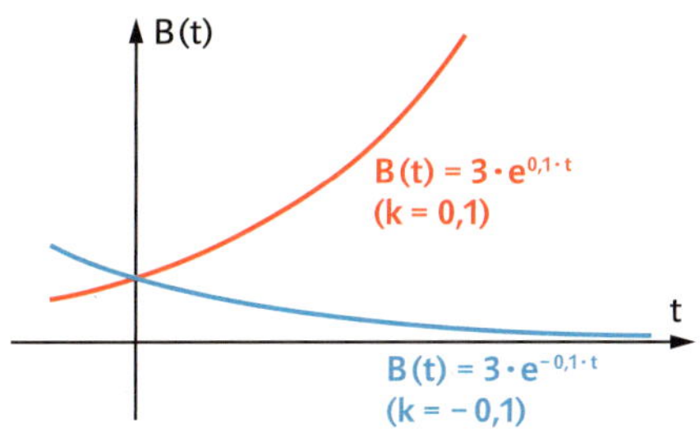

Beschränktes Wachstum

Ein **Bestand** $B(t)$ **wächst** oder **fällt beschränkt**, wenn $B(t)$ die Differentialgleichung $B'(t) = k \cdot (S - B(t))$ erfüllt, wobei k eine Konstante und S die Sättigungsgrenze ist.

Die zugehörige Funktion lautet:
$B(t) = S - c \cdot e^{-k \cdot t}$ mit $c = S - B(0)$; $k > 0$

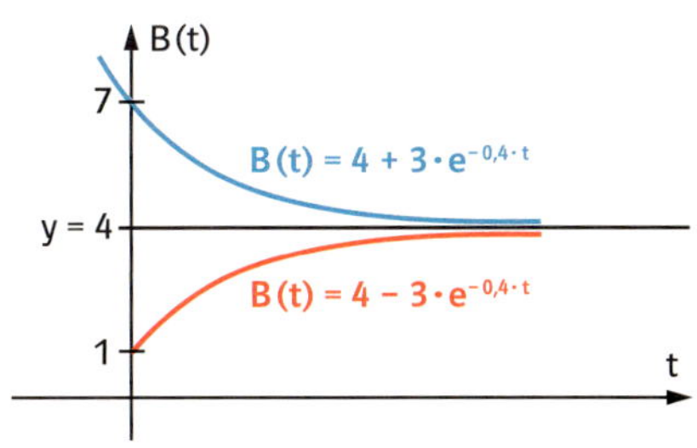

Logistisches Wachstum

Ein **Bestand** $B(t)$ ändert sich **logistisch**, wenn $B(t)$ die Differentialgleichung $B'(t) = k \cdot B(t) \cdot (S - B(t))$ erfüllt, wobei k eine Konstante und S die Sättigungsgrenze ist.
Dabei ist $k > 0$ und $S > 0$.

Die zugehörige Funktion lautet:

$$B(t) = \frac{a \cdot S}{a + (S - a) \cdot e^{-Skt}} \quad \text{mit} \quad a = B(0)$$

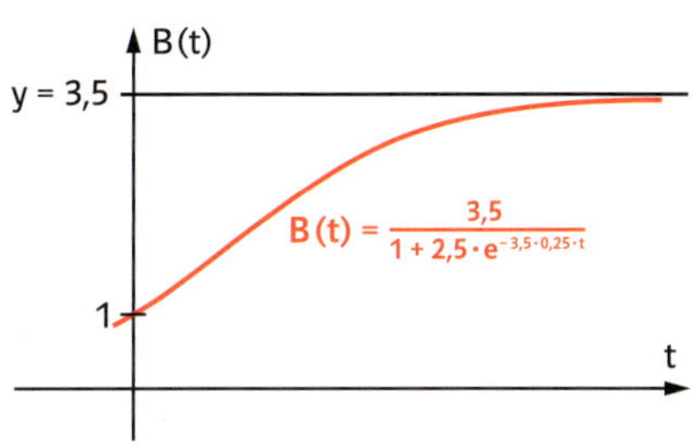

Integral und Flächeninhalt

Stammfunktion

F heißt Stammfunktion einer Funktion f auf einem Intervall I, falls dort $F'(x) = f(x)$ gilt.
Ist F eine Stammfunktion von f, so ist auch G mit $G(x) = F(x) + c$ eine Stammfunktion von f.
Das **unbestimmte Integral** $\int f(x)\,dx$ bezeichnet die Menge aller Stammfunktionen von f.

Stammfunktionen von Grundfunktionen

Funktion f	**Stammfunktion F**
$f(x) = a$; a konstant	$F(x) = a \cdot x$
$f(x) = x^r$ mit $r \in \mathbb{R} \setminus \{-1\}$	$F(x) = \frac{1}{r+1} \cdot x^{r+1}$
$f(x) = \frac{1}{x}$	$F(x) = \ln\lvert x \rvert$
$f(x) = e^x$	$F(x) = e^x$
$f(x) = \ln x$	$F(x) = x \cdot \ln x - x$
$f(x) = a^x,\ a > 0,\ a \neq 1$	$F(x) = \frac{1}{\ln a} \cdot a^x$
$f(x) = \log_a x = \frac{\ln x}{\ln a}$	$F(x) = \frac{1}{\ln a} \cdot (x \cdot \ln x - x)$
$f(x) = \sin x$	$F(x) = -\cos x$
$f(x) = \cos x$	$F(x) = \sin x$
$f(x) = \tan x$	$F(x) = -\ln\lvert\cos x\rvert$
$f(x) = \cot x$	$F(x) = \ln\lvert\sin x\rvert$
$f(x) = \frac{1}{ax + b}$	$F(x) = \frac{1}{a} \cdot \ln\lvert ax + b\rvert$
$f(x) = \frac{ax + b}{cx + d} = \frac{a}{c} + \frac{1}{c} \cdot \frac{bc - ad}{cx + d}$	$F(x) = \frac{a}{c} \cdot x + \frac{bc - ad}{c^2} \cdot \ln\lvert cx + d\rvert$
$f(x) = \frac{1}{x^2 - a^2}$ mit $a \neq 0$	$F(x) = \frac{1}{2a} \cdot \ln\left\lvert\frac{x - a}{x + a}\right\rvert$
$f(x) = \frac{1}{\sqrt{x^2 + a^2}}$ mit $a \neq 0$	$F(x) = \ln\left(x + \sqrt{x^2 + a^2}\right)$
$f(x) = \frac{1}{\sqrt{x^2 - a^2}}$ mit $a \neq 0$	$F(x) = \ln\left\lvert x + \sqrt{x^2 - a^2}\right\rvert$
$f(x) = \sin^2 x$	$F(x) = \frac{1}{2}(x - \sin x \cdot \cos x)$
$f(x) = \cos^2 x$	$F(x) = \frac{1}{2}(x + \sin x \cdot \cos x)$
$f(x) = \tan^2 x$	$F(x) = \tan x - x$
$f(x) = e^{ax} \sin(bx)$	$F(x) = \frac{e^{ax}}{a^2 + b^2} \cdot (a \cdot \sin(bx) - b \cdot \cos(bx))$
$f(x) = e^{ax} \cos(bx)$	$F(x) = \frac{e^{ax}}{a^2 + b^2} \cdot (a \cdot \cos(bx) + b \cdot \sin(bx))$

(Ableitungen ⟶ S. 69)

Integral und Flächeninhalt

Zerlegungssumme, Untersumme, Obersumme, Integral

Die Funktion f sei auf dem Intervall $I = [a; b]$ definiert und $x \in [a; b]$.

(1) Für jede Zahl $n \in \mathbb{N}$ wird das Intervall $[a; b]$ in n Teilintervalle der Breite $\Delta x = \frac{b-a}{n}$ unterteilt.

(2) Aus jedem Teilintervall wählt man eine Stelle x_i für $i = 1, 2, \ldots, n$.

(3) Man berechnet für jedes n die **Zerlegungssumme**:
$S_n = \Delta x \cdot f(x_1) + \Delta x \cdot f(x_2) + \ldots + \Delta x \cdot f(x_n)$

Wählt man in (2) x_i ($i = 1, 2, \ldots n$) so, dass $f(x_i)$ das Minimum (Maximum) von f im i-ten Teilintervall ist, so heißt die zugehörige Zerlegungssumme **Untersumme (Obersumme)**.

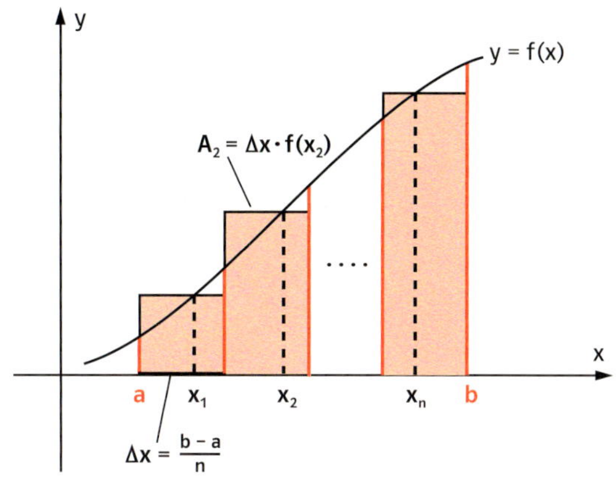

Wenn die Folgen der Unter- und der Obersummen gegen den gleichen Grenzwert streben, dann heißt der Grenzwert $\lim\limits_{n \to \infty} S_n$ **Integral** der Funktion f zwischen den Grenzen a und b.

Man schreibt dafür: $\lim\limits_{n \to \infty} S_n = \int_a^b f(x)\,dx$

f(x) heißt **Integrand**; x **Integrationsvariable**; a, b **Integrationsgrenzen**.

Vorzeichen des Integrals

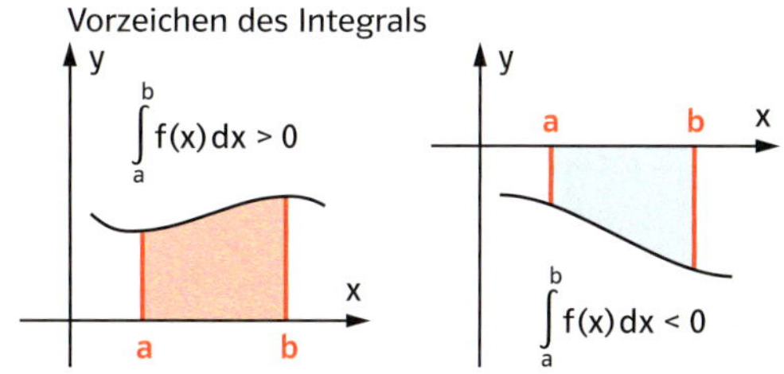

Integralfunktion, Hauptsatz

Die Funktion $f: t \to f(t)$ sei im Intervall $I = [a; b]$ stetig.

Die Funktion F_a mit $F_a(x) = \int_a^x f(t)\,dt$ für $x \in I$

heißt Integralfunktion von f zur unteren Grenze a.

Hauptsatz der Differential- und Integralrechnung:

(1) F_a ist differenzierbar und es gilt:

$F_a'(x) = f(x)$ für $x \in I$, d.h. $\left(\int_a^x f(t)\,dt\right)' = f(x)$

F_a ist damit eine Stammfunktion von f.

(2) Ist F eine beliebige Stammfunktion von f, so gilt:

$\int_a^b f(x)\,dx = [F(x)]_a^b = F(b) - F(a)$

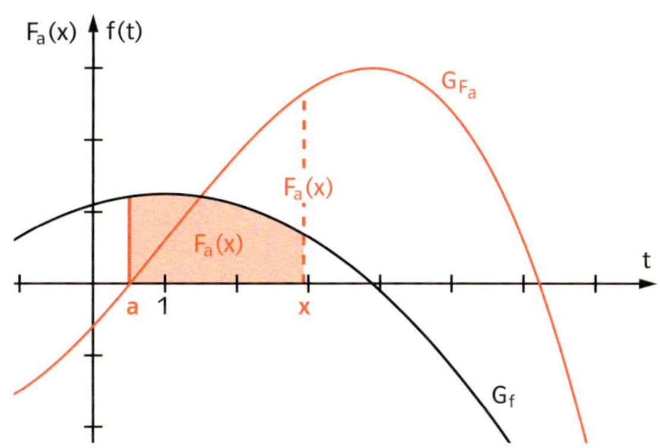

Eigenschaften des Integrals

– $\int_a^b f(x)\,dx = -\int_b^a f(x)\,dx$; insbesondere: $\int_a^a f(x)\,dx = 0$

– Linearität: $\int_a^b (r \cdot f(x) + s \cdot g(x))\,dx = r\int_a^b f(x)\,dx + s\int_a^b g(x)\,dx \quad r, s \in \mathbb{R}$

– Monotonie: Ist $f(x) \leqq g(x)$ für alle $x \in [a; b]$, so gilt: $\int_a^b f(x)\,dx \leqq \int_a^b g(x)\,dx$

– Abschätzbarkeit: Ist $m \leqq f(x) \leqq M$ für alle $x \in [a; b]$, so gilt: $m(b-a) \leqq \int_a^b f(x)\,dx \leqq M(b-a)$

Integral und Flächeninhalt

Integrationsverfahren

Partielle Integration:

$$\int_a^b u(x) \cdot v'(x)\,dx = [u(x) \cdot v(x)]_a^b - \int_a^b u'(x) \cdot v(x)\,dx$$

Integration durch Substitution:

$$x = g(t): \quad \int_a^b f(x)\,dx = \int_{g^{-1}(a)}^{g^{-1}(b)} f(g(t))\,g'(t)\,dt$$

Spezialfälle:

$$\int_a^b f'(x)\,e^{f(x)}\,dx = [e^{f(x)}]_a^b$$

$$\int_a^b f(m \cdot x + t)\,dx = \left[\frac{1}{m} \cdot F(m \cdot x + t)\right]_a^b \text{ mit } F'(x) = f(x)$$

$$\int_a^b \frac{f'(x)}{f(x)}\,dx = [\ln|f(x)|]_a^b$$

Integral und lokale Änderungsrate

Ist die lokale oder momentane Änderungsrate m einer Größe G in einem Intervall $[x_1; x_2]$ gegeben, dann kann man die Gesamtänderung der Größe G, nämlich $G(x_2) - G(x_1)$, in diesem Intervall mit einem Integral bestimmen: $G(x_2) - G(x_1) = \int_{x_1}^{x_2} m(x)\,dx$

Die Gesamtänderung kann man als Flächeninhalt unter einer Kurve deuten.

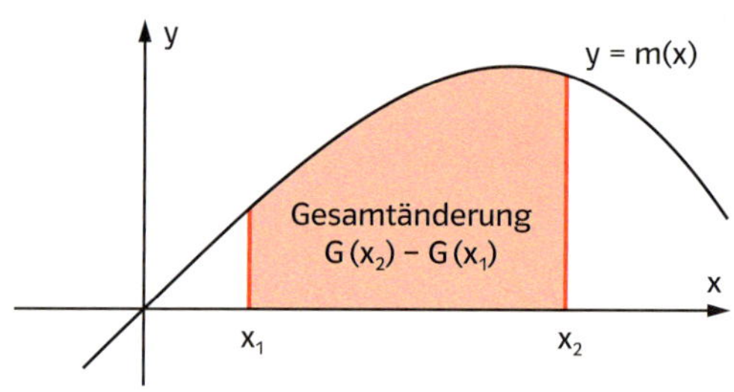

Flächenberechnung

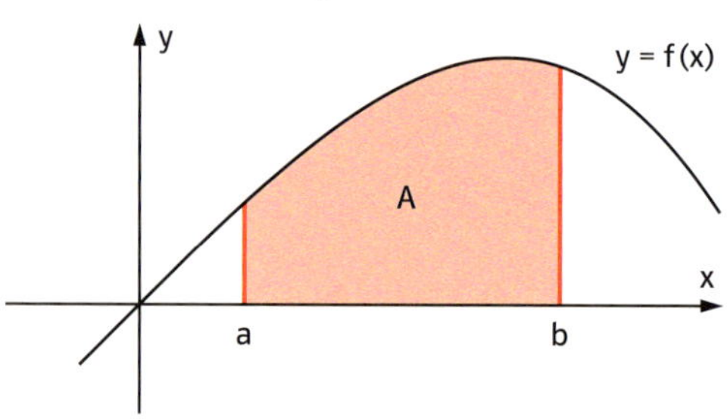

$$A = \int_a^b f(x)\,dx, \text{ falls } f(x) \geqq 0 \text{ für alle } x \in [a; b]$$

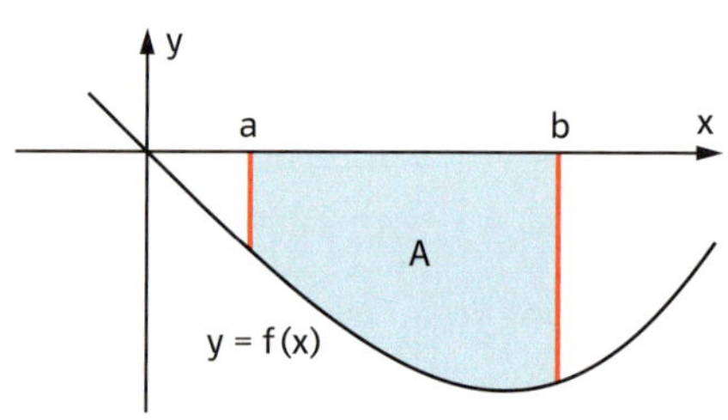

$$A = -\int_a^b f(x)\,dx, \text{ falls } f(x) \leqq 0 \text{ für alle } x \in [a; b]$$

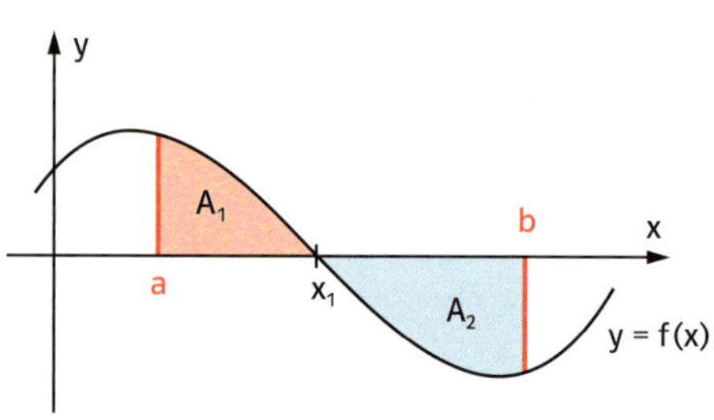

$$A = A_1 + A_2 = \int_a^{x_1} f(x)\,dx - \int_{x_1}^b f(x)\,dx$$

(Vorzeichen des Integrals ⟶ S. 75)

Dabei ist die Nullstelle x_1 zu bestimmen.

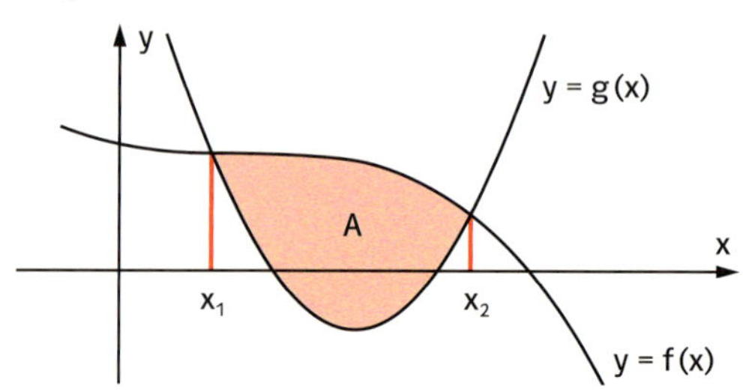

$$A = \int_{x_1}^{x_2} (f(x) - g(x))\,dx, \text{ falls } f(x) \geqq g(x) \text{ für alle } x \in [x_1; x_2]$$

Dabei sind die Schnittstellen x_1 und x_2 zu bestimmen.

Integral und Flächeninhalt

Mittelwert

Ist f auf [a; b] stetig, so heißt $\overline{m}$ Mittelwert der Funktionswerte von f auf [a; b]:

$$\overline{m} = \frac{1}{b-a} \cdot \int_a^b f(x)\,dx$$

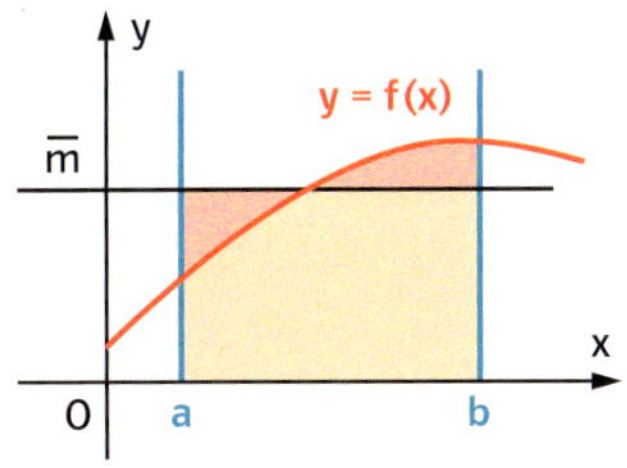

Kurvenlänge

Gegeben ist eine auf [a; b] differenzierbare Funktion f und ihr Graph. Die Länge L der Kurve im Intervall von a bis b kann wie folgt berechnet werden:

$$L = \int_a^b \sqrt{1 + [f'(x)]^2}\,dx$$

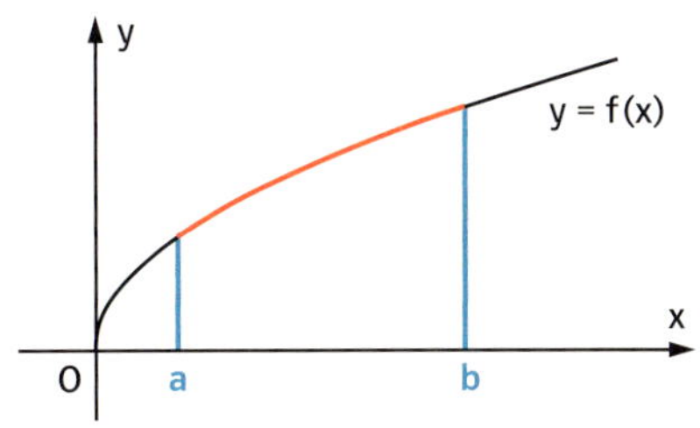

Volumen von Rotationskörpern

Volumen des Körpers bei Rotation der Flächen zwischen dem Graphen von f und der x-Achse im Intervall [a; b]:

$$V_x = \pi \cdot \int_a^b (f(x))^2\,dx$$

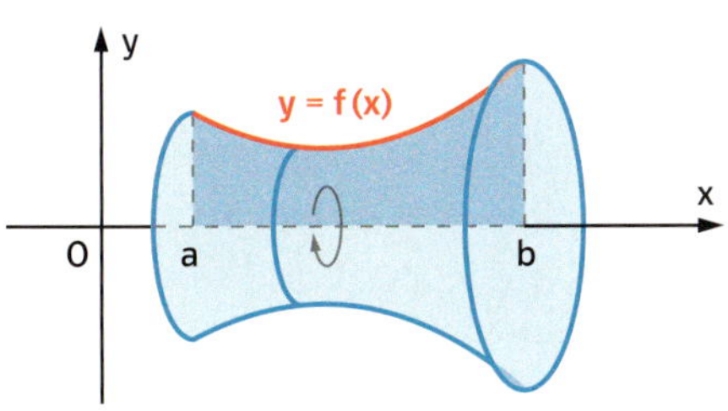

Volumen des Körpers bei Rotation der Flächen zwischen dem Graphen von f und der y-Achse im Intervall [a; b] (dabei sei f umkehrbar mit $x = f^{-1}(y)$):

$$V_y = \pi \cdot \int_{f(a)}^{f(b)} (f^{-1}(y))^2\,dy$$

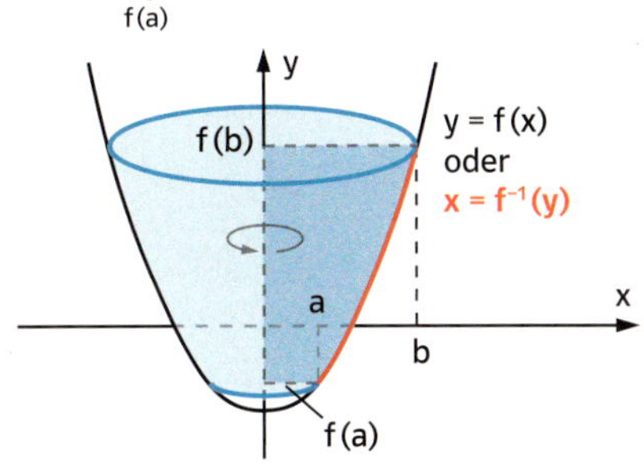

Näherungsweise Berechnung von Integralen

(Zerlegungssummen: ⟶ S. 75)

$$\int_a^b f(x)\,dx \approx \sum_{i=1}^{n} \Delta x \cdot f(x_i) \qquad \text{mit } \Delta x = \frac{b-a}{n}$$

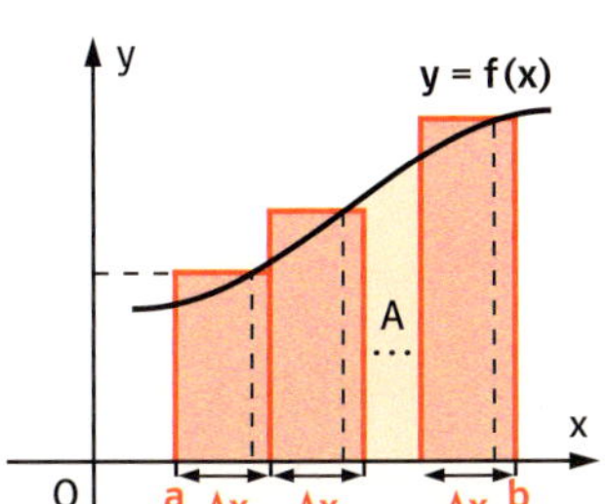

Kepler'sche Fassregel

$$\int_a^b f(x)\,dx \approx \frac{1}{6}(b-a)\left[f(a) + 4 \cdot f\left(\frac{a+b}{2}\right) + f(b)\right]$$

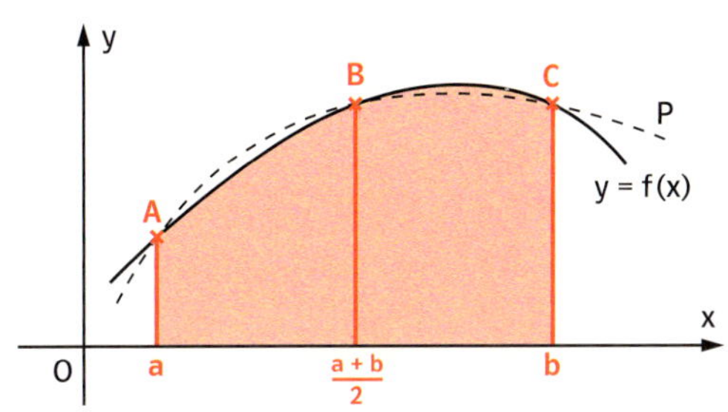

Analytische Geometrie – mit Vektoren rechnen

Vektoren

Addition, Subtraktion, Vervielfachung von Vektoren, Rechengesetze ▻ S. 80

$\vec{a} + \vec{b} = \vec{b} + \vec{a}$

Linear unabhängige Vektoren, Basis ▻ S. 81

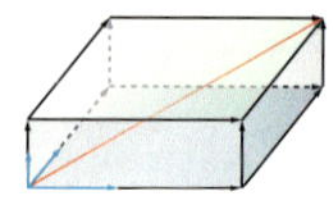

Vektoren als Pfeile ▻ S. 80

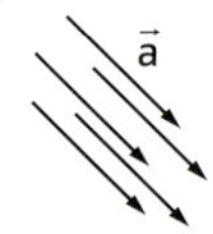

Vektorraum ▻ S. 81
neutrale und inverse Elemente

Berechnen von Abständen

Abstand paralleler Geraden und Ebenen ▻ S. 89

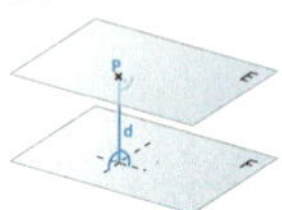

Abstand windschiefer Geraden ▻ S. 89

$d = |\vec{n}^0 \cdot (\vec{q} - \vec{p})|$

Abstand Punkt-Ebene ▻ S. 89

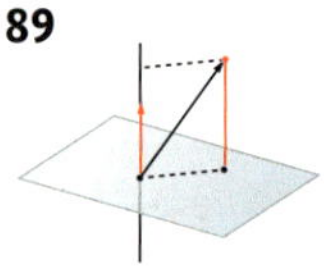

Abstand Punkt-Punkt ▻ S. 88/89

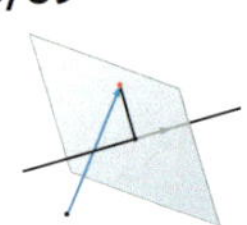

Berechnen von Winkeln

Schnittwinkel Gerade-Ebene ▻ S. 88

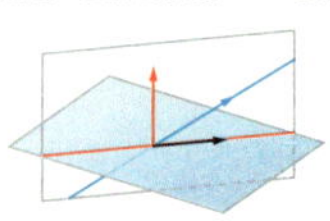

Schnittwinkel zweier Geraden ▻ S. 88

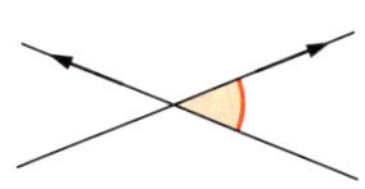

Schnittwinkel zweier Ebenen ▻ S. 88

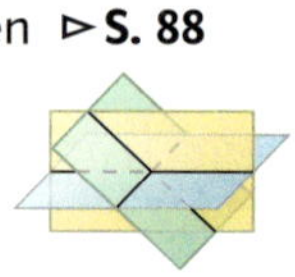

Gegenseitige Lage von Punkten, Geraden, Ebenen

Punkt-Gerade, Punkt-Ebene ▻ S. 86

Punktprobe

Gerade-Gerade ▻ S. 87

$g \nparallel h$ $g \parallel h$

Gerade-Ebene ▻ S. 87

genau eine Lösung | keine Lösung | unendlich viele Lösungen

Ebene-Ebene ▻ S. 87

$E \nparallel F$ $E \parallel F$

Kugeln

Darstellung von Kugeln ▻ S. 86

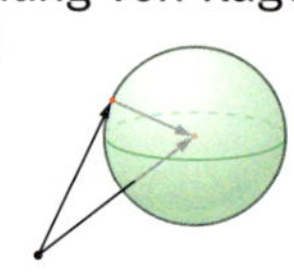

Tangentialebenen ▻ S. 86

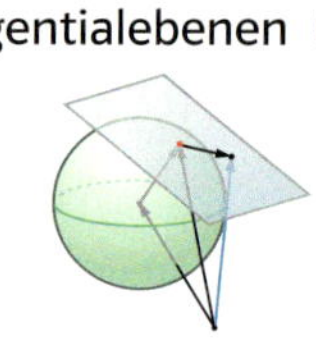

Vektoren im kartesischen Koordinatensystem

Skalarprodukt, Orthogonalität ▻ **S. 83**

$\vec{a}\cdot\vec{b} = |a|\cdot|b|\cdot\cos(\varphi)$

Vektorprodukt, Flächeninhalt ▻ **S. 83**

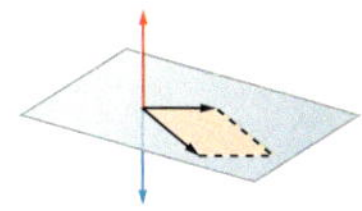

Spatprodukt, Volumen ▻ **S. 84**

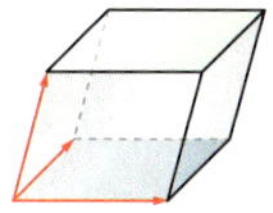

Addition, Subtraktion ▻ **S. 82**

$$\begin{pmatrix}1\\0\\-3\end{pmatrix} + \begin{pmatrix}2\\1\\4\end{pmatrix} = \begin{pmatrix}3\\1\\1\end{pmatrix}$$

Vervielfachen ▻ **S. 82**

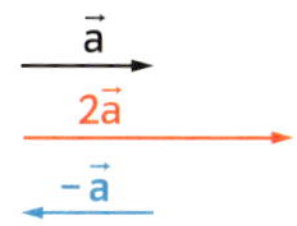

Teilverhältnis ▻ **S. 83**

$\overrightarrow{AT} = t\cdot\overrightarrow{TB}$

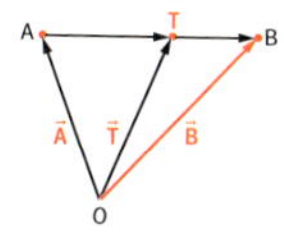

Komponenten und Koordinaten ▻ **S. 82**

$$\vec{a} = \begin{pmatrix}a_1\\a_2\\a_3\end{pmatrix}$$

Betrag (Länge) eines Vektors, Einheitsvektor ▻ **S. 82**

$|\vec{a}|$; $|\vec{a}^0| = 1$

Ortsvektor ▻ **S. 82**

$\vec{P} = \overrightarrow{OP}$

Darstellung von Geraden und Ebenen

Parameterform der Geradengleichung ▻ **S. 84**

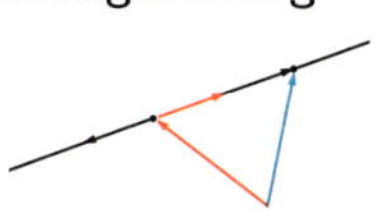

Normalenvektor ▻ **S. 85**

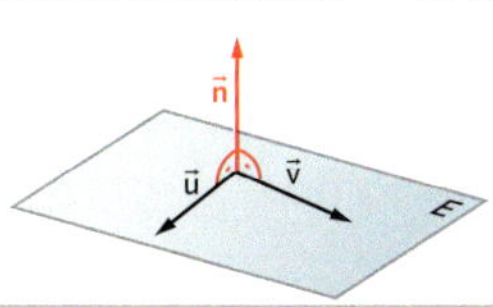

Parameterform der Ebenengleichung ▻ **S. 84**

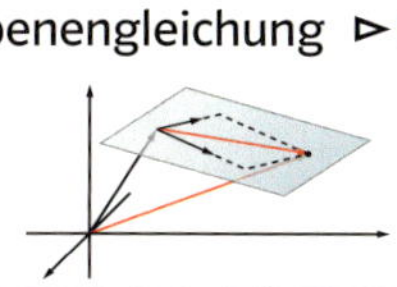

Normalenform der Ebenengleichung ▻ **S. 85**

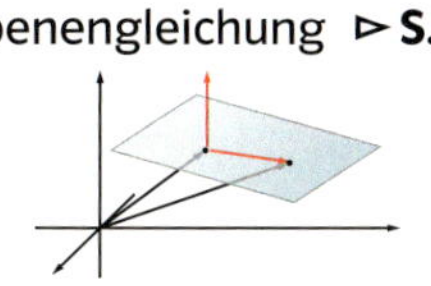

Vektoren

Vektoren als Menge von Pfeilen

Die Menge aller Pfeile, die parallel, gleich lang und gleich gerichtet sind, nennt man einen Vektor.

Jeder Pfeil, der zu einem Vektor gehört, kann als **Repräsentant** des Vektors verwendet werden.

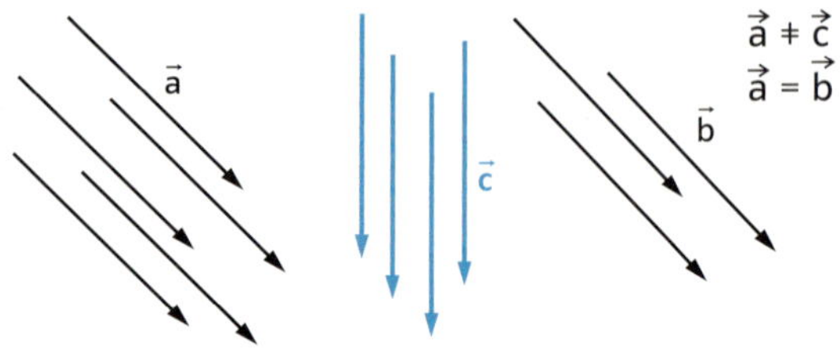

Vektoren werden mit kleinen Buchstaben mit Pfeil, z. B. $\vec{a}$, oder mithilfe von Anfangs- und Endpunkt eines Repräsentanten, z. B. $\overrightarrow{AB}$, bezeichnet.

Der Vektor mit Länge null heißt **Nullvektor** $\vec{o}$.

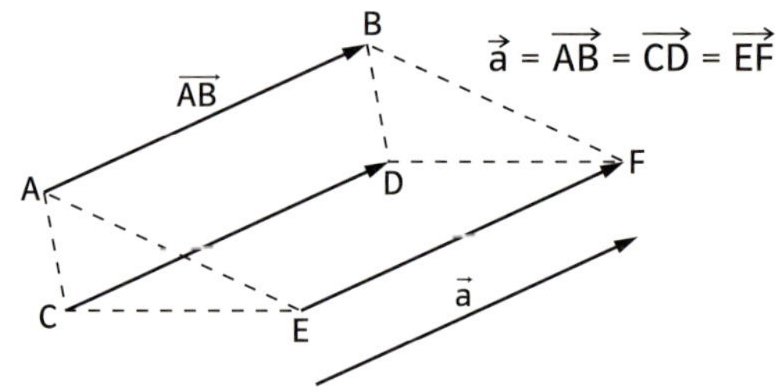

Der Vektor $\vec{b}$ heißt **Gegenvektor** des Vektors $\vec{a}$, wenn die zugehörigen Pfeile zueinander parallel, gleich lang, aber entgegengesetzt gerichtet sind:

$\vec{b} = -\vec{a}$

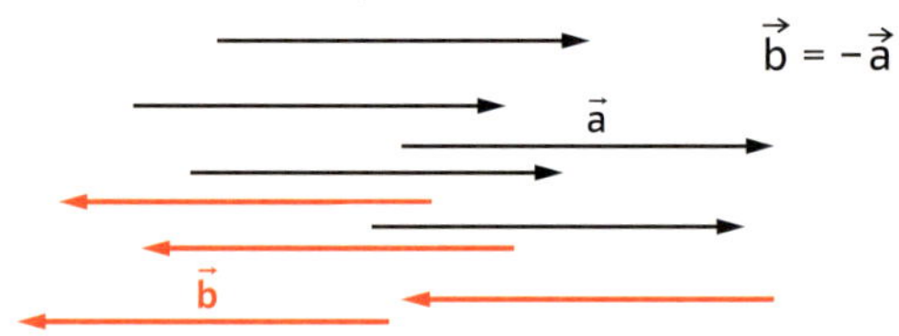

Addition, Subtraktion und Vervielfachung von Vektoren

Die Vektoren $\vec{a}$ und $\vec{b}$ werden **addiert**, indem man den Fußpunkt eines Repräsentanten (Pfeils) von $\vec{b}$ an die Spitze eines Repräsentanten (Pfeils) von $\vec{a}$ ansetzt. Ein Repräsentant des Summenvektors führt vom Fußpunkt des Repräsentanten von $\vec{a}$ zur Spitze des Repräsentanten von $\vec{b}$.

$\vec{c} = \vec{a} + \vec{b}$

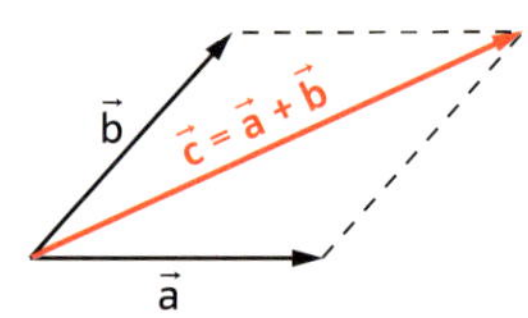

Die **Subtraktion** von Vektoren wird erklärt durch:

$\vec{a} - \vec{b} = \vec{a} + (-\vec{b})$

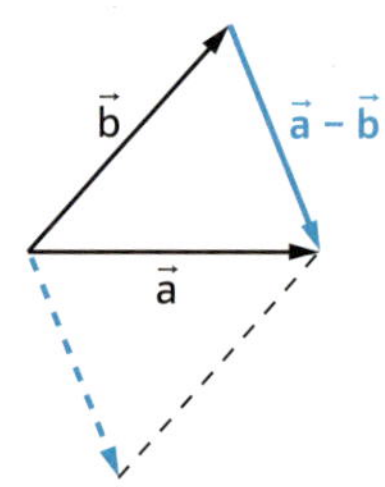

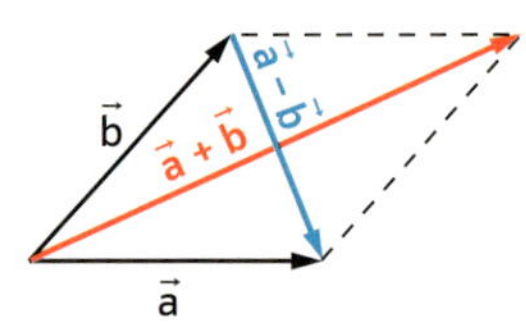

Rechengesetze
Für die Addition von Vektoren gilt:

$\vec{a} + \vec{b} = \vec{b} + \vec{a}$	(Kommutativgesetz)
$\vec{a} + \vec{b} + \vec{c} = (\vec{a} + \vec{b}) + \vec{c} = \vec{a} + (\vec{b} + \vec{c})$	(Assoziativgesetz)

Multipliziert man einen Vektor $\vec{a}$ **mit einer Zahl r** (Multiplikation mit einem Skalar), so erhält man einen zu $\vec{a}$ parallelen Vektor der r-fachen Länge.
Dabei gilt:

$r \cdot (t \cdot \vec{a}) = (r \cdot t) \cdot \vec{a}$	(Assoziativgesetz)
$r \cdot (\vec{a} + \vec{b}) = r \cdot \vec{a} + r \cdot \vec{b}$ $(r + t) \cdot \vec{a} = r \cdot \vec{a} + t \cdot \vec{a}$	(Distributivgesetze)

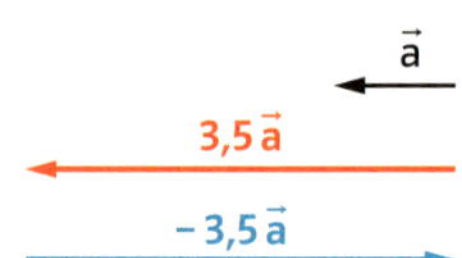

Vektoren

Vektorraum

Eine Menge V heißt **Vektorraum** über den reellen Zahlen $\mathbb{R}$ genau dann, wenn folgende Bedingungen erfüllt sind:

(1) Es ist eine Verknüpfung „+“ (Addition) definiert,
so dass für alle $\vec{a}, \vec{b} \in V$ auch $\vec{a} + \vec{b} \in V$ ist
und es gilt:
$\vec{a} + \vec{b} = \vec{b} + \vec{a}$
$(\vec{a} + \vec{b}) + \vec{c} = \vec{a} + (\vec{b} + \vec{c})$
Es gibt ein Element $\vec{o} \in V$ (neutrales Element), so dass für jedes $\vec{a} \in V$ gilt: $\vec{a} + \vec{o} = \vec{a}$
Es gibt zu jedem Element $\vec{a} \in V$ ein Element $-\vec{a} \in V$ (inverses Element), so dass gilt: $\vec{a} + (-\vec{a}) = \vec{o}$

(2) Es ist eine Verknüpfung „·“ (Multiplikation mit einem Skalar) definiert,
so dass für alle $r \in \mathbb{R}$ und alle $\vec{a} \in V$ auch $r \cdot \vec{a} \in V$ ist
und es gilt:
$1 \cdot \vec{a} = \vec{a}$
$r \cdot (s \cdot \vec{a}) = (r \cdot s) \cdot \vec{a}$
$(r + s) \cdot \vec{a} = r \cdot \vec{a} + s \cdot \vec{a}$
$r \cdot (\vec{a} + \vec{b}) = r \cdot \vec{a} + r \cdot \vec{b}$

Die Elemente aus V heißen Vektoren.

Linear abhängige und unabhängige Vektoren

Der Vektor $\vec{b} = r_1\vec{a_1} + r_2\vec{a_2} + \ldots + r_n\vec{a_n}$ $(n \in \mathbb{N})$
heißt **Linearkombination** der Vektoren $\vec{a_1}, \vec{a_2}, \ldots, \vec{a_n}$;
die reellen Zahlen $r_1, r_2, \ldots r_n$ heißen Koeffizienten.

Die Vektoren $\vec{a_1}, \vec{a_2}, \ldots, \vec{a_n}$ heißen genau dann **linear unabhängig**,
wenn die Gleichung $r_1\vec{a_1} + r_2\vec{a_2} + \ldots + r_n\vec{a_n} = \vec{o}$
nur erfüllt ist für $r_1 = r_2 = \ldots = r_n = 0$.
Anderenfalls heißen die Vektoren **linear abhängig**.

Die Vektoren $\vec{a_1}, \vec{a_2}, \ldots, \vec{a_n}$ sind linear abhängig, wenn mindestens einer der Vektoren als Linearkombination der anderen darstellbar ist.
In einer Ebene können je höchstens zwei, im Raum je höchstens drei Vektoren linear unabhängig sein.
Jeder Vektor des Raumes kann stets als Linearkombination dreier linear unabhängiger Vektoren dargestellt werden.

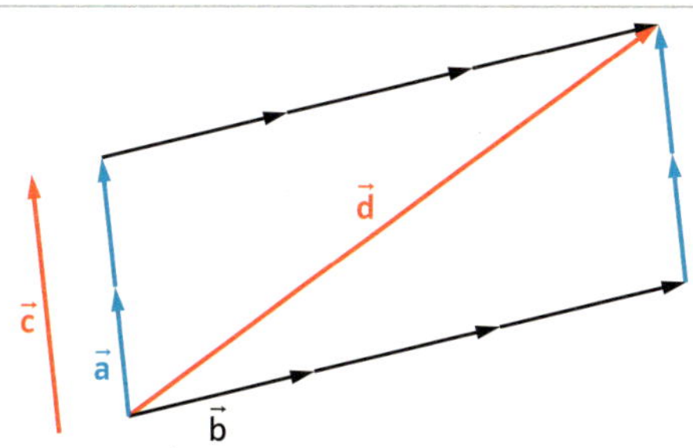

$\vec{a}$ und $\vec{b}$ sind linear unabhängig

$\vec{c} = 2 \cdot \vec{a}$ also $\vec{c} - 2 \cdot \vec{a} = \vec{0}$
$\Rightarrow$ $\vec{a}$ und $\vec{c}$ sind linear abhängig

$\vec{d} = 2 \cdot \vec{a} + 3 \cdot \vec{b}$ also $\vec{d} - 2 \cdot \vec{a} - 3 \cdot \vec{b} = \vec{0}$
$\Rightarrow$ $\vec{a}, \vec{b}$ und $\vec{d}$ sind linear abhängig

Die Vektoren $\vec{a_1}, \vec{a_2}, \ldots, \vec{a_n}$ bilden ein **Erzeugendensystem** des Vektorraums V, wenn jeder Vektor $\vec{c} \in V$ als Linearkombination der Vektoren $\vec{a_1}, \vec{a_2}, \ldots, \vec{a_n}$ darstellbar ist.

Die Vektoren $\vec{a_1}, \vec{a_2}, \ldots, \vec{a_n}$ heißen **Basis** von V, wenn sie linear unabhängig sind und ein Erzeugendensystem bilden.

Die Anzahl n der Basisvektoren heißt **Dimension** des Vektorraums.

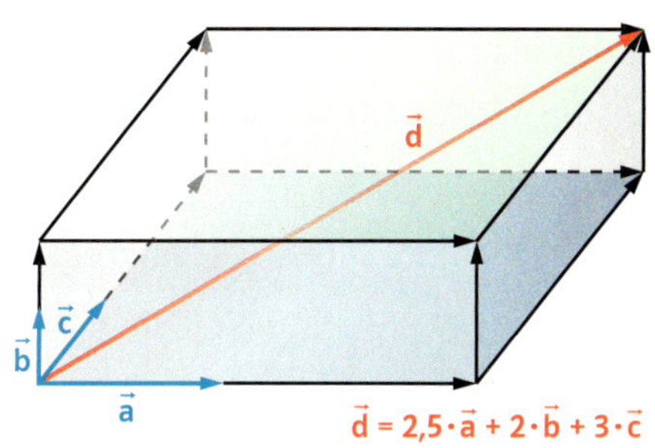

$\vec{a}, \vec{b}, \vec{c}$ sind linear unabhängig
$\vec{a}, \vec{b}, \vec{c}, \vec{d}$ sind linear abhängig
$\vec{a}, \vec{b}, \vec{c}$ bilden eine Basis des $\mathbb{R}^3$

Vektoren im kartesischen Koordinatensystem

Koordinaten eines Vektors

Für $P(p_1|p_2|p_3)$ und $Q(q_1|q_2|q_3)$ gilt:

$$\overrightarrow{PQ} = \begin{pmatrix} q_1 - p_1 \\ q_2 - p_2 \\ q_3 - p_3 \end{pmatrix}$$

Die drei Zahlen $q_1 - p_1$, $q_2 - p_2$ und $q_3 - p_3$ heißen Koordinaten des Vektors $\overrightarrow{PQ}$.

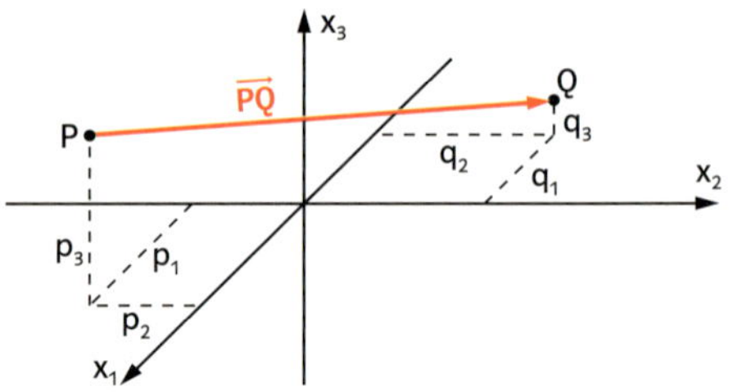

Komponenten eines Vektors

Wenn $\vec{e_1}$, $\vec{e_2}$ und $\vec{e_3}$ Einheitsvektoren in Richtung der Koordinatenachsen sind, dann gilt für $P(p_1|p_2|p_3)$ und $Q(q_1|q_2|q_3)$:

$$\overrightarrow{PQ} = (q_1 - p_1)\vec{e_1} + (q_2 - p_2)\vec{e_2} + (q_3 - p_3)\vec{e_3}$$

Die Vektoren $(q_1 - p_1)\vec{e_1}$, $(q_2 - p_2)\vec{e_2}$ und $(q_3 - p_3)\vec{e_3}$ heißen Komponenten des Vektors $\overrightarrow{PQ}$.

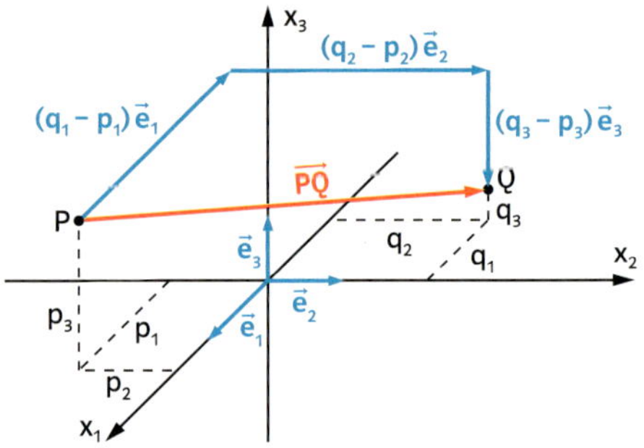

Ortsvektor

Zu jedem Punkt P heißt der Vektor $\overrightarrow{OP}$ Ortsvektor.

Man schreibt:

$\vec{p} = \overrightarrow{OP}$

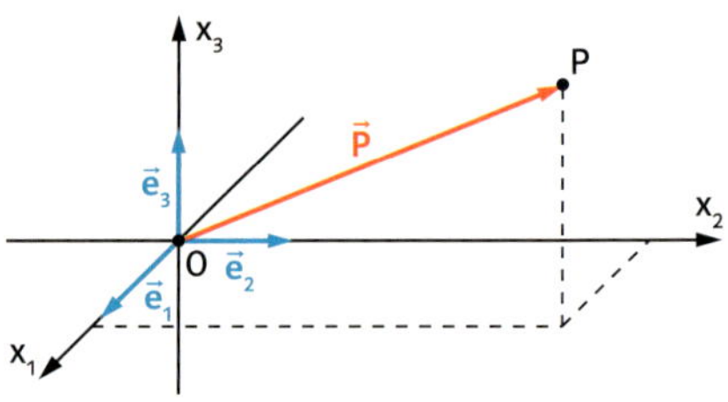

Betrag (Länge) eines Vektors, Einheitsvektor

Für $\vec{a} = \begin{pmatrix} a_1 \\ a_2 \\ a_3 \end{pmatrix}$ gilt: $|\vec{a}| = \sqrt{a_1^2 + a_2^2 + a_3^2}$

Für $\vec{a} = \begin{pmatrix} 2 \\ -3 \\ 4 \end{pmatrix}$ gilt: $|\vec{a}| = \sqrt{4 + 9 + 16} = \sqrt{29}$

Es gilt: $|\vec{a}| = \sqrt{\vec{a}^2} = \sqrt{\vec{a} \circ \vec{a}}$ (Skalarprodukt ⟶ S. 83)

Ein Vektor mit dem Betrag 1 heißt **Einheitsvektor**.

Ist $\vec{a} \neq \vec{o}$, so bezeichnet $\vec{a}^0$ den Einheitsvektor, der die gleiche Richtung wie der Vektor $\vec{a}$ hat: $\vec{a}^0 = \frac{1}{|\vec{a}|} \cdot \vec{a}$

$\vec{a}^0 = \frac{1}{\sqrt{29}} \cdot \begin{pmatrix} 2 \\ -3 \\ 4 \end{pmatrix}$

Addition und Subtraktion von Vektoren

$\vec{a} + \vec{b} = \begin{pmatrix} a_1 + b_1 \\ a_2 + b_2 \\ a_3 + b_3 \end{pmatrix}$ $\quad \vec{a} - \vec{b} = \begin{pmatrix} a_1 - b_1 \\ a_2 - b_2 \\ a_3 - b_3 \end{pmatrix}$

$\begin{pmatrix} 1 \\ 0 \\ -3 \end{pmatrix} + \begin{pmatrix} 2 \\ 1 \\ 4 \end{pmatrix} = \begin{pmatrix} 1 + 2 \\ 0 + 1 \\ -3 + 4 \end{pmatrix} = \begin{pmatrix} 3 \\ 1 \\ 1 \end{pmatrix}$

Vervielfachen von Vektoren, Parallelität

$r\vec{a} = \begin{pmatrix} ra_1 \\ ra_2 \\ ra_3 \end{pmatrix}$ für $r \in \mathbb{R}$

Die Vektoren $\vec{a}$ und $\vec{b}$ sind **parallel** ($\vec{a} \parallel \vec{b}$), wenn es eine reelle Zahl r gibt, so dass gilt: $\vec{a} = r\vec{b}$

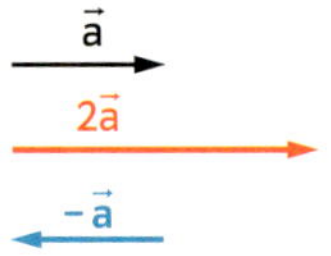

Vektoren im kartesischen Koordinatensystem

Teilverhältnisse einer Strecke, Schwerpunkt im Dreieck

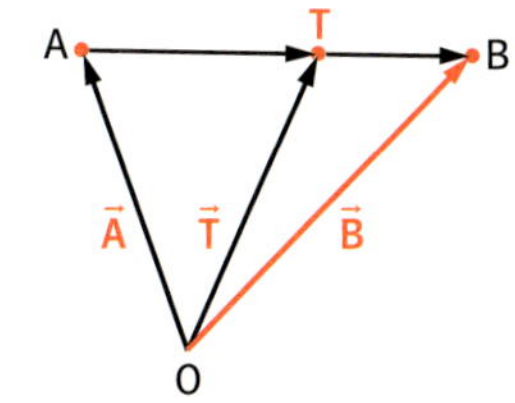

Ist T ein Punkt der Strecke [AB] und gilt $\overrightarrow{AT} = t \cdot \overrightarrow{TB}$, dann nennt man die Zahl t **Teilverhältnis** des Punktes T bezüglich der Strecke [AB].

Aus $\overrightarrow{AT} = t \cdot \overrightarrow{TB}$ folgt: $\overrightarrow{AT} = \frac{t}{1+t}\overrightarrow{AB}$ bzw. $\vec{T} = \frac{1}{1+t}(\vec{A} + t\,\vec{B})$

Mittelpunkt M von [AB]: $\vec{M} = \frac{1}{2}(\vec{A} + \vec{B})$

Schwerpunkt S im Dreieck ABC: $\vec{S} = \frac{1}{3}(\vec{A} + \vec{B} + \vec{C})$

Skalarprodukt, Orthogonalität von Vektoren

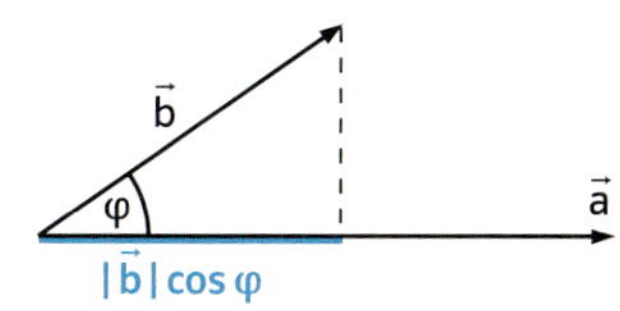

Wenn φ der Winkel zwischen den Vektoren $\vec{a}$ und $\vec{b}$ ist, so gilt:

$\vec{a} \circ \vec{b} = |\vec{a}| \cdot |\vec{b}| \cdot \cos\varphi$

Das **Skalarprodukt** $\vec{a} \circ \vec{b}$ ist eine reelle Zahl.

Für $\vec{a} = \begin{pmatrix} a_1 \\ a_2 \\ a_3 \end{pmatrix}$ und $\vec{b} = \begin{pmatrix} b_1 \\ b_2 \\ b_3 \end{pmatrix}$ gilt:

$\vec{a} \circ \vec{b} = a_1 b_1 + a_2 b_2 + a_3 b_3$

Die Vektoren $\vec{a}$ und $\vec{b}$ sind **orthogonal** zueinander ($\vec{a} \perp \vec{b}$) genau dann, wenn $\vec{a} \circ \vec{b} = 0$.
Für alle Vektoren $\vec{a} \neq \vec{o}$ gilt: $\vec{a} \circ \vec{a} = |\vec{a}|^2 > 0$

$\begin{pmatrix} 1 \\ -3 \\ 4 \end{pmatrix} \circ \begin{pmatrix} 7 \\ 5 \\ 2 \end{pmatrix} = 1 \cdot 7 - 3 \cdot 5 + 4 \cdot 2$

$= 7 - 15 + 8 = 0$

Die Vektoren sind orthogonal.

Es gilt:

$\vec{a} \circ \vec{b} = \vec{b} \circ \vec{a}$ (Kommutativgesetz)
$r\vec{a} \circ \vec{b} = r(\vec{a} \circ \vec{b})$ $r \in \mathbb{R}$ (Assoziativgesetz)
$(\vec{a} + \vec{b}) \circ \vec{c} = \vec{a} \circ \vec{c} + \vec{b} \circ \vec{c}$ (Distributivgesetz)

Vektorprodukt, Flächeninhalt

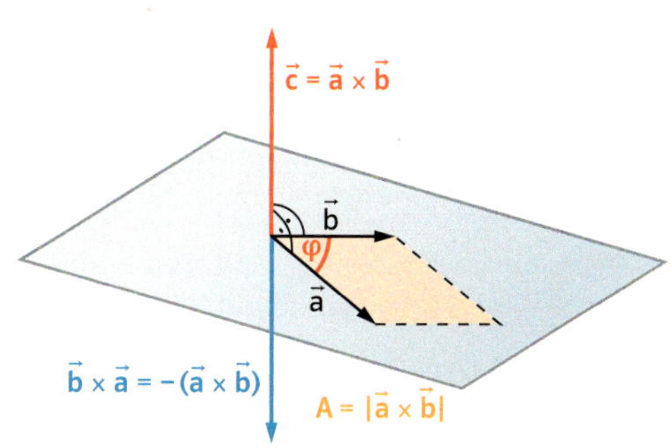

Für $\vec{a} = \begin{pmatrix} a_1 \\ a_2 \\ a_3 \end{pmatrix}$ und $\vec{b} = \begin{pmatrix} b_1 \\ b_2 \\ b_3 \end{pmatrix}$ heißt $\vec{a} \times \vec{b} = \begin{pmatrix} a_2 b_3 - a_3 b_2 \\ a_3 b_1 - a_1 b_3 \\ a_1 b_2 - a_2 b_1 \end{pmatrix}$

das **Vektorprodukt** von $\vec{a}$ und $\vec{b}$.

Das Vektorprodukt $\vec{a} \times \vec{b}$ ist ein Vektor $\vec{c}$.

- Es gilt: $\vec{c} \perp \vec{a}$ und $\vec{c} \perp \vec{b}$
- Die Vektoren $\vec{a}$, $\vec{b}$ und $\vec{c}$ bilden in dieser Reihenfolge ein Rechtssystem.
- Für den Betrag des Vektorproduktes gilt:
  $|\vec{a} \times \vec{b}| = |\vec{a}| \cdot |\vec{b}| \cdot \sin\varphi$

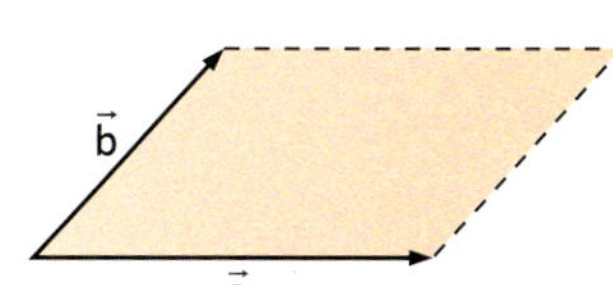

Flächeninhalt eines von den Vektoren $\vec{a}$ und $\vec{b}$ aufgespannten Parallelogramms:

$A = |\vec{a} \times \vec{b}|$

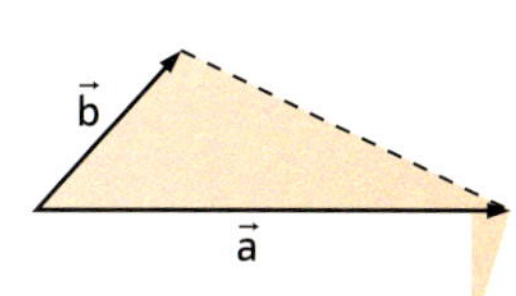

Flächeninhalt eines von den Vektoren $\vec{a}$ und $\vec{b}$ festgelegten Dreiecks:

$A = \frac{1}{2}|\vec{a} \times \vec{b}|$

Spatprodukt, Volumen eines Spates, Pyramidenvolumen

Ein Spat wird durch drei linear unabhängige Vektoren $\vec{a}$, $\vec{b}$ und $\vec{c}$ aufgespannt.

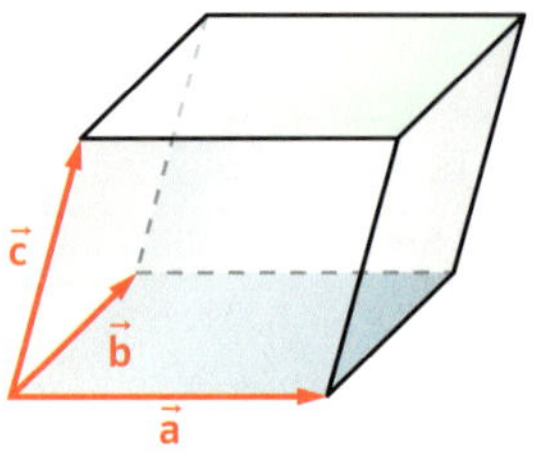

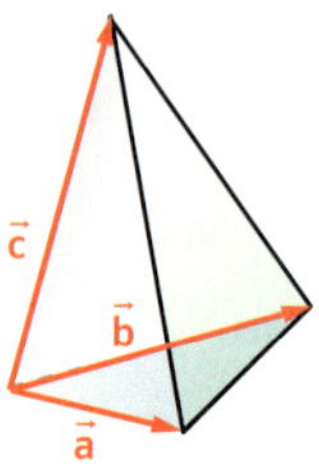

Die reelle Zahl $(\vec{a} \times \vec{b}) \circ \vec{c}$ heißt Spatprodukt der Vektoren $\vec{a}$, $\vec{b}$ und $\vec{c}$.

Für das Volumen des Spates gilt:

$V = |(\vec{a} \times \vec{b}) \circ \vec{c}|$

Für das Volumen der durch $\vec{a}$, $\vec{b}$ und $\vec{c}$ festgelegten Pyramide gilt:

$V = \frac{1}{6}|(\vec{a} \times \vec{b}) \circ \vec{c}|$

Darstellung von Geraden und Ebenen

Parameterform der Geradengleichung

Durch die Angabe eines Punktes P und eines Vektors $\vec{u}$ ($\vec{u} \neq 0$) ist eine Gerade g eindeutig bestimmt.
Für den Ortsvektor $\vec{X}$ eines jeden Punktes $X \in g$ gilt:

$\vec{X} = \vec{P} + t\vec{u} \quad (t \in \mathbb{R})$

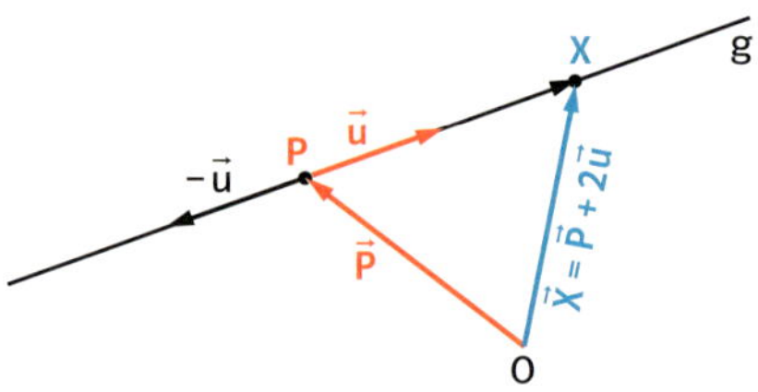

Der Punkt P heißt **Aufpunkt** von g.
Der Vektor $\vec{u}$ heißt **Richtungsvektor** von g.

Sind P und Q Punkte der Geraden g, so ist die Gerade eindeutig bestimmt und $\overrightarrow{PQ}$ ist ein Richtungsvektor der Geraden.

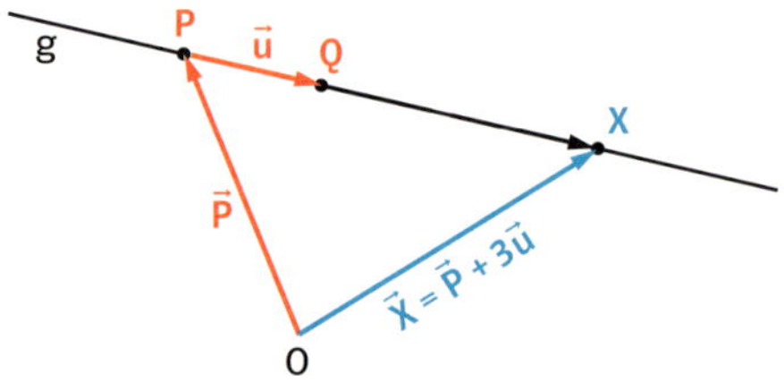

Die Schnittpunkte der Geraden g mit den Koordinatenebenen heißen **Spurpunkte** der Geraden g.

Parameterform der Ebenengleichung

Durch die Angabe eines Punktes P (Aufpunkt) und zweier linear unabhängiger Vektoren $\vec{u}$ und $\vec{v}$ (Richtungsvektoren) wird eine Ebene E eindeutig festgelegt.

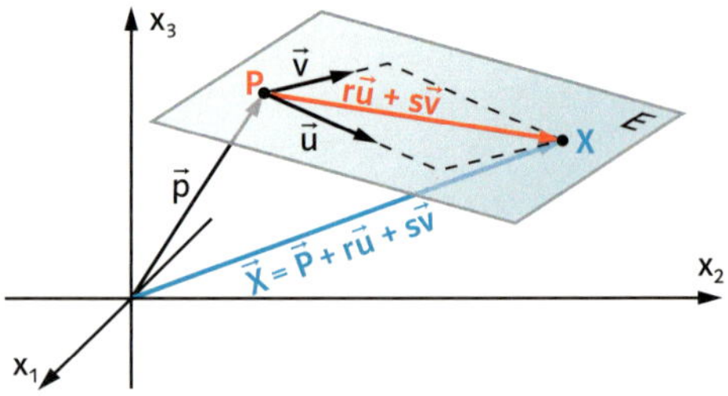

Für den Ortsvektor $\vec{X}$ eines jeden Punktes $X \in E$ gilt:

$\vec{X} = \vec{P} + r\vec{u} + s\vec{v} \quad (r, s \in \mathbb{R})$

Sind P, Q und R drei Punkte der Ebene E, die nicht auf ein und derselben Geraden liegen, so ist die Ebene eindeutig bestimmt und die Vektoren $\overrightarrow{PQ}$ und $\overrightarrow{PR}$ sind mögliche Richtungsvektoren.

Darstellung von Geraden und Ebenen

Normalenvektor

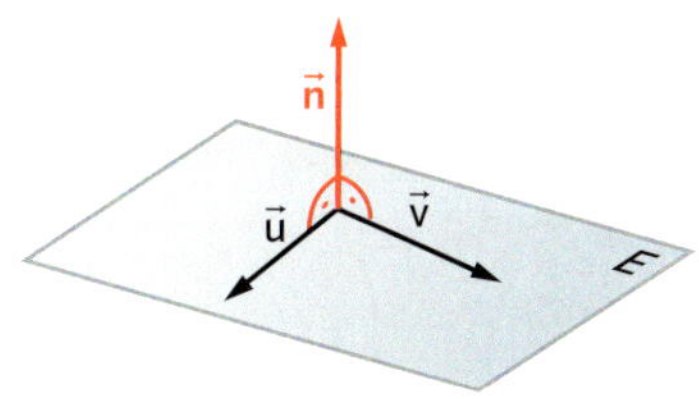

Ein Vektor, der senkrecht auf der Ebene E steht, heißt Normalenvektor $\vec{n}$ der Ebene E.
Jeder Normalenvektor steht senkrecht zu jedem Richtungsvektor der Ebene.
Sind $\vec{u}$ und $\vec{v}$ (linear unabhängige) Richtungsvektoren der Ebene E, so kann man einen Normalenvektor $\vec{n}$ bestimmen:

- mit Hilfe der Gleichungen: $\vec{n} \circ \vec{u} = 0$ und $\vec{n} \circ \vec{v} = 0$
- mit Hilfe des Vektorproduktes: $\vec{n} = \vec{u} \times \vec{v}$

(Vektorprodukt ⟶ S. 83)

Normalenform der Ebenengleichung

Durch Angabe eines Punktes P (Aufpunkt) und eines Normalenvektors $\vec{n}$ ($\vec{n} \perp E$) wird eine Ebene E eindeutig bestimmt.

Zu jedem Punkt $X \in E$ gibt es einen Ortsvektor $\vec{X}$, für den gilt:

$(\vec{X} - \vec{P}) \circ \vec{n} = 0$ (Vektordarstellung)
oder
$n_1 x_1 + n_2 x_2 + n_3 x_3 = b$ (Koordinatendarstellung)

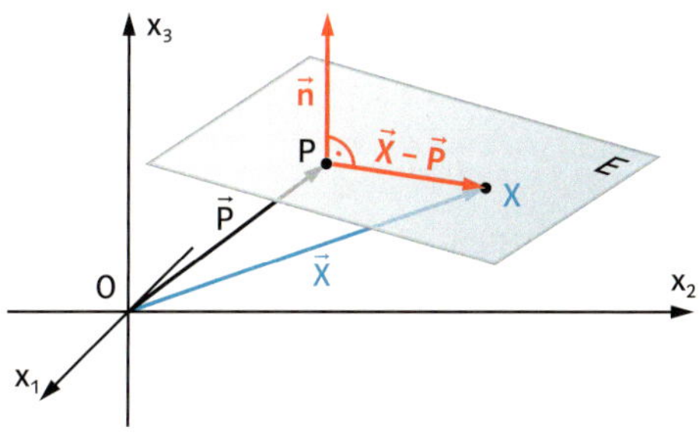

Koordinatendarstellung der Ebenengleichung

Eine Ebene wird durch die Angabe einer **Koordinatengleichung**

$a_1 x_1 + a_2 x_2 + a_3 x_3 = b$

eindeutig bestimmt, wenn mindestens einer der Koeffizienten a_1, a_2, a_3 ungleich null ist.

Der Vektor $\begin{pmatrix} a_1 \\ a_2 \\ a_3 \end{pmatrix}$ ist dann ein Normalenvektor der Ebenen.

Hesse'sche Normalenform einer Ebene:

(Vektordarstellung)

$\vec{n}^0 \circ (\vec{X} - \vec{P}) = 0$, wobei $\vec{n}^0$ so orientiert ist, dass $\vec{n}^0 \circ \vec{P} \geqq 0$.

(Koordinatendarstellung)

$$\frac{n_1 x_1 + n_2 x_2 + n_3 x_3 - b}{\sqrt{n_1^2 + n_2^2 + n_3^2}} = 0, \text{ wenn } b \geqq 0$$

(Abstand eines Punktes von einer Ebene ⟶ S. 89)

Achsenabschnittsform der Ebenengleichung

$$\frac{x_1}{k} + \frac{x_2}{l} + \frac{x_3}{m} = 1$$

($k \neq 0$, $l \neq 0$, $m \neq 0$)

Die Schnittgeraden KL, LM und MK der Ebene mit den Koordinatenebenen heißen **Spurgeraden** der Ebene.

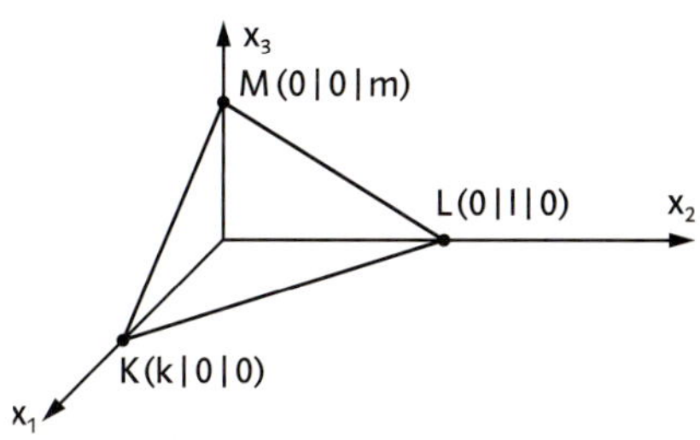

Kugeln

Darstellung von Kugeln

Durch Angabe des Mittelpunktes $M(m_1|m_2|m_3)$ und des Radius r wird eine Kugel eindeutig festgelegt:

$(\vec{X} - \vec{M})^2 = r^2$

bzw. in Koordinatendarstellung:

$(x_1 - m_1)^2 + (x_2 - m_2)^2 + (x_3 - m_3)^2 = r^2$

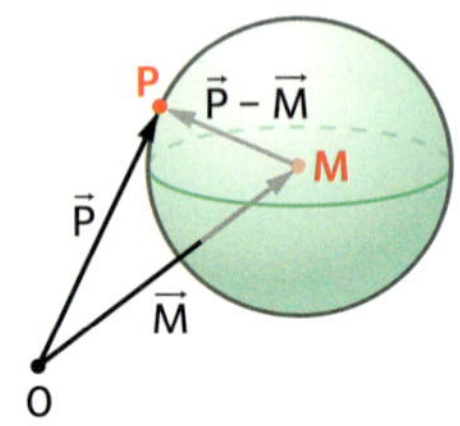

Durch Angabe des Mittelpunktes M und eines Kugelpunktes P wird eine Kugel eindeutig festgelegt:

$(\vec{X} - \vec{M})^2 = r^2$ mit $r^2 = (\vec{P} - \vec{M})^2$

$r = |\vec{P} - \vec{M}|$

Tangentialebene einer Kugel

Für die Tangentialebene T in einem Punkt Q der Kugel mit dem Mittelpunkt M ist der Vektor $\overrightarrow{MQ}$ ein Normalenvektor.
Ein Punkt X liegt in der Tangentialebene T, wenn für seinen Ortsvektor $\vec{X}$ gilt:

$(\vec{X} - \vec{Q}) \circ (\vec{Q} - \vec{M}) = 0$

oder

$(\vec{X} - \vec{M}) \circ (\vec{Q} - \vec{M}) = r^2$

bzw. in Koordinatendarstellung:

$(x_1 - q_1)(q_1 - m_1) + (x_2 - q_2)(q_2 - m_2) + (x_3 - q_3)(q_3 - m_3) = 0$

$(x_1 - m_1)(q_1 - m_1) + (x_2 - m_2)(q_2 - m_2) + (x_3 - m_3)(q_3 - m_3) = r^2$

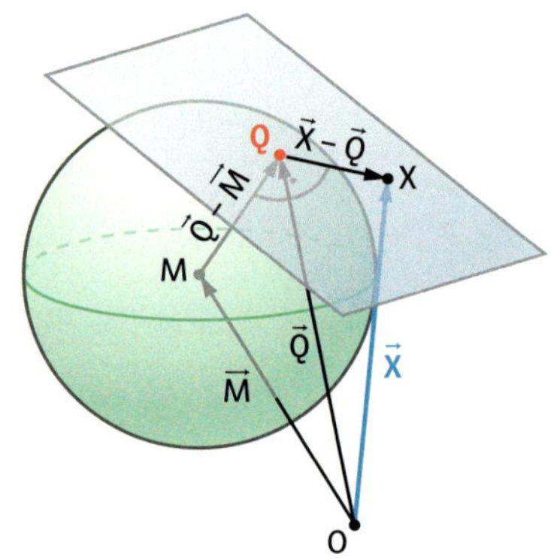

Die gegenseitige Lage von Punkten, Geraden und Ebenen

Punkt-Gerade, Punkt-Ebene

Ein Punkt $P(p_1|p_2|p_3)$ liegt auf der Geraden $g: \vec{X} = \vec{Q} + t\vec{u}$, wenn es ein $t \in \mathbb{R}$ gibt, so dass die Gleichung $\vec{P} = \vec{Q} + t\vec{u}$ erfüllt wird (**Punktprobe**).

$P(0|-1|3) \quad g: \vec{X} = \begin{pmatrix} 2 \\ -1 \\ 1 \end{pmatrix} + t \begin{pmatrix} -1 \\ 0 \\ 1 \end{pmatrix}$

$t = 2: \quad \begin{pmatrix} 0 \\ -1 \\ 3 \end{pmatrix} = \begin{pmatrix} 2 \\ -1 \\ 1 \end{pmatrix} + 2 \begin{pmatrix} -1 \\ 0 \\ 1 \end{pmatrix}$ also $P \in g$

Ein Punkt $P(p_1|p_2|p_3)$ liegt in der Ebene $E: \vec{X} = \vec{Q} + r\vec{u} + s\vec{v}$, wenn es ein $r \in \mathbb{R}$ und ein $s \in \mathbb{R}$ gibt, so dass die Gleichung $\vec{P} = \vec{Q} + r\vec{u} + s\vec{v}$ erfüllt wird (**Punktprobe**).
(Lineare Gleichungssysteme ⟶ S. 21)

Ist die Ebene E in Koordinatendarstellung $E: n_1x_1 + n_2x_2 + n_3x_3 = b$ gegeben, so setzt man p_1, p_2, p_3 für x_1, x_2, x_3 ein (**Punktprobe**). Entsteht eine wahre Aussage, liegt P in E.

$P(5|-7|0) \quad E: \vec{x} = \begin{pmatrix} 2 \\ 0 \\ 3 \end{pmatrix} + r \begin{pmatrix} 1 \\ 1 \\ 1 \end{pmatrix} + s \begin{pmatrix} -2 \\ 3 \\ 2 \end{pmatrix}$

(I) $5 = 2 + r - 2s$
(II) $-7 = r + 3s$
(III) $0 = 3 + r + 2s$

(I) und (II) liefern: $r = -1, s = -2$
Einsetzen in (III): $0 = 3 - 1 - 4$
führt zum Widerspruch, also $P \notin E$.

Die gegenseitige Lage von Punkten, Geraden und Ebenen

Gerade–Gerade

Für die relative Lage zweier Geraden g: $\vec{X} = \vec{P} + r\vec{u}$ und h: $\vec{X} = \vec{Q} + s\vec{v}$ werden vier Möglichkeiten unterschieden:

Sind $\vec{u}$ und $\vec{v}$ linear abhängig? (Linear abhängige Vektoren ⟶ S. 81)

- nein: $g \nparallel h$
  Hat $\vec{P} + r\vec{u} = \vec{Q} + s\vec{v}$ ein Lösungspaar (r; s)?
  - ja: g und h **schneiden sich** in einem Punkt S
  - nein: g und h sind zueinander **windschief**
- ja: $g \parallel h$
  Liegt P auf h (Punktprobe)?
  - ja: g = h
  - nein: $g \parallel h$ und $g \neq h$

Gerade–Ebene

Für die relative Lage einer Geraden g: $\vec{X} = \vec{P} + r\vec{u}$ und einer Ebene E: $n_1x_1 + n_2x_2 + n_3x_3 = b$ werden drei Möglichkeiten unterschieden:

Einsetzen von $X \in g$ in E ergibt eine Gleichung für r: $n_1(p_1 + ru_1) + n_2(p_2 + ru_2) + n_3(p_3 + ru_3) = b$

Die Gleichung besitzt

- genau eine Lösung: Die Gerade g **durchstößt** die Ebene E in einem Punkt D. Den Durchstoßpunkt D erhält man durch Einsetzen der Lösung für r in die Gleichung von g.
- unendlich viele Lösungen: Die Gerade g **liegt in der Ebene** E: $g \subset E$
- keine Lösung: Die Gerade g ist **parallel** zur Ebene E und hat keinen gemeinsamen Punkt mit der Ebene: $g \parallel E$

Ebene–Ebene

Zur Bestimmung der relativen Lage zweier Ebenen E und F wandelt man deren Gleichungen in Normalenform (in Vektor- oder Koordinatendarstellung) um:

E: $(\vec{X} - \vec{P}) \circ \vec{n} = 0$ und F: $(\vec{X} - \vec{Q}) \circ \vec{m} = 0$ oder E: $n_1x_1 + n_2x_2 + n_3x_3 = b$ und F: $m_1x_1 + m_2x_2 + m_3x_3 = c$

Es werden drei Möglichkeiten unterschieden:

Sind die Normalenvektoren $\vec{m}$ und $\vec{n}$ linear abhängig? (Normalenvektor ⟶ S. 85)
(Linear abhängige Vektoren ⟶ S. 81)

- nein: $E \nparallel F$
  E und F **schneiden sich** in einer Geraden g. Die Schnittgerade erhält man z. B. durch Lösen eines Gleichungssystems aus den Koordinatendarstellungen der beiden Ebenengleichungen.
  (Lineares Gleichungssystem aus m Gleichungen mit n Variablen ⟶ S. 24)
- ja: $E \parallel F$
  Haben E und F gemeinsame Punkte?
  Z. B. Koordinaten des Punktes P der Ebene E in Gleichung von Ebene F einsetzen (Punktprobe).
  - ja: E = F
  - nein: $E \parallel F$ und $E \neq F$

Berechnen von Winkeln

Winkel zwischen Vektoren

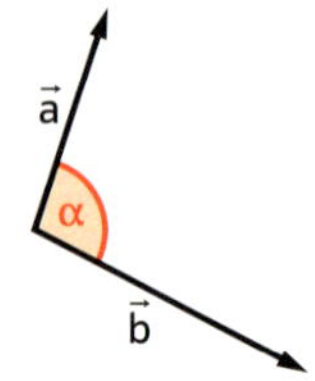

Schließen zwei Vektoren $\vec{a}$ und $\vec{b}$ den Winkel α ein, so gilt:

$$\cos\alpha = \frac{\vec{a} \circ \vec{b}}{|\vec{a}| \cdot |\vec{b}|} \qquad (0° \leqq \alpha \leqq 180°)$$

Schnittwinkel zweier Geraden

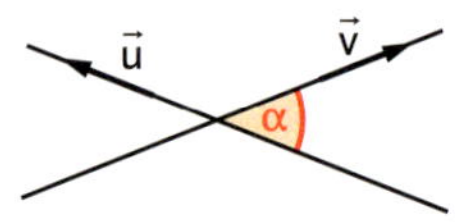

Sind $\vec{u}$ und $\vec{v}$ die Richtungsvektoren von zwei sich schneidenden Geraden, so gilt für den Schnittwinkel α:

$$\cos\alpha = \frac{|\vec{u} \circ \vec{v}|}{|\vec{u}| \cdot |\vec{v}|} \qquad (0° \leqq \alpha \leqq 90°)$$

Sind $\vec{u}$ und $\vec{v}$ die Richtungsvektoren von zwei zueinander windschiefen oder parallelen Geraden, ist auch hierfür ein Winkel zwischen diesen Geraden erklärt:

$$\cos\alpha = \frac{|\vec{u} \circ \vec{v}|}{|\vec{u}| \cdot |\vec{v}|} \qquad (0° \leqq \alpha \leqq 90°)$$

Schnittwinkel zwischen Gerade und Ebene

Ist $\vec{u}$ ein Richtungsvektor der Geraden g und $\vec{n}$ ein Normalenvektor der Ebene E, die von der Geraden g im Punkt S durchstoßen wird, so gilt für den Schnittwinkel α:

$$\sin\alpha = \frac{|\vec{u} \circ \vec{n}|}{|\vec{u}| \cdot |\vec{n}|} \qquad (0° \leqq \alpha \leqq 90°)$$

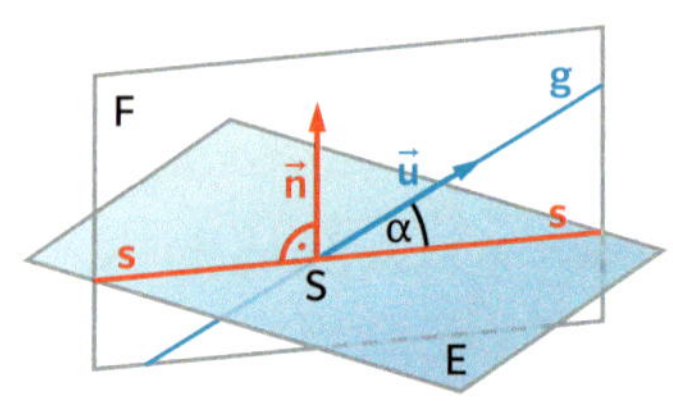

S, $\vec{u}$ und $\vec{n}$ legen die Ebene F fest. F steht senkrecht auf E.
s ist die senkrechte Projektion von g in E.

Schnittwinkel zwischen Ebenen

Schneiden sich zwei Ebenen E_1 und E_2 mit den Normalenvektoren $\vec{n_1}$ und $\vec{n_2}$ in der Geraden s, so gilt für ihren Schnittwinkel α:

$$\cos\alpha = \frac{|\vec{n_1} \circ \vec{n_2}|}{|\vec{n_1}| \cdot |\vec{n_2}|} \qquad (0° \leqq \alpha \leqq 90°)$$

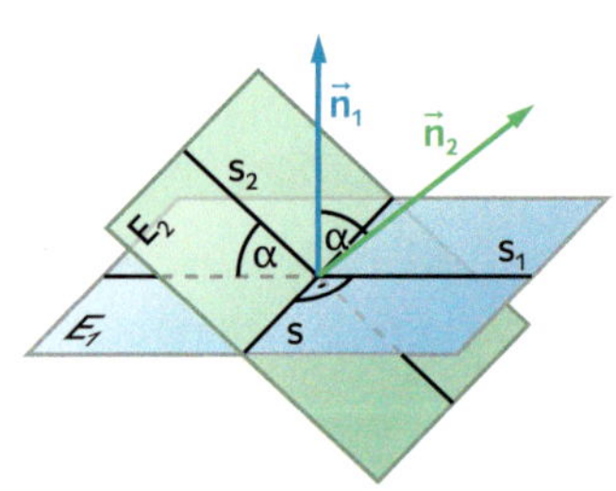

Berechnen von Abständen

Abstand zweier Punkte

Der **Abstand d** zweier Punkte $A(a_1 | a_2 | a_3)$ und $B(b_1 | b_2 | b_3)$ **im Raum** beträgt:

$$d = |\overrightarrow{AB}| = \sqrt{(a_1 - b_1)^2 + (a_2 - b_2)^2 + (a_3 - b_3)^2}$$

Der **Abstand d** zweier Punkte $A(a_1 | a_2)$ und $B(b_1 | b_2)$ **in der Ebene** beträgt:

$$d = |\overrightarrow{AB}| = \sqrt{(a_1 - b_1)^2 + (a_2 - b_2)^2}$$

Berechnen von Abständen

Abstand eines Punktes von einer Geraden

Der Abstand eines Punktes R von einer Geraden g ist gleich dem Betrag des Vektors $\overrightarrow{RF}$. F ist der Fußpunkt des Lotes von R auf g.

Die Berechnung des Abstandes kann in drei Schritten erfolgen:
(1) Aufstellen einer Gleichung der zu g orthogonalen Ebene E durch R,
(2) Berechnung des Schnittpunktes F von g und E,
(3) Berechnung des Betrages von $\overrightarrow{RF}$.

(Normalenform ⟶ S. 85; Gerade-Ebene ⟶ S. 87)

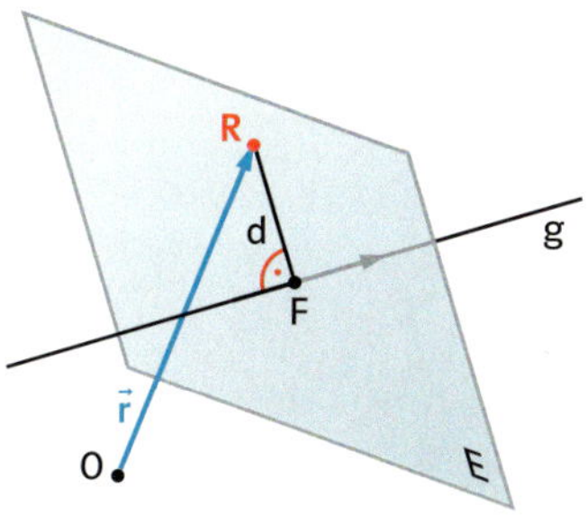

Abstand eines Punktes von einer Ebene

Der Punkt $R(r_1|r_2|r_3)$ hat von der Ebene
E: $\vec{n}^0 \circ (\vec{X} - \vec{P}) = 0$ bzw. E: $n_1x_1 + n_2x_2 + n_3x_3 = b$ den Abstand d:

$$d = |\vec{n}^0 \circ (\vec{R} - \vec{P})| = \left| \frac{n_1r_1 + n_2r_2 + n_3r_3 - b}{\sqrt{n_1^2 + n_2^2 + n_3^2}} \right|$$

(Hesse'sche Normalenform ⟶ S. 85)

Ist $b = \vec{n}^0 \circ \vec{P} > 0$ und $\vec{n}^0 \circ (\vec{R} - \vec{P}) > 0$, liegen R und Ursprung O auf verschiedenen Seiten von E.
Ist $b = \vec{n}^0 \circ \vec{P} > 0$ und $\vec{n}^0 \circ (\vec{R} - \vec{P}) < 0$, liegen R und Ursprung O auf derselben Seite von E.

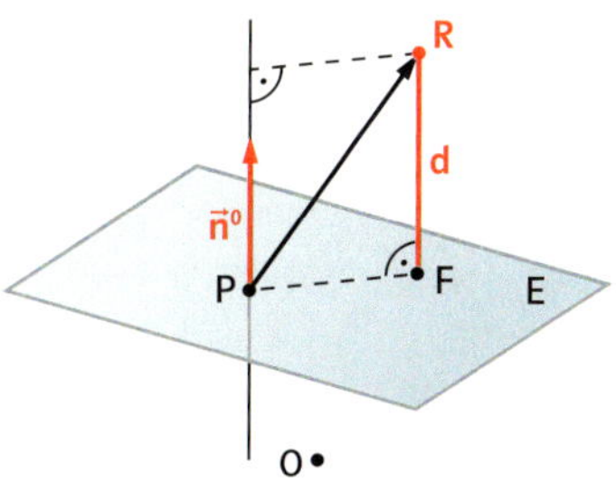

Abstand windschiefer Geraden

Die windschiefen Geraden g: $\vec{X} = \vec{P} + r\vec{u}$ und h: $\vec{X} = \vec{Q} + s\vec{v}$ haben den Abstand

$d = |\vec{n}^0 \circ (\vec{Q} - \vec{P})|$, wobei $\vec{n}^0 \perp \vec{u}$ bzw. $\vec{n}^0 \perp \vec{v}$ und $|\vec{n}^0| = 1$.

Abstand paralleler Geraden und Ebenen

Der Abstand zweier **paralleler Geraden** g und h ist gleich dem Abstand eines beliebigen Punktes der Geraden g von der Geraden h.

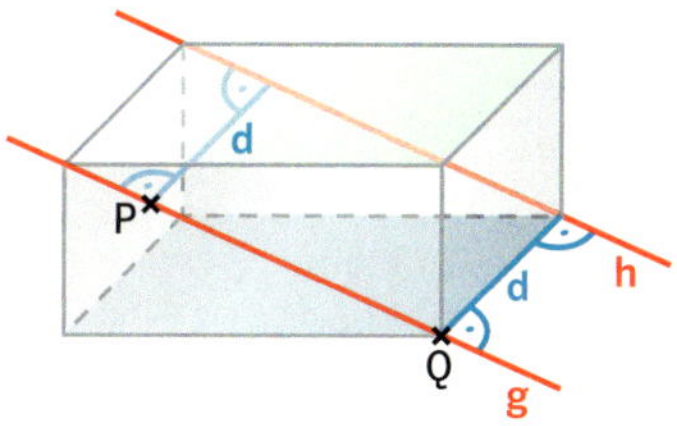

Der Abstand **einer Geraden zu einer parallelen Ebene** ist gleich dem Abstand eines beliebigen Punktes der Geraden von der Ebene.

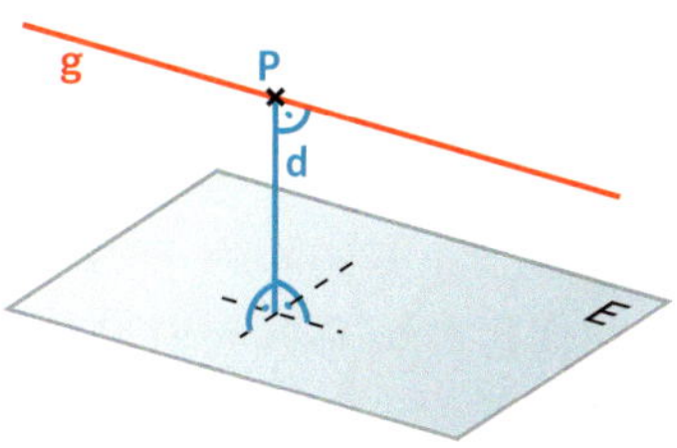

Der Abstand zweier **paralleler Ebenen** ist gleich dem Abstand eines beliebigen Punktes der einen Ebene zur anderen Ebene.

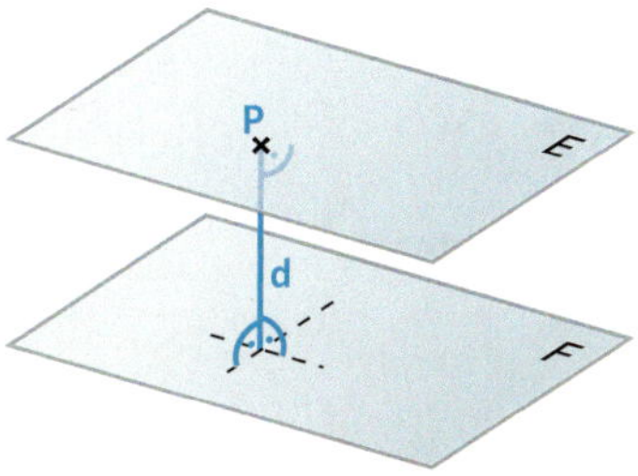

Stochastik – Daten und Zufall beschreiben

Erfassen und Analysieren von Daten

Urliste, Strichliste ⊳ S. 92

Zahl	𝍸 IIII
Wappen	𝍸 𝍸 I

Kenngrößen der Lage ⊳ S. 92

$$\overline{x} = \frac{x_1 + x_2 + \ldots + x_n}{n}$$

Beurteilende Statistik

Testen von Hypothesen ⊳ S. 100

Irrtumswahrscheinlichkeit, Fehler 1. und 2. Art

Signifikanztests, Alternativtests ⊳ S. 101

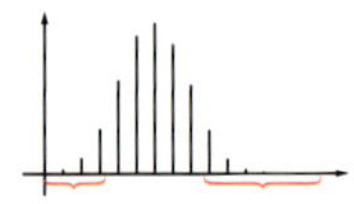

Simulation

Strukturgleichheit von Zufallsexperimenten ⊳ S. 100

$\Omega = \{Z; W\}$
$\Omega = \{\text{ger. Z}; \text{ung. Z.}\}$
$Z \Leftrightarrow$ ger. Z.; $W \Leftrightarrow$ ung. Z.

Monte-Carlo-Methode ⊳ S. 100

Simulation mit Zufallsziffern

Bedingte Wahrscheinlichkeit und ihre Eigenschaften

Bedingte Wahrscheinlichkeit ⊳ S. 96

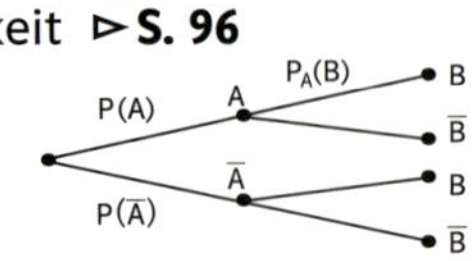

Unabhängigkeit von Ereignissen ⊳ S. 96

$P(A \cap B) = P(A) \cdot P(B)$

Totale Wahrscheinlichkeit ⊳ S. 96

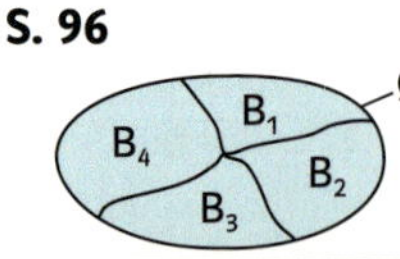

Zufallsvariable und Wahrscheinlichkeitsverteilung

Verteilung einer Zufallsvariablen ⊳ S. 97

Wurf von 4 Münzen
X: Anzahl der Wappen

Kenngrößen von Zufallsvariablen ⊳ S. 97

$E(X), V(X), \sigma(X)$

Binomialverteilung

Bernoulli-Experiment, Bernoulli-Kette ⊳ S. 98

$$\binom{n}{k} \cdot p^k \cdot (1-p)^{n-k}$$

Binomialverteilung ⊳ S. 98

$B(n; p; k)$

Normalverteilung

Gauß-Funktion ⊳ S. 99

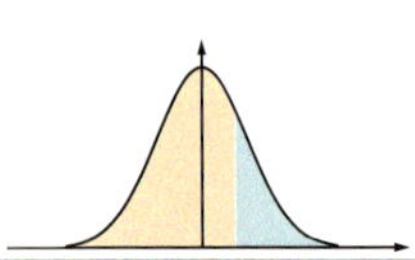

Normalverteilung ⊳ S. 99

$$\varphi(x) = \frac{1}{\sigma\sqrt{2\pi}} \cdot e^{-\frac{(x-\mu)^2}{2\sigma^2}}$$

Kenngrößen der Streuung ⊳ **S. 92**

$R = x_{max} - x_{min}$

Zufalls-experiment und Ereignisse

Zufallsexperiment ⊳ **S. 93**

$\Omega = \{1; 2; 3; 4; 5; 6\}$

Verknüpfung von Ereignissen ⊳ **S. 93**

$A = \{1; 2\}$
$\overline{A} = \{3; 4; 5; 6\}$

Häufigkeiten und Wahrscheinlichkeiten

Häufigkeiten, Empirisches Gesetz der großen Zahlen ⊳ **S. 93**

$H_n(E)$; $h_n(E)$; $P(E)$

Laplace-Experiment ⊳ **S. 94**

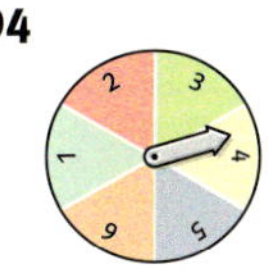

Mehrstufige Zufalls-experimente ⊳ **S. 94**

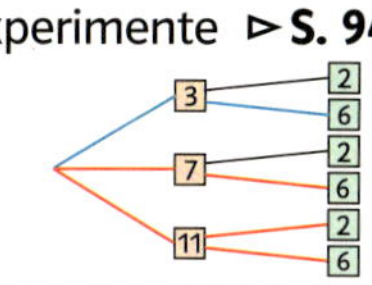

Kombinatorik (Anzahlbestimmungen)

Fakultät, Binomialkoeffizient, Allgemeines Zählprinzip ⊳ **S. 95**

$n!$
$\binom{n}{k}$
$n_1 \cdot n_2 \cdot \ldots \cdot n_k$

Grundlegende kombinatorische Formeln ⊳ **S. 95**

Ziehen
mit Zurücklegen ohne
mit ohne Reihenfolge mit ohne

Wahrscheinlichkeitsbestimmungen mit dem Urnenmodell

Ziehen mit/ohne Zurücklegen ⊳ **S. 95**

$P(X = 2) = \ldots$

Formel von Bayes ⊳ **S. 96**

$$P_A(B_i) = \frac{P(B_i) \cdot P_{B_i}(A)}{P(A)}$$

Statistik (Erfassen und Analysieren von Daten)

Urliste

Zusammenstellung der beobachteten Ergebnisse

20-maliger Wurf einer Münze:
w, z, w, z, w, w, z, w, z, z, z, w, z, w, w, w, z, w, z, w

Strichliste

Auflistung der möglichen Ergebnisse, Markierung des Auftretens eines Ergebnisses durch einen Strich

Zahl:	~~IIII~~ IIII
Wappen:	~~IIII~~ ~~IIII~~ I

Häufigkeiten

Die absolute Häufigkeit gibt an, wie oft jedes Ergebnis aufgetreten ist.
Die relative Häufigkeit gibt an, wie groß für jedes Ergebnis der Anteil der Beobachtungen ist, bei denen dieses Ergebnis eintrat.

Statistische Daten, absolute und relative Häufigkeiten können tabellarisch bzw. in verschiedenartigen Diagrammen (Stängel-Blatt-Diagramm, Balkendiagramm, Kreisdiagramm etc.) dargestellt werden.

	absolute Häufigkeit	relative Häufigkeit
Zahl:	9	$\frac{9}{20} = 45\,\%$
Wappen:	11	$\frac{11}{20} = 55\,\%$

Kenngrößen der Lage

Betrachtet wird eine Urliste vom Umfang n: $x_1; x_2; \ldots; x_n$

11, 4, 13, 5, 7, 20, 13, 12

- **Arithmetisches Mittel $\bar{x}$ (Mittelwert)**

  $$\bar{x} = \frac{x_1 + x_2 + \ldots + x_n}{n} = \frac{1}{n}\sum_{i=1}^{n} x_i$$

  $$\bar{x} = \frac{11 + 4 + 13 + 5 + 7 + 20 + 13 + 12}{8} = 10{,}625$$

- **Zentralwert z (Median)**
  Die n Werte der Urliste werden ihrer Größe nach geordnet.
  Ist n ungerade, dann ist z der in der Mitte der geordneten Urliste stehende Wert. Ist n gerade, dann ist z das arithmetische Mittel der beiden in der Mitte der geordneten Urliste stehenden Werte.

  4, 5, 7, $\underbrace{11, 12}$, 13, 13, 20

  $$z = \frac{11 + 12}{2} = 11{,}5$$

- **Häufigster Wert m (Modalwert)**
  m ist der in der Urliste am häufigsten vorkommende Wert.
  Es können mehrere, maximal n Modalwerte auftreten.

  m = 13

Kenngrößen der Streuung

Betrachtet wird eine Urliste vom Umfang n: $x_1; x_2; \ldots; x_n$

11, 4, 13, 5, 7, 20, 13, 12

- **Spannweite R**
  Die Spannweite hängt nur von den extremen Werten der Urliste ab und ist die Differenz zwischen größtem und kleinstem Wert:
  $R = x_{max} - x_{min}$

  R = 20 − 4 = 16

- **Empirische Varianz s^2**
  Die empirische Varianz s^2 ist ein Maß für die Streuung der Werte der Urliste um ihr arithmetisches Mittel $\bar{x}$. Es gilt:

  $$s^2 = \frac{(x_1 - \bar{x})^2 + (x_2 - \bar{x})^2 + \ldots + (x_n - \bar{x})^2}{n - 1}$$

  $$s^2 = \frac{(11 - 10{,}625)^2 + (4 - 10{,}625)^2 + \ldots + (12 - 10{,}625)^2}{7} = 27{,}125$$

- **Empirische Standardabweichung s**

  $s = \sqrt{s^2}$

  $s = \sqrt{27{,}125} \approx 5{,}2$

Zufallsexperiment und Ereignisse

Zufallsexperiment

Ein Zufallsexperiment ist ein Vorgang, bei dem genau eines von mehreren möglichen **Ergebnissen** eintritt. Welches Ergebnis eintritt, ist nicht vorhersagbar.

Wurf eines Würfels
mögliche Ergebnisse: 1; 2 ; 3; 4; 5; 6

Die Menge aller möglichen einander ausschließenden Ergebnisse eines Zufallsexperiments heißt **Ergebnismenge** oder **Ergebnisraum**. Die Ergebnismenge wird meist mit Ω bezeichnet.

$\Omega = \{1; 2; 3; 4; 5; 6\}$

Ereignis

Jede Teilmenge E der Ergebnismenge Ω heißt **Ereignis**. Man sagt, E ist eingetreten, wenn das Zufallsexperiment ein Ergebnis aus E liefert.

E: Augenzahl ist größer als 2
$E = \{3; 4; 5; 6\}$
E tritt ein, wenn z. B. 4 gewürfelt wird.

Spezielle Ereignisse

Ein Ereignis, das bei keiner Versuchsdurchführung auftreten kann, heißt **unmögliches Ereignis**.

E: Würfeln einer Augenzahl größer als 6. $E = \{\ \}$

Ein bei jeder Versuchsdurchführung auftretendes Ereignis heißt **sicheres Ereignis**.

E: Eine der Augenzahlen von 1 bis 6 wird gewürfelt. $E = \Omega$

Ein Ereignis, das genau ein Ergebnis enthält, heißt **Elementarereignis**.

E: Augenzahl 3 wird gewürfelt. $E = \{3\}$

Verknüpfung von Ereignissen (Mengen ⟶ S. 6)

$\Omega = \{1; 2; 3; 4; 5; 6\}$

Gegenereignis $\overline{A}$ von A
Das Gegenereignis $\overline{A}$ vom Ereignis A tritt genau dann ein, wenn das Ereignis A nicht eintritt. $\overline{A} = \Omega \setminus A$

$A = \{1; 2\}$, $\overline{A} = \{3; 4; 5; 6\}$

Teilereignis B von A, B ⊂ A
Wenn das Ereignis B eintritt, dann tritt auch das Ereignis A ein.

$B = \{1; 2\}$, $A = \{1; 2; 3\}$
$B \subset A$

Ereignis A ∩ B
Das Ereignis $A \cap B$ (lies: A und B) tritt ein, wenn sowohl A als auch B eintritt.

$A = \{1; 2; 3; 4\}$, $B = \{2; 4; 6\}$
$A \cap B = \{2; 4\}$

Ereignis A ∪ B
Das Ereignis $A \cup B$ (lies: A oder B) tritt ein, wenn mindestens eines der Ereignisse A bzw. B eintritt.

$A = \{1; 2; 3; 4\}$, $B = \{2; 4; 6\}$
$A \cup B = \{1; 2; 3; 4; 6\}$

Unvereinbare Ereignisse
Ereignisse A und B heißen unvereinbar, wenn sie nicht gleichzeitig eintreten können, also $A \cap B = \{\ \}$ gilt.

$A = \{1; 3; 5\}$, $B = \{2; 4\}$
$A \cap B = \{\ \}$

Häufigkeiten und Wahrscheinlichkeiten

Absolute Häufigkeit $H_n(E)$:
Anzahl des Eintretens des Ereignisses E bei n unter gleichbleibenden Bedingungen durchgeführten Versuchen.

Relative Häufigkeit $h_n(E)$:
Quotient aus der absoluten Häufigkeit $H_n(E)$ und der Anzahl n der durchgeführten Versuche: $h_n(E) = \frac{H_n(E)}{n}$
Sind E_1 und E_2 Ereignisse, so gilt: $h_n(E_1 \cup E_2) = h_n(E_1) + h_n(E_2) - h_n(E_1 \cap E_2)$

Empirisches Gesetz der großen Zahlen

Wird ein Zufallsexperiment sehr oft durchgeführt, dann stabilisieren sich für jedes Ereignis E die relativen Häufigkeiten $h_n(E)$, sie pendeln sich um einen bestimmten Wert ein.

Häufigkeiten und Wahrscheinlichkeiten

Wahrscheinlichkeitsverteilung, Wahrscheinlichkeit

Ein Zufallsexperiment besitze die Ergebnismenge $\Omega = \{\omega_1; \omega_2; \ldots; \omega_n\}$. Eine Funktion P, die jedem Ereignis E eine reelle Zahl P(E) zuordnet, heißt Wahrscheinlichkeitsverteilung (Wahrscheinlichkeitsfunktion), wenn sie folgenden Bedingungen, den **Axiomen von Kolmogorow**, genügt:

(1) $P(E) \geqq 0$ (Nichtnegativität),
(2) $P(\Omega) = 1$ (Normiertheit),
(3) $P(E_1 \cup E_2) = P(E_1) + P(E_2)$, falls $E_1 \cap E_2 = \{\ \}$ (Additivität).

Der Funktionswert P(E) heißt **Wahrscheinlichkeit** von E.
Da zu jedem Elementarereignis genau ein Ergebnis gehört, spricht man sinngemäß auch von der Wahrscheinlichkeit eines Ergebnisses.

Es gilt für P:

$$P(E) = \sum_{\omega_i \in E} P(\{\omega_i\}) = P(\{\omega_1\}) + P(\{\omega_2\}) + \ldots + P(\{\omega_n\})$$

$$P(\overline{E}) = 1 - P(E);\quad P(\{\ \}) = 0;$$

$$P(E_1 \cup E_2) = P(E_1) + P(E_2) - P(E_1 \cap E_2)$$

Laplace-Experimente

Zufallsexperimente, die endlich viele Ergebnisse haben und bei denen alle Elementarereignisse (Ergebnisse) gleich wahrscheinlich sind, heißen Laplace-Experimente.

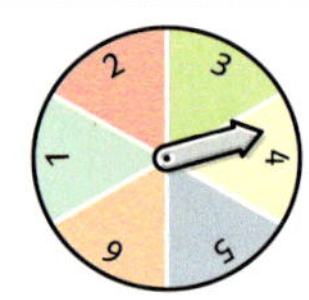

Wahrscheinlichkeiten bei Laplace-Experimenten

Hat ein Laplace-Experiment n Ergebnisse, dann beträgt die Wahrscheinlichkeit für jedes Elementarereignis (Ergebnis) $\frac{1}{n}$.
Für die Wahrscheinlichkeit P(E) eines Ereignisses E gilt:

$$P(E) = \frac{\text{Anzahl der für E günstigen Ergebnisse}}{\text{Anzahl der möglichen Ergebnisse}} = \frac{|E|}{|\Omega|}$$

$P(\{2\}) = \frac{1}{6}$

E: Augenzahl ist größer 4
$E = \{5; 6\}$
$P(E) = \frac{2}{6} = \frac{1}{3}$

Wahrscheinlichkeiten bei mehrstufigen Zufallsexperimenten

Werden n nacheinander ablaufende Zufallsexperimente zu einem einzigen Zufallsexperiment zusammengefasst, dann nennt man dieses **n-stufiges Zufallsexperiment**.

Ein Mittel zur anschaulichen Darstellung mehrstufiger Zufallsexperimente ist das **Baumdiagramm**.
Jedem **Pfad** im Baumdiagramm entspricht genau ein Ergebnis.
Zu jedem Ereignis gehören alle Pfade, die zu den einzelnen Ergebnissen dieses Ereignisses führen.

Pfadregeln

1. Pfadregel (Wahrscheinlichkeit eines Ergebnisses):
Die Wahrscheinlichkeit eines Elementarereignisses (Ergebnisses) in einem mehrstufigen Zufallsexperiment ist gleich dem Produkt der Wahrscheinlichkeiten längs des zugehörigen Pfades im Baumdiagramm.

2. Pfadregel (Wahrscheinlichkeit eines Ereignisses):
Die Wahrscheinlichkeit eines Ereignisses in einem mehrstufigen Zufallsexperiment ist gleich der Summe der Wahrscheinlichkeiten der zu diesem Ereignis gehörenden Pfade im Baumdiagramm.

Der aufeinander folgende Wurf zweier durch ihre Körpernetze beschriebenen Würfel A und B ist ein zweistufiges Zufallsexperiment.

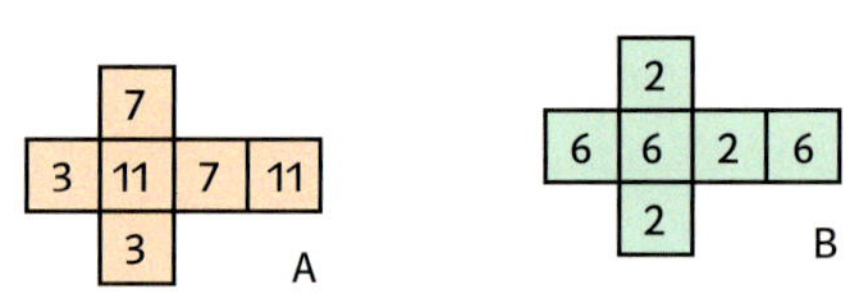

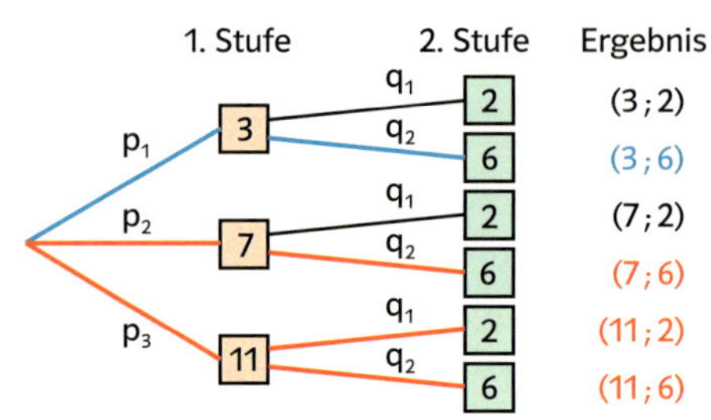

Ergebnis (3; 6)
Ereignis E: Summe der gewürfelten Augenzahlen ist größer als 10, $E = \{(7; 6); (11; 2); (11; 6)\}$

$P(\{(3; 6)\}) = p_1 \cdot q_2$ $\quad P(E) = p_2 \cdot q_2 + p_3 \cdot q_1 + p_3 \cdot q_2$

Kombinatorik (Anzahlbestimmungen)

Schreibweisen

Für $n \in \mathbb{N}$ heißt $n! = 1 \cdot 2 \cdot 3 \cdot \ldots \cdot (n-1) \cdot n$
Fakultät von n (sprich: n-Fakultät).
Für 0 ist festgelegt: $0! = 1$

Für $n, k \in \mathbb{N}$ mit $k \leqq n$ heißt $\binom{n}{k} = \frac{n!}{k!(n-k)!}$
Binomialkoeffizient (sprich: k aus n; oder: n über k).

Eine Speisekarte bietet 2 Vorspeisen, 3 Hauptgerichte und 2 Nachspeisen an.

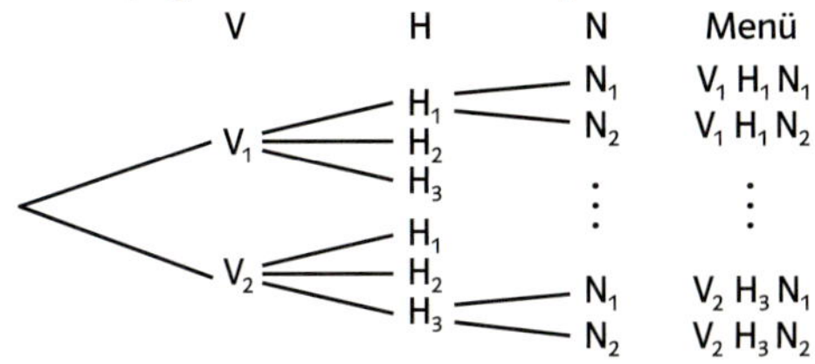

Dann gibt es $2 \cdot 3 \cdot 2 = 12$ Möglichkeiten für die Zusammenstellung des Menüs.

Allgemeines Zählprinzip

Zieht man aus k verschiedenen Mengen mit jeweils $m_1, m_2, \ldots, m_k$ Elementen je ein Element, so gibt es $m_1 \cdot m_2 \cdot \ldots \cdot m_k$ Möglichkeiten.

Grundlegende kombinatorische Formeln

Anzahl der Möglichkeiten beim Ziehen von k Elementen aus einer n-elementigen Menge:

- ohne Zurücklegen
  - mit Reihenfolge: $n \cdot (n-1) \cdot \ldots \cdot (n-k+1) = \frac{n!}{(n-k)!} = \binom{n}{k} \cdot k!$
    k-Permutationen (Variationen ohne Wiederholung)
  - ohne Reihenfolge: $\frac{n \cdot (n-1) \cdot \ldots \cdot (n-k+1)}{k \cdot (k-1) \cdot \ldots \cdot 2 \cdot 1} = \frac{n!}{k!(n-k)!} = \binom{n}{k}$
    k-Teilmengen (Kombinationen ohne Wiederholung)
- mit Zurücklegen
  - mit Reihenfolge: $n \cdot n \cdot \ldots \cdot n = n^k$
    k-Tupel (Variationen mit Wiederholung)
  - ohne Reihenfolge: $\binom{n+k-1}{k}$
    k-Kombinationen (Kombinationen mit Wiederholung)

Wahrscheinlichkeitsbestimmungen mit dem Urnenmodell

Ziehen ohne Zurücklegen:
Aus einer Urne mit N Kugeln, von denen K schwarz sind, werden n Kugeln ohne Zurücklegen gezogen.
X sei die Anzahl der gezogenen schwarzen Kugeln. Dann gilt:

$$P(X=k) = \frac{\binom{K}{k} \cdot \binom{N-K}{n-k}}{\binom{N}{n}}$$

(Hypergeometrische Verteilung ⟶ S. 98)

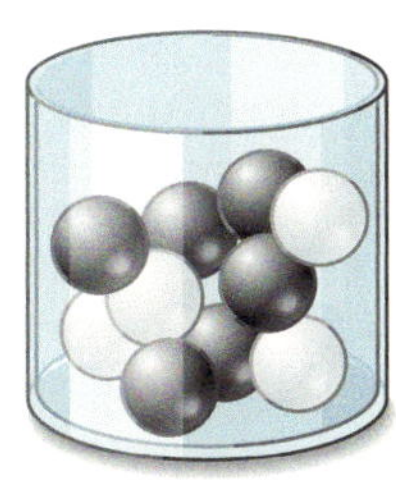

N = 10, K = 6
Es werden n = 5 Kugeln gezogen.

ohne Zurücklegen:

$$P(X=2) = \frac{\binom{6}{2} \cdot \binom{4}{3}}{\binom{10}{5}} = \frac{15 \cdot 4}{252} \approx 24\,\%$$

Ziehen mit Zurücklegen:
Aus einer Urne, in der der Anteil schwarzer Kugeln p ist, werden n Kugeln mit Zurücklegen gezogen.
X sei die Anzahl der gezogenen schwarzen Kugeln. Dann gilt

$$P(X=k) = \binom{n}{k} \cdot p^k \cdot (1-p)^{n-k}$$

(Binomialverteilung ⟶ S. 98)

mit Zurücklegen:

$$P(X=2) = \binom{5}{2} \cdot 0{,}6^2 \cdot 0{,}4^3 = 10 \cdot 0{,}36 \cdot 0{,}064 \approx 23\,\%$$

Bedingte Wahrscheinlichkeit und ihre Eigenschaften

Bedingte Wahrscheinlichkeit

Sind A und B Ereignisse mit $A \subset \Omega$, $B \subset \Omega$ und $P(A) > 0$, dann heißt

$$P_A(B) = \frac{P(A \cap B)}{P(A)}$$

die bedingte Wahrscheinlichkeit von B unter (der Bedingung) A.

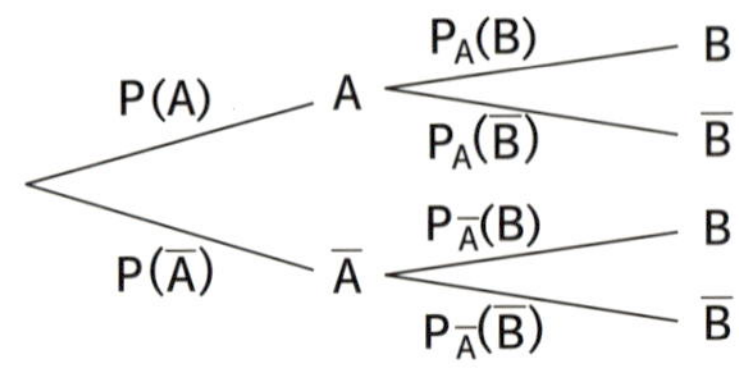

Mit einer **Vierfeldertafel** lassen sich bedingte Wahrscheinlichkeiten als Quotient aus dem Eintrag einer inneren Zelle und dem einer Randzelle bestimmen.

	B	$\overline{B}$	
A	$P(A \cap B)$	$P(A \cap \overline{B})$	$P(A)$
$\overline{A}$	$P(\overline{A} \cap B)$	$P(\overline{A} \cap \overline{B})$	$P(\overline{A})$
	$P(B)$	$P(\overline{B})$	1

Multiplikationssatz

Für die Wahrscheinlichkeit, dass sowohl das Ereignis A als auch das Ereignis B eintritt, gilt:

$$P(A \cap B) = P(A) \cdot P_A(B) = P(B) \cdot P_B(A)$$

Unabhängigkeit von Ereignissen

Zwei Ereignisse A und B heißen genau dann unabhängig voneinander, wenn gilt: $P(A \cap B) = P(A) \cdot P(B)$

Folgende Aussagen sind äquivalent:

A und B sind unabhängig $\Leftrightarrow$ $\overline{A}$ und B sind unabhängig $\Leftrightarrow$ A und $\overline{B}$ sind unabhängig $\Leftrightarrow$ $\overline{A}$ und $\overline{B}$ sind unabhängig.

Totale Wahrscheinlichkeit

Bilden die Ereignisse $B_1; B_2; \ldots; B_n$ eine Zerlegung von Ω, d.h. ist

(1) $B_1 \cup B_2 \cup \ldots \cup B_n = \Omega$ und

(2) $B_i \cap B_j = \{\}$ für alle $i \neq j$,

dann gilt für jedes Ereignis A aus Ω:

$$P(A) = P(B_1) \cdot P_{B_1}(A) + P(B_2) \cdot P_{B_2}(A) + \ldots + P(B_n) \cdot P_{B_n}(A)$$

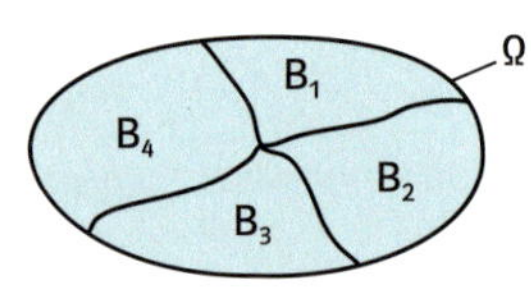

B_1, B_2, B_3 und B_4 bilden eine Zerlegung von Ω.

Formel von Bayes

Bilden die Ereignisse $B_1; B_2; \ldots; B_n$ eine Zerlegung von Ω, und ist A ein Ereignis aus Ω mit $P(A) > 0$, dann gilt für jedes i ($i = 1; 2; \ldots; n$):

$$P_A(B_i) = \frac{P(B_i) \cdot P_{B_i}(A)}{P(A)} = \frac{P(B_i) \cdot P_{B_i}(A)}{P(B_1) \cdot P_{B_1}(A) + P(B_2) \cdot P_{B_2}(A) + \ldots + P(B_n) \cdot P_{B_n}(A)}$$

Für die spezielle Zerlegung $\Omega = B \cup \overline{B}$ ergibt sich:

$$P_A(B) = \frac{P(B) \cdot P_B(A)}{P(A)} = \frac{P(B) \cdot P_B(A)}{P(B) \cdot P_B(A) + P(\overline{B}) \cdot P_{\overline{B}}(A)}$$

Zufallsvariable und Wahrscheinlichkeitsverteilung

Zufallsvariable X

Eine Funktion X, die jedem Ergebnis eines Zufallsexperiments eine reelle Zahl zuordnet,

$X: \Omega \to \mathbb{R}, \quad \omega \mapsto X(\omega)$

heißt Zufallsvariable.
Ist der Wertebereich endlich oder abzählbar unendlich, nennt man X diskret, andernfalls stetig.

Wurf von 4 Münzen
X: Anzahl der Wappen

Wahrscheinlichkeitsverteilung (Wahrscheinlichkeitsfunktion) von X

Eine Funktion, die jedem Wert x_i einer diskreten Zufallsvariablen X eine Wahrscheinlichkeit
$P(X = x_i) = P(\{\omega \in \Omega \mid X(\omega) = x_i\})$
zuordnet, heißt Wahrscheinlichkeitsverteilung oder Wahrscheinlichkeitsfunktion von X.

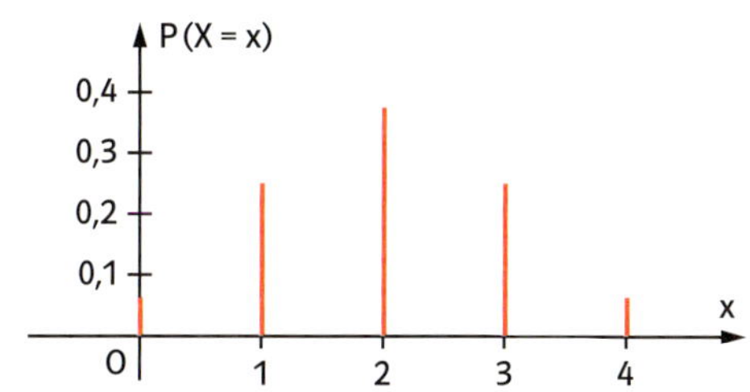

(Kumulative) Verteilungsfunktion von X

Die Funktion F, die jeder reellen Zahl x die Wahrscheinlichkeit $P(X \leqq x)$ zuordnet, heißt (kumulative) Verteilungsfunktion der Zufallsvariable X.

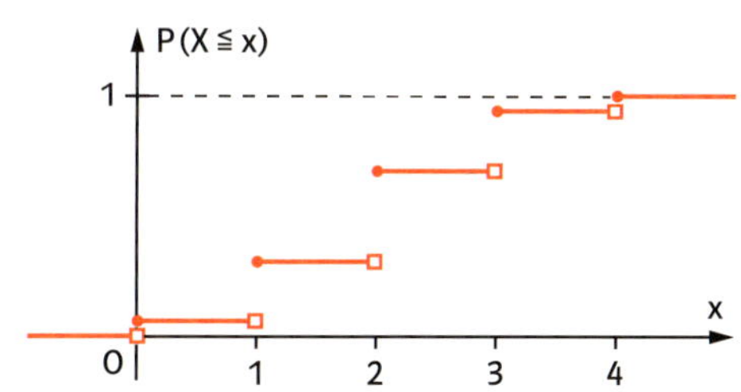

Kenngrößen einer diskreten Zufallsvariablen X

Eine Zufallsvariable X nehme die Werte $x_1; x_2; \ldots; x_n$ mit den Wahrscheinlichkeiten $p_1; p_2; \ldots; p_n$ an. Dann heißt

$\mu = E(X) = \sum_{i=1}^{n} x_i \cdot p_i = x_1 p_1 + x_2 p_2 + \ldots + x_n p_n$ der **Erwartungswert** von X,

$\mathrm{Var}(X) = \sum_{i=1}^{n} (x_i - \mu)^2 \cdot p_i = (x_1 - \mu)^2 \cdot p_1 + (x_2 - \mu)^2 \cdot p_2 + \ldots + (x_n - \mu)^2 \cdot p_n$ die **Varianz** von X und

$\sigma(X) = \sqrt{\mathrm{Var}(X)}$ die **Standardabweichung** von X.

Tschebyschew-Ungleichung

Mit der Ungleichung von Tschebyschew

$P(|X - \mu| \geqq c) \leqq \frac{\sigma^2}{c^2}$

kann die Wahrscheinlichkeit dafür abgeschätzt werden, dass die Zufallsvariable X einen Wert annimmt, der sich betragsmäßig um mindestens eine Zahl c vom Erwartungswert von X unterscheidet.

Standardisierte Zufallsvariable

Eine Zufallsvariable Z heißt standardisiert, wenn sie sowohl zentriert (d.h. $E(Z) = 0$) als auch normiert (d.h. $\mathrm{Var}(Z) = 1$) ist.

$Z = \frac{X - E(X)}{\sigma(X)}$

ist die zu X gehörende standardisierte Zufallsvariable.

Binomialverteilung

Bernoulli-Experiment

Ein Zufallsexperiment mit genau zwei möglichen Ergebnissen (meist Treffer bzw. kein Treffer oder Erfolg bzw. Misserfolg genannt) heißt Bernoulli-Experiment.

Wurf einer Münze:

$\Omega = \{\text{Zahl; Wappen}\}$

Bernoulli-Kette

Ein Zufallsexperiment, das aus n unabhängigen Durchführungen desselben Bernoulli-Experiments besteht, heißt Bernoulli-Kette der Länge n.
Ist p die Wahrscheinlichkeit für Treffer bei einem einzelnen Versuch und wird der Zufallsversuch n-mal wiederholt, dann gilt:

$P(\text{genau } k \text{ Treffer}) = \binom{n}{k} \cdot p^k \cdot (1-p)^{n-k}$

(Ziehen mit Zurücklegen ⟶ S. 95)

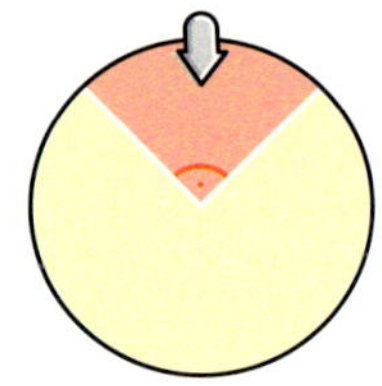

Das fünfmalige Drehen dieses Glücksrads ist eine Bernoulli-Kette der Länge 5.
Die Treffer-Wahrscheinlichkeit p für „rot" ist $\frac{1}{4}$.

$P(\text{genau 2 Treffer}) = \binom{5}{2} \cdot \left(\frac{1}{4}\right)^2 \cdot \left(\frac{3}{4}\right)^3$

Binomialverteilung

Eine Zufallsvariable X heißt binomialverteilt (kurz: B(n; p)- oder $B_{n;p}$-verteilt), wenn gilt:

- X kann die Werte 0, 1, 2, …, n annehmen
- $P(X=k) = \binom{n}{k} \cdot p^k \cdot (1-p)^{n-k}$

Schreibweise:

$B(n;\, p;\, k) = \binom{n}{k} \cdot p^k \cdot (1-p)^{n-k}$ oder $B_{n;p}(k) = \binom{n}{k} \cdot p^k \cdot (1-p)^{n-k}$

Die Anzahl der Treffer einer Bernoulli-Kette der Länge n mit der Trefferwahrscheinlichkeit p ist B(n; p)-verteilt.

(Näherungsformel von De Moivre-Laplace ⟶ S. 99)

k	$B(5; \frac{1}{4}; k)$
0	0,23720
1	0,39551
2	0,26367
3	0,08789
4	0,01465
5	0,00098

Kenngrößen der Binomialverteilung

X sei B(n; p)-verteilt (binomialverteilt mit den Parametern n und p).
Dann ist

$\mu = E(X) = n \cdot p$ der Erwartungswert,
$\sigma^2 = Var(X) = n \cdot p \cdot q$ mit $q = 1 - p$ die Varianz und
$\sigma = \sqrt{n \cdot p \cdot q}$ die Standardabweichung von X.

X sei $B(5; \frac{1}{4})$ – verteilt
$\mu = 1{,}25$; $Var(X) = \frac{15}{16}$; $\sigma \approx 0{,}97$

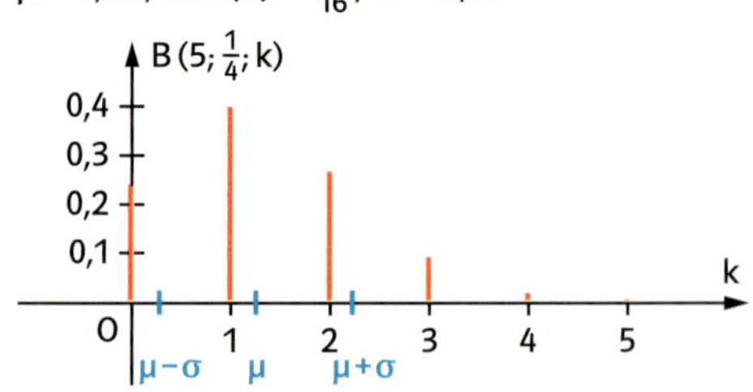

Hypergeometrische Verteilung

Eine Zufallsvariable X heißt hypergeometrisch verteilt nach H(N; K; n), wenn gilt:

- X kann Werte aus {0, 1, 2, …, n} annehmen
- $P(X=k) = H(N;\, K;\, n;\, k) = \dfrac{\binom{K}{k} \cdot \binom{N-K}{n-k}}{\binom{N}{n}}$

Die hypergeometrische Verteilung kann für n << min (N; K; N−K) durch die Binomialverteilung genähert werden.

(Ziehen ohne Zurücklegen ⟶ S. 95)

Aus einer Urne mit N = 10 Kugeln, von denen K = 6 schwarz sind, werden 5 Kugeln ohne Zurücklegen gezogen.
X: Anzahl der schwarzen Kugeln

$P(X=2) = \dfrac{\binom{6}{2} \cdot \binom{4}{3}}{\binom{10}{5}} \approx 24\,\%$

Normalverteilung

Gauß-Funktion, Gauß'sche Summenfunktion

Die auf $\mathbb{R}$ definierte Funktion

$$\varphi: x \mapsto \frac{1}{\sqrt{2\pi}} \cdot e^{-\frac{1}{2}x^2}$$

heißt Gauß-Funktion und ihr Graph Gauß'sche Glockenkurve.
Die auf $\mathbb{R}$ definierte Funktion

$$\Phi: x \mapsto \int_{-\infty}^{x} \varphi(t)\,dt$$

heißt Gauß'sche Summenfunktion.

Durch Φ wird jedem x der Inhalt des Flächenstückes zugeordnet, das im Intervall $]-\infty; x]$ zwischen der x-Achse und der Gauß'schen Glockenkurve liegt.

Es gilt: $\int_{-\infty}^{\infty} \varphi(x)\,dx = 1$

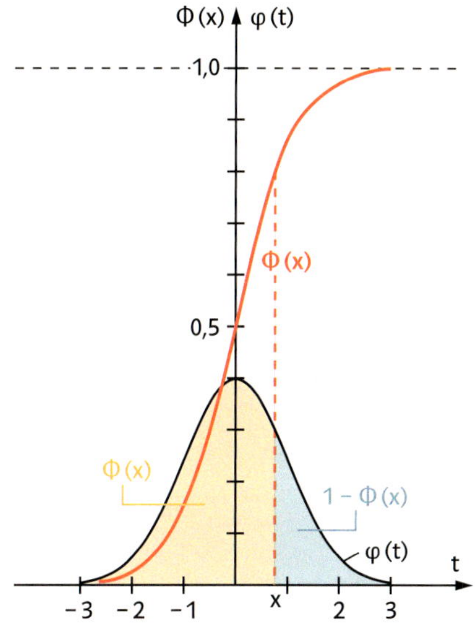

Dichtefunktion

Eine Funktion f heißt Dichtefunktion der stetigen Zufallsvariable X, wenn für alle a, b ∈ $\mathbb{R}$ gilt:

$$P(a < X \leqq b) = \int_{a}^{b} f(x)\,dx$$

Normalverteilung

Eine stetige Zufallsgröße X heißt normalverteilt (Gauß-verteilt) mit den Parametern μ und σ, wenn für ihre Dichte f gilt:

$$f(x) = \frac{1}{\sigma}\varphi\left(\frac{x-\mu}{\sigma}\right) = \frac{1}{\sigma\sqrt{2\pi}} \cdot e^{-\frac{(x-\mu)^2}{2\sigma^2}} \quad \text{für alle } x \in \mathbb{R}$$

Sonderfall: Für $\mu = 0$ und $\sigma^2 = 1$ heißt

$f(x) = \varphi(x) = \frac{1}{\sqrt{2\pi}} \cdot e^{-\frac{x^2}{2}}$ **Standardnormalverteilung**.

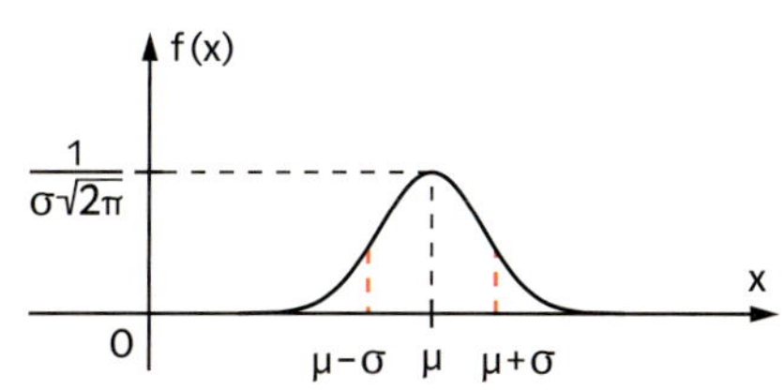

kσ-Regeln

Ist X normalverteilt mit den Parametern μ und σ, so gilt:
$P(\mu - \sigma < X < \mu + \sigma) \approx 0{,}683$
$P(\mu - 2\sigma < X < \mu + 2\sigma) \approx 0{,}954$
$P(\mu - 3\sigma < X < \mu + 3\sigma) \approx 0{,}997$

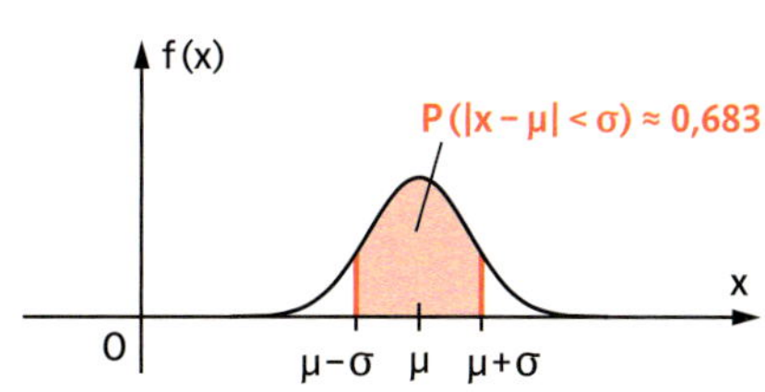

Näherungsformel von De Moivre-Laplace

Gilt bei einer Binomialverteilung $n \cdot p \cdot q > 9$ (also $\sigma > 3$), dann können die Wahrscheinlichkeiten für diese Zufallsgröße näherungsweise über die Standardnormalverteilung bestimmt werden:

$$P(X = k) \approx \frac{1}{\sigma} \cdot \varphi\left(\frac{k-\mu}{\sigma}\right) \qquad \text{mit } \mu = n \cdot p \quad \text{und} \quad \sigma = \sqrt{n \cdot p \cdot q}$$

$$P(X \leqq k) \approx \Phi\left(\frac{k + 0{,}5 - \mu}{\sigma}\right)$$

Simulation von Zufallsexperimenten

Strukturgleichheit von Zufallsexperimenten

Zwei Zufallsexperimente heißen strukturgleich, wenn man zu jedem Ergebnis des einen Zufallsexperiments ein Ergebnis des anderen Zufallsexperiments finden kann, so dass die Wahrscheinlichkeiten gleich sind.

Wurf einer idealen Münze mit Zahl (Z) und Wappen (W):

$\Omega = \{Z; W\}$; $P(Z) = P(W) = \frac{1}{2}$

Wurf eines idealen Würfels, bei dem nur das Auftreten von gerader (g) oder ungerader (u) Zahl interessiert:

$\Omega = \{g; u\}$; $P(g) = P(u) = \frac{1}{2}$

Simulation

Das Ersetzen eines Zufallsexperiments durch ein zum Ausgangsexperiment strukturgleiches Zufallsexperiment nennt man Simulation.

Monte-Carlo-Methode

Eine Simulation unter Verwendung von Zufallsziffern heißt auch Monte-Carlo-Methode. Wenn bei der Geburt eines Kindes P(Jungengeburt) = 0,514 und P(Mädchengeburt) = 0,486 sind, dann kann die Verteilung der Geschlechter in einer Familie mit mehreren Kindern über folgendes strukturgleiches Zufallsexperiment simuliert werden:

Ergebnisse bei	Geburt eines Kindes	Junge	Mädchen
	Erzeugen dreistelliger Zufallszahlen	{001; 002, …; 513; 514}	{515; 516; …; 999; 000}
Wahrscheinlichkeiten		0,514	0,486

Beurteilende Statistik

Grundaufgabe der beurteilenden Statistik

In der beurteilenden Statistik wird versucht, mit Hilfe einer Stichprobe auf die unbekannte, dem betreffenden Zufallsexperiment tatsächlich zugrunde liegende Wahrscheinlichkeitsverteilung zu schließen.
Die Stichprobe kann aus der n-fachen Wiederholung dieses Zufallsexperiments gewonnen werden.

Testen von Hypothesen mit dem Signifikanztest

Über einen unbekannten Parameter einer Grundgesamtheit (z. B. den Anteil weißer Kugeln in einer Urne) gibt es zwei sich gegenseitig ausschließende Hypothesen:

Nullhypothese H_0 und **Gegenhypothese H_1**

Getestet wird, ob aufgrund der Stichprobenwerte **H_0** verworfen werden kann oder nicht. Dazu wird der Bereich der Werte, die die Testgröße annehmen kann, zerlegt in

Kritischer Bereich (Ablehnungsbereich) **K** und **Annahmebereich $\overline{K}$**.

Entscheidungsregel:
Liegt der durch die Stichprobe gewonnene Wert in K, dann wird H_0 verworfen, ansonsten wird H_0 nicht verworfen, was jedoch keine Bestätigung von H_0 bedeutet; das heißt, es können keine statistisch relevanten Aussagen gemacht werden.

Beurteilende Statistik

Fehler beim Testen von Hypothesen mit dem Signifikanztest

Da die in der Stichprobe auftretenden Werte zufällig sind, können sie auch ein falsches Bild der betrachteten Grundgesamtheit vermitteln. Folglich können beim Testen Fehler auftreten.

		Zustand der Wirklichkeit	
		H_0 ist wahr	H_0 ist falsch
H_0 wird	verworfen:	**Fehler 1. Art** (α')	richtige Entscheidung
	nicht verworfen:	richtige Entscheidung	**Fehler 2. Art** (β')

Die Wahrscheinlichkeit α' für den Fehler 1. Art heißt auch **Irrtumswahrscheinlichkeit**. Eine vorgegebene obere Schranke α für den Fehler 1. Art α' heißt **Signifikanzniveau** des Tests.
$1 - \alpha$ heißt (vorgegebene) **statistische Sicherheit** des Tests.

Die Wahrscheinlichkeit für den Fehler 2. Art wird meist mit β' bezeichnet.

Ist der Stichprobenumfang fest, dann führt eine Verkleinerung von α' zur Vergrößerung von β' und umgekehrt.

Signifikanztests bei Binomialverteilungen

Betrachtet wird eine Bernoulli-Kette der Länge n mit einer unbekannten Trefferwahrscheinlichkeit p.
Die Testgröße Z zählt die Anzahl der Treffer und ist demnach B(n; p)-verteilt.
P_{H_0} bzw. P_{H_1} ist die durch H_0 bzw. H_1 festgelegte Wahrscheinlichkeitsverteilung von Z.
Liegt der Stichprobenwert der Testgröße Z im Kritischen Bereich, so wird H_0 abgelehnt. Wobei der Kritische Bereich der maximale Bereich ist, in dem die Testgröße Z höchstens mit der Wahrscheinlichkeit α liegt, wenn H_0 wahr ist.

Einseitiger Signifikanztest (linksseitig)

H_0: $p \geqq p_0$ H_1: $p < p_0$

Kritischer Bereich K für H_0 beim linksseitigen Signifikanztest:
$K = \{0; 1; \ldots; g\}$, wobei g die durch vorgegebenes α bestimmte größte ganze Zahl ist, für die gilt:

$$\sum_{i=0}^{g} B(n; p_0; i) \leqq \alpha$$

Dann gilt: $\alpha' = P_{H_0}(Z \leqq g) = \sum_{i=0}^{g} B(n; p_0; i) \leqq \alpha$

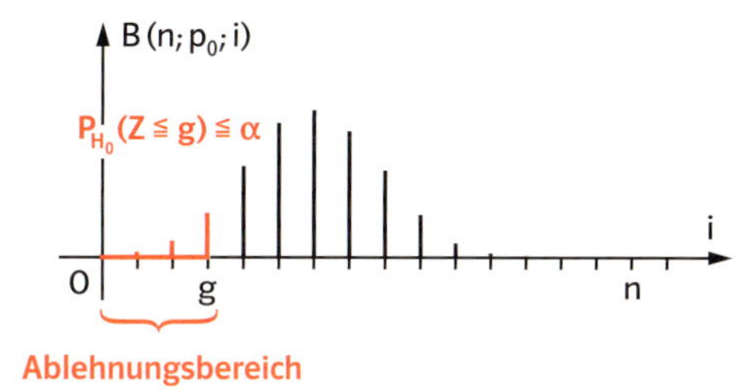

Einseitiger Signifikanztest (rechtsseitig)

H_0: $p \leqq p_0$ H_1: $p > p_0$

Kritischer Bereich K für H_0 beim rechtsseitigen Signifikanztest:
$K = \{g; g+1; \ldots; n\}$, wobei g die durch vorgegebenes α bestimmte kleinste ganze Zahl ist, für die gilt:

$$\sum_{i=g}^{n} B(n; p_0; i) \leqq \alpha$$

Dann gilt: $\alpha' = P_{H_0}(Z \geqq g) = \sum_{i=g}^{n} B(n; p_0; i) \leqq \alpha$

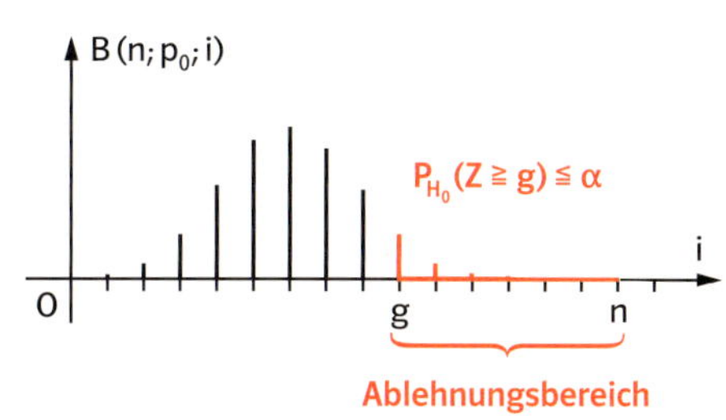

Beurteilende Statistik

Zweiseitiger Signifikanztest

H_0: $p = p_0$ H_1: $p \neq p_0$

Kritischer Bereich K für H_0 ist zweiseitig:
$K = \{0; 1; \ldots; g_l\} \cup \{g_r; g_r+1; \ldots; n\}$
g_l (linke Signifikanzgrenze) und g_r (rechte Signifikanzgrenze) werden durch vorgegebenes α bestimmt.

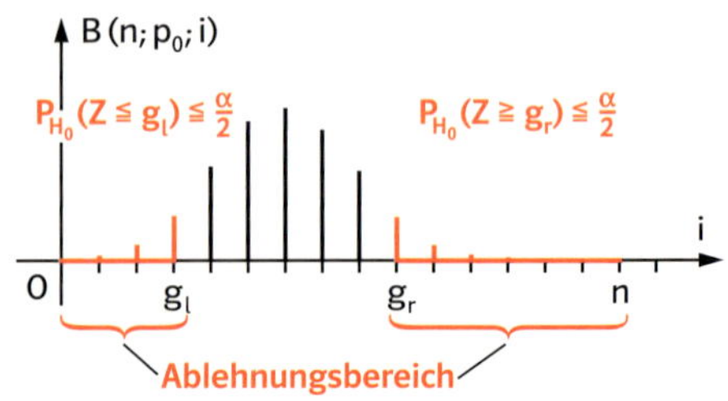

g_l ist die größte ganze Zahl, für die gilt:

$$\sum_{i=0}^{g_l} B(n; p_0; i) \leqq \frac{\alpha}{2}$$

g_r ist die kleinste ganze Zahl, für die gilt:

$$\sum_{i=g_r}^{n} B(n; p_0; i) \leqq \frac{\alpha}{2}$$

Es ist $\alpha' = P_{H_0}(Z \leqq g_l) + P_{H_0}(Z \geqq g_r) = \sum_{i=0}^{g_l} B(n; p_0; i) + \sum_{i=g_r}^{n} B(n; p_0; i) \leqq \alpha$

Alternativtest bei Binomialverteilungen

Die Testgröße Z zählt die Anzahl der Treffer bei einer Bernoulli-Kette der Länge n mit der unbekannten Wahrscheinlichkeit p. Getestet werden die beiden einfachen Hypothesen

H_1: $p = p_1$ und H_2: $p = p_2$ (wobei $p_1 < p_2$)

Ist $K = \{g; g+1: \ldots; n\}$ der Ablehnungsbereich von H_1, so entscheidet man sich bei $Z \in K$ gegen H_1, also für H_2, ansonsten für H_1.

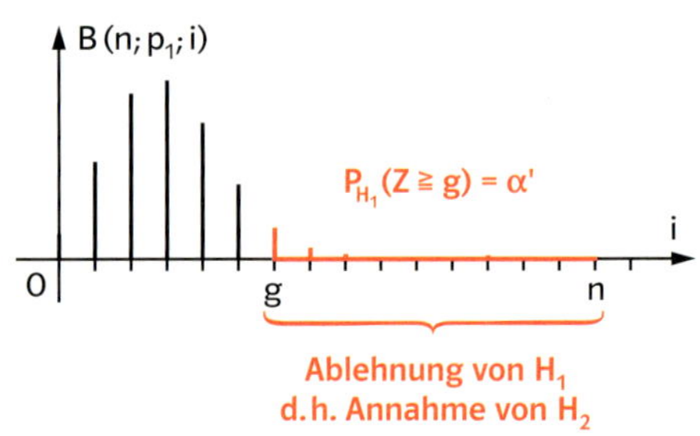

$\alpha' = P_{H_1}(Z \in K)$: Wahrscheinlichkeit, H_1 irrtümlich abzulehnen

$\beta' = P_{H_2}(Z \in \overline{K})$: Wahrscheinlichkeit, H_1 irrtümlich anzunehmen

Ist eine obere Schranke α für den Fehler α' vorgegeben, so kann der Ablehnungsbereich K von H_1 mit $P_{H_1}(Z \in K) \leqq \alpha$ bestimmt werden:

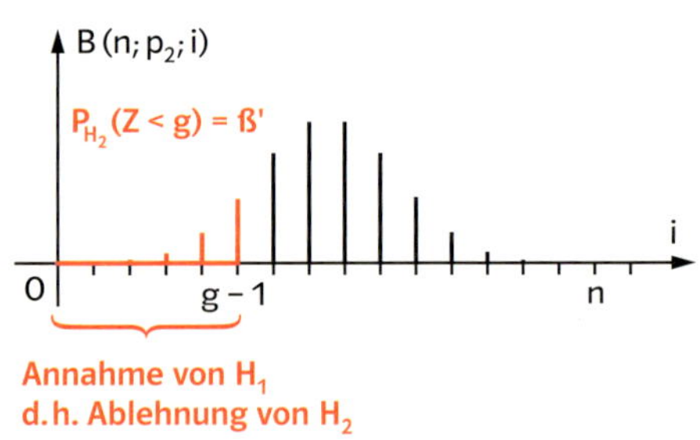

g ist die durch α bestimmte kleinste ganze Zahl, für die gilt:

$$\sum_{i=g}^{n} B(n; p_1; i) \leqq \alpha$$

Dann gilt: $\alpha' = P_{H_1}(Z \geqq g) = \sum_{i=g}^{n} B(n; p_1; i) \leqq \alpha$

Mathematische Begriffe und Bezeichnungen

Zahlen und Mengen

$\Rightarrow$	daraus folgt
$\Leftrightarrow$	ist gleichbedeutend mit; äquivalent
$\lvert A \rvert$	Anzahl der Elemente von A
$\{\,\}$ oder $\emptyset$	leere Menge
$\mathbb{Q}\setminus\{0; 1\}$; $\Omega\setminus A$	$\mathbb{Q}$ ohne 0 und 1; Ω ohne A
$\overline{A}$	Gegenereignis zum Ereignis A: $\overline{A} = \Omega\setminus A$
(a; b)	Paar: Die Reihenfolge von a und b ist von Bedeutung
{a; b}	Menge: Die Reihenfolge a und b ist unerheblich
$\in$; $\notin$	ist Element von, ist nicht Element von
$\subset$	ist Teilmenge von
$\{x \mid x > 3\}$	Menge aller Zahlen x, für die gilt: $x > 3$
[a; b],]a; b[	Intervall mit Endpunkten, ohne Endpunkte
$\lvert x \rvert$	Betrag von x
$\sum_{i=1}^{n} a_i = a_1 + a_2 + \ldots + a_n$	Summe
$\prod_{i=1}^{n} a_i = a_1 \cdot a_2 \cdot \ldots \cdot a_n$	Produkt
$\operatorname{sgn} a = \begin{cases} +1 \text{ wenn } a > 0 \\ 0 \text{ wenn } a = 0 \\ -1 \text{ wenn } a < 0 \end{cases}$	Vorzeichen

Funktionen

$x \mapsto y$	x wird abgebildet auf y
$y = 0{,}5x^2 - 2$	Funktionsgleichung mit dem Funktionsterm $0{,}5x^2 - 2$
f(x)	abkürzende Schreibweise für einen Funktionsterm
D_f; W_f	Definitionsmenge; Wertemenge der Funktion f
G_f	Graph der Funktion f
f'	Ableitung von f

Geometrie

$P(x \mid y)$	Punkt P mit 1. Koordinate x und 2. Koordinate y: z. B. $P(2 \mid 3)$
PQ	Gerade durch die Punkte P und Q
[PQ]; $\overline{PQ}$	Strecke mit den Endpunkten P und Q; Länge der Strecke [PQ]
[PQ	Halbgerade durch P und Q mit Anfangspunkt P
$g \perp h$	g ist senkrecht zu h
$g \parallel h$	g ist parallel zu h
$\sphericalangle$ (g,h)	Winkel mit den Schenkeln g und h
$\sphericalangle$ ABC	Winkel mit dem Scheitel B und den Schenkeln [BA und [BC
h_a	Höhe, die senkrecht zur Seite a ist
$m_{[AB]}$; m_a	Mittelsenkrechte der Strecke [AB] bzw. a
w_α	Winkelhalbierende von α
k(M; r)	Kreis um M mit Radius r
Δ ABC	Dreieck mit den Eckpunkten A, B und C
$F \cong G$	Figuren F und G sind kongruent
$F \sim G$	Figuren F und G sind ähnlich

Länge

1 km = 1000 m ⟶ 1 m = 0,001 km
1 m = 10 dm ⟶ 1 dm = 0,1 m
1 dm = 10 cm ⟶ 1 cm = 0,1 dm
1 cm = 10 mm ⟶ 1 mm = 0,1 cm

Fläche

$1\,km^2 = 100\,ha$ ⟶ $1\,ha = 0{,}01\,km^2$
1 ha = 100 a ⟶ 1 a = 0,01 ha
$1\,a = 100\,m^2$ ⟶ $1\,m^2 = 0{,}01\,a$
$1\,m^2 = 100\,dm^2$ ⟶ $1\,dm^2 = 0{,}01\,m^2$
$1\,dm^2 = 100\,cm^2$ ⟶ $1\,cm^2 = 0{,}01\,dm^2$
$1\,cm^2 = 100\,mm^2$ ⟶ $1\,mm^2 = 0{,}01\,cm^2$

Rauminhalt oder Volumen

$1\,km^3 = 1\,000\,000\,000\,m^3$ ⟶ $1\,m^3 = 0{,}000\,000\,001\,km^3$
$1\,m^3 = 1000\,dm^3$ ⟶ $1\,dm^3 = 0{,}001\,m^3$
$1\,dm^3 = 1000\,cm^3$ ⟶ $1\,cm^3 = 0{,}001\,dm^3$
$1\,cm^3 = 1000\,mm^3$ ⟶ $1\,mm^3 = 0{,}001\,cm^3$

Besondere Raummaße

1 Hektoliter = 100 Liter ⟶ 1 Liter = 0,01 Hektoliter
1 Liter = $1\,dm^3$ = 100 Zentiliter ⟶ 1 Zentiliter = 0,01 Liter
1 Zentiliter = 10 Milliliter = $10\,cm^3$ ⟶ 1 Milliliter = 0,1 Zentiliter
1 Milliliter = $1\,cm^3$ ⟶ 1 Milliliter = 0,001 Liter

Masse

1 t = 1000 kg ⟶ 1 kg = 0,001 t
1 kg = 1000 g ⟶ 1 g = 0,001 kg
1 g = 1000 mg ⟶ 1 mg = 0,001 g

Besondere Masseeinheiten

1 Doppelzentner = 2 Zentner ⟶ 1 Zentner = 0,5 Doppelzentner
1 Zentner = 50 kg ⟶ 1 kg = 0,02 Zentner
1 Pfund = 0,5 kg ⟶ 1 kg = 2 Pfund

Zeit

1 Jahr = 365 Tage
1 Tag = 24 h ⟶ 1 h ≈ 0,0417 Tage
1 h = 60 min ⟶ 1 min ≈ 0,0167 h
1 min = 60 s ⟶ 1 s ≈ 0,0167 min

Geschwindigkeit:

$1\,\frac{m}{s} = 3{,}6\,\frac{km}{h}$ ⟶ $1\,\frac{km}{h} = \frac{5\,m}{18\,s} \approx 0{,}28\,\frac{m}{s}$

Griechisches Alphabet

Α α Alpha	Θ ϑ Theta	Ξ ξ Xi	Υ υ Ypsilon
Β β Beta	Ι ι Jota	Ο ο Omikon	Φ φ Phi
Γ γ Gamma	Κ ϰ Kappa	Π π Pi	Χ χ Chi
Δ δ Delta	Λ λ Lambda	Ρ ϱ Rho	Ψ ψ Psi
Ε ε Epsilon	Μ μ My	Σ σ Sigma	Ω ω Omega
Ζ ζ Zeta	Ν ν Ny	Τ τ Tau	

Römische Zahlen

I = 1	VIII = 8	XV = 15	XX = 20	LXXX = 80	DC = 600
II = 2	IX = 9	XVI = 16	XXV = 25	XC = 90	DCC = 700
III = 3	X = 10	XVII = 17	XXX = 30	C = 100	DCCC = 800
IV = 4	XI = 11	XVIII = 18	XL = 40	CC = 200	CM = 900
V = 5	XII = 12	XIX = 19	L = 50	CCC = 300	M = 1000
VI = 6	XIII = 13		LX = 60	CD = 400	
VII = 7	XIV = 14		LXX = 70	D = 500	

Längenmaße

Einheit	Abkürzung	Land	Umrechnungen	
inch (Zoll)	in oder ″	GB, USA	1 in = 2,54 cm;	1 cm ≈ 0,3937 in
foot (Fuß)	ft oder ′	GB, USA	1 ft = 12 in = 30,48 cm;	1 cm ≈ 0,03281 ft
yard	yd	GB, USA	1 yd = 3 ft = 91,44 cm;	1 m ≈ 1,0936 yd
miles (Meile)	m	International	1 m = 1,609 km;	1 km ≈ 0,622 m
Zoll (bei Rädern, Rohren)	″	International	1″ = 25,4 mm;	1 mm ≈ 0,03937″
Seemeile	sm	International	1 sm = 1 852 m	
geographische Meile		D	1 geographische Meile = 7421,5 m	
Lichtjahr	ly	International	1 ly = $9{,}460730473 \cdot 10^{15}$ m	
Astronomische Einheit	AE	International	1 AE = $1{,}496 \cdot 10^{6}$ km	
Parsec	pc	International	1 pc = $3{,}08568 \cdot 10^{16}$ m	
Kiloparsec	kpc	International	1 kpc = $3{,}08568 \cdot 10^{19}$ m	

Flächenmaße

Einheit	Abkürzung	Land	Umrechnungen
Tagwerk		Bayern	1 Tagwerk = 3407 m^2 = 34,07 a ≈ $\frac{1}{3}$ ha
Morgen		Baden	1 Morgen = 3600 m^2 = 36 a
Morgen		Württemberg	1 Morgen = 3152 m^2 = 31,52 a
Acker		Sachsen	1 Acker = 5534 m^2 = 55,34 a
acre		GB	1 acre = 20,47 a

Raummaße

Einheit	Abkürzung	Land	Umrechnungen
Ster (Holzmaß)		D	1 Ster = 1 m^3
Klafter		D	1 Klafter = 3 Ster = 3 m^3
Registertonne (Schiff)	RT	International	1 RT = 2,832 m^3
Quart		USA	1 Quart = 0,9464 Liter
Gallon (Gallone)	gal	USA	1 gal = 4 Quarts = 3,7854 Liter
Barrel (Ölmaß)	barrel	USA	1 Barrel = 158,98 Liter = 158,98 dm^3

Masse

Einheit	Abkürzung	Land	Umrechnungen
Pound (engl. Pfund)	lbs	GB, USA	1 lbs = 0,4536 kg
Ounces (Unze)	oz	GB, USA	1 oz = 28,35 g
Karat	k	International	1 k = 200 mg = 0,2 g

Temperatur

Umrechnung von Celsius-Skala auf Fahrenheit-Skala: T(°F) = 1,8 T(°C) + 32 °F

Celsius °C	–20	–17,8	–10	0	5	10	15	20	25	30	50	100
Fahrenheit °F	–4	0	14	32	41	50	59	68	77	86	122	212

Bildquellen: U1.1: Getty Images (Image Bank), München - **U2.1:** ESA/ESOC, Darmstadt - **U2.2:** Okapia (Fotofinder), Frankfurt - **U2.4:** Avenue Images GmbH (Digital Version), Hamburg - **VV1.1:** Avenue Images (Fotofinder), Hamburg - **VV1.2:** Okapia (Fotofinder), Frankfurt - **VV1.3:** Focus, Hamburg - **VV1.4:** Focus (Fotofinder/Russell Kightley), Hamburg - **VV1.5:** Okapia (Fotofinder), Frankfurt

1. Auflage 1 5 4 3 2 1 | 2013 12 11 10 09

Autoren: Hans Freudigmann, Manfred Herbst, Dr. Günther Reinelt, Dr. Manfred Schwier, Sven Stötzer

Redaktion: Wilfried Lorenzen, Dr. Uwe Weiser

Gestaltung: Nadine Yeşil
Zeichnungen/Illustrationen: Annette Liese, Dortmund
Umschlaggestaltung: Andreas Staiger, Stuttgart
Titelbild: Getty Images, The Image Bank

Satz: media office, Kornwestheim
Druck: Stürtz GmbH, Würzburg

Printed in Germany
ISBN 978-3-12-718511-9

9 783127 185119